锂离子电池高电压三元正极材料的合成与改性

王 丁 著

北 京

冶金工业出版社

2022

内 容 提 要

本书主要介绍了锂离子电池发展历史、工作原理、锂离子电池正极材料、三元正极材料的生产设备、电化学分析方法、表面包覆改性、面临的问题与挑战、烧结技术优化、高电压性能恶化机理、性能改善措施及机理等。

本书可供从事材料研发与生产的工程技术人员使用，也可供大专院校有关专业的师生参考。

图书在版编目（CIP）数据

锂离子电池高电压三元正极材料的合成与改性/王丁著 . —北京：冶金工业出版社，2019.3（2022.9 重印）
ISBN 978-7-5024-8050-9

Ⅰ.①锂…　Ⅱ.①王…　Ⅲ.①锂离子电池—材料—研究　Ⅳ.①TM912

中国版本图书馆 CIP 数据核字（2019）第 045831 号

锂离子电池高电压三元正极材料的合成与改性

出版发行	冶金工业出版社	**电　话**	(010)64027926
地　址	北京市东城区嵩祝院北巷 39 号	**邮　编**	100009
网　址	www.mip1953.com	**电子信箱**	service@ mip1953.com

责任编辑　郭冬艳　美术编辑　吕欣童　版式设计　禹　蕊
责任校对　郑　娟　责任印制　禹　蕊
北京建宏印刷有限公司印刷
2019 年 3 月第 1 版，2022 年 9 月第 3 次印刷
710mm×1000mm　1/16；15.75 印张；306 千字；242 页
定价 72.00 元

投稿电话　（010）64027932　投稿信箱　tougao@cnmip.com.cn
营销中心电话　（010）64044283
冶金工业出版社天猫旗舰店　yjgycbs.tmall.com
（本书如有印装质量问题，本社营销中心负责退换）

前　言

新能源汽车产业的蓬勃发展以及 3C 数码产品的更新换代对锂离子电池的功率密度以及能量密度提出了新的更高的要求。高能量密度同时兼具长循环寿命是锂离子电池的理想发展目标。正极材料是锂离子电池的核心关键材料，通常使用的钴酸锂正极材料工作电压较高，倍率性能较好，但其实际容量较低，极大地限制了其应用。此外，钴作为战略金属，其昂贵的价格局限了钴酸锂的使用范围。橄榄石型磷酸铁锂结构稳定，循环性能较好，原料价格较为低廉，但其理论容量较低。目前其实际放电比容量已达到理论容量的 95%，难有更多突破。尖晶石型锰酸锂电压平台较高，原料来源丰富，但严重的容量衰减和充放电过程中的结构相变极大地限制其作为高容量锂离子正极材料的应用。层状三元过渡金属氧化物正极材料 $LiNi_{1-x-y}Co_xMn_yO_2$ 充分结合了 $LiNiO_2$、$LiCoO_2$ 和 $LiMnO_2$ 三者的优点，兼具放电比容量较高、循环稳定性好和成本较低等特点，是大功率密度和高能量密度锂离子正极材料的理想选择。三元材料已成功实现商业化应用，但在常规电压下，上述材料的能量密度依然不够理想。通过提高电池充电截止电压，可进一步增加材料中可逆脱嵌的锂离子数量，进而获得更高的放电比容量。然而随着充电截止电压的增大，电池体系中强氧化性过渡金属离子激增，电解液氧化分解加剧，阻抗急剧增加；另一方面，材料中脱出的锂离子数目过多，导致晶格结构不稳定，活性物质表层发生不可逆的相变；材料的高电压电化学性能迅速恶化。

本书在详细分析总结三元镍钴锰氧化物正极材料当前发展现状基础之上，以 $LiNi_{0.5}Co_{0.2}Mn_{0.3}O_2$（NCM523）为研究对象，系统优化其烧结制度，深入考察该材料高电压电化学性能恶化原因。同时从材料本体、界面以及电解液三方面对其进行改性研究，有效改善材料的高电压电化学性能，同时详细研究改性原因。本书是作者从事锂离子电池正极材料研究工作的系统总结，本书内容所涉及的研究得到了锂离子电池及材料制备技术国家地方联合工程实验室和新能源汽车重点专项"高安全高比能乘用车动力电池系统技术攻关"（2018YFB0104000）的支持和资助。

　　并且本书在编写过程中，得到了中南大学冶金与环境学院冶金物理化学与化学新材料所李新海教授、王志兴教授、郭华军教授的指导和帮助，在此一并表示衷心感谢。

　　由于作者水平有限，书中难免有一些疏漏和不当之处，敬请广大读者批评指正。

作　者

2018. 12

目 录

1 绪 论

1.1 锂离子电池概述

近年来频发的雾霾天气成为新闻媒体和人们关注的焦点，然而这只是中国目前严峻的环境污染现状中的冰山一角。在此形势下，开发清洁、高效和可再生新能源，逐步打破以传统化石燃料为主体的能源结构，保护人们赖以生存的地球环境，保障人类社会可持续发展成为当前备受关注的热门课题。

当前，新能源的开发利用如火如荼，但多数能源（如太阳能、风能、水能和潮汐能等）无法连续获取，必须存在与之相匹配的能量储存及转换装置，才能真正实现能源持续供给。在众多可供选择的化学储能器件中，锂离子电池由于其工作电压高、循环寿命长、能量密度高及环境友好等一系列突出优点成为全球研究热点。自 1991 年索尼公司成功将锂离子电池实现商业化以来（钴酸锂 $LiCoO_2$ 为正极，针状焦为负极），其在计算机、通信和消费类电子产品领域的应用取得极大成功。除此之外，其使用范围还逐步扩展到混合动力汽车、电动汽车、航空航天和军事等领域。目前锂离子电池的主要发展方向为高能量和高功率，同时这也是电子产品终端不断升级换代以及新能源电动汽车行业发展壮大的必然要求。因此，唯有继续完善现有锂离子电池相关技术，开发新型锂离子电池材料，才能适应经济增长与环境保护相协调的发展潮流。在可预见的未来，锂离子电池的开发和应用将迈上更高的台阶。

1.1.1 锂离子电池发展历程

最早的二次电池是由法国物理学家普朗特于 1859 年发明的铅酸电池。该电池以二氧化铅和铅板分别为正负极，稀硫酸为电解液，单个电池电压为 2V （见图 1-1）[1]。随后镍镉电池和镍氢电池相继问世，但是镉是一种对环境有害的金属元素，镍镉电池当前使用范围较小。20 世纪 70 年代，世界范围内的石油危机促使人们寻找新的可替代能源，以金属锂为负极的各种锂一次电池相继问世，并得以大规模应用。锂-二氧化锰电池是锂一次电池中安全性能最好、价格最低的品种，该电池以经过特殊工艺处理的二氧化锰为正极材料，金属锂为负极，有机电解质溶液为电解质，其放电电压平稳，自放电率低，目前仍然广泛应用于日常电子产品中。但是锂一次电池缺点在于放电完成后不能对其进行充电操作，无法循环使用。这也极大地局限了锂一次电池的使用范围。使电池反应变得可逆成为科研工作者致力的目标。以 TiS_2 和 MoS_2 等可脱嵌锂离子硫化物为正极，金属锂为负极的锂二次电池于 20 世纪 70 年代诞生[2~6]。但是用作负极的金属锂表面不规整，充电过程中锂沉积速率不一致，导致负极表面生成锂枝晶[7,8]。一方面，锂枝晶发展到一定程度容易折断，成为"死锂"，降低电池实际充放的电容量；另一方面，枝晶过长易刺穿隔膜，造成电池内部短路，安全隐患严重，因此锂二次电池的研究一度处于停滞状态。

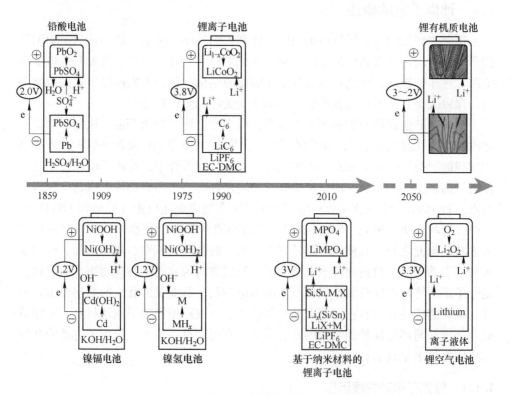

图 1-1　电池发展历史

1980 年，M. B. Armand 提出使用嵌锂化合物代替金属锂作为锂二次电池负极，B. Scrosati 等人[7]报道以无机嵌入化合物 Li_xWO_2 和 Li_xTiS_2 作为电池正负极的锂二次电池，摇椅式电池概念逐渐深入人心[9]。同年 J. B. Goodenough 合成出新型可逆脱嵌锂化合物 Li_xMO_2（M = Co，Ni），并指出其作为可充电电池正极材料的重大应用价值[10,11]。20 世纪 80 年代末期，可用作锂电池负极具有石墨结构的碳材料问世[12]。千呼万唤始出来，1990 年日本 Sony 公司正式推出以钴酸锂（$LiCoO_2$）为正极，碳材料为负极的商业化锂离子电池[13,14]。自此，锂离子电池进入高速发展的快车道。

1997 年，A. K. Padhi 和 J. B. Goodenough 发现具有橄榄石结构的磷酸铁锂

（$LiFePO_4$），该材料基于两相反应从而具有极佳的安全性，高温性能优异，耐过充电性能远超过之前报道的锂离子电池材料[15]。这是第一种真正意义上的低成本正极材料，其对环境友好，原材料丰富，对当前锂离子电池市场应用产生巨大影响。结晶度高的 $LiFePO_4$ 材料电导率为 $10^{-9}S/cm$，因此常采用炭基材料与其复合来提高电导率，复合后材料电导率一般可达 $10^{-5} \sim 10^{-6}S/cm$。长期以来，对高能量密度锂离子电池的渴求激发人们寻找高容量正极材料的无限热情。1999 年 Z. Liu 和 M. Yoshio 相继报道了三元过渡金属氧化物正极材料 $LiNi_{1-x-y}Co_xMn_yO_2$（NCM）[16,17]。该材料的放电容量高，结构稳定性较好。钴离子的加入使得镍锰二元材料中过渡金属元素在锂层中的占比从 7.2% 下降至 2.4%。T. Ohzuku 合成得到过渡金属元素等比的 NCM 材料，其在 3.5 ~ 4.2V 电压范围下放电容量为 $150mA \cdot h/g$，将上限电压升至 5V，容量可达 $200mA \cdot h/g$[18]。提高充电截止电压和增加三元材料中的镍含量均可以获得更高的放电比容量。因此，三元正极材料从低镍含量逐渐发展到高镍，代表性材料为 $LiNi_{0.8}Co_{0.1}Mn_{0.1}O_2$（NCM811）和 $LiNi_{0.8}Co_{0.15}Al_{0.05}O_2$（NCA）。其中的三元 NCA 材料已经在特斯拉纯电动汽车中实现了商业化应用，取得了巨大的经济效益和良好的社会影响。尽管人们在正极材料领域取得了众多成绩，但追求永未止步。富锂锰基正极材料因其具有高比容量（250 ~ 300mA · h/g）成为下一个商业化应用目标。

1.1.2 锂离子电池结构组成及工作原理

锂离子电池通常由正极、负极、隔膜、电解液和电池壳等部分组成。其中，正负极由能够可逆脱嵌锂离子的电极材料与相应集流体构成。锂离子电池正极材料选用电极电势较高的含锂化合物，主要包括层状结构的 $LiMO_2$（M = Co, Ni, Mn 等）、三元过渡金属氧化物（$LiNi_{1-x-y}Co_xMn_yO_2$）和镍钴铝酸锂（$LiNi_{1-x-y}Co_xAl_yO_2$）；尖晶石结构材料，如锰酸锂（$LiMn_2O_4$）和 $LiMn_{2-x}M_xO_4$（M = Ni, Co, Fe 等）；聚阴离子型磷酸盐系化合物，如磷酸铁锂（$LiFePO_4$）、磷酸锰锂（$LiMnPO_4$）和磷酸钒锂（$Li_3V_2(PO_4)_3$）等。负极材料一般选择氧化还原电势与锂接近的物质。目前常用的负极材料为石墨，此外还有硅基、多元锂合金、金属氧化物、金属硫化物、过渡金属氮化物和锂过渡金属复合氧化物等[19]。电解液是由锂盐、质子惰性有机溶剂和功能添加剂组成的液态电解质，被誉为锂离子电池的血液。常见电解质锂盐包括六氟磷酸锂（$LiPF_6$）、高氯酸锂（$LiClO_4$）、四氟硼酸锂（$LiBF_4$）、六氟砷酸锂（$LiAsF_6$）、双三氟甲烷磺酰亚胺锂（LiTFSI）等；溶剂则由碳酸乙烯酯（EC）、碳酸二甲酯（DMC）、碳酸甲乙酯（EMC）和碳酸二乙酯（DEC）等一种或者多种组成。此外，还可根据需要加入少量添加剂获得特殊用途的电解液。常用隔膜为聚乙烯（PE）和聚丙烯（PP）膜，锂离子能够在隔膜微孔中自由穿梭。

锂离子电池的充放电依靠锂离子在正负极之间的反复脱嵌实现，可形象地称之为摇椅电池（rocking chair batteries，RCB）。图 1-2 所示为以石墨为负极，$LiCoO_2$ 材料为正极的锂离子电池工作示意图[20]。相应电极反应可表示为：

正极：$\qquad\qquad LiCoO_2 \rightleftharpoons Li_{1-x}CoO_2 + xe + xLi^+$ （1-1）

负极：$\qquad\qquad 6C + xe + xLi^+ \rightleftharpoons Li_xC_6$ （1-2）

总反应：$\qquad LiCoO_2 + 6C \rightleftharpoons Li_{1-x}CoO_2 + Li_xC_6$ （1-3）

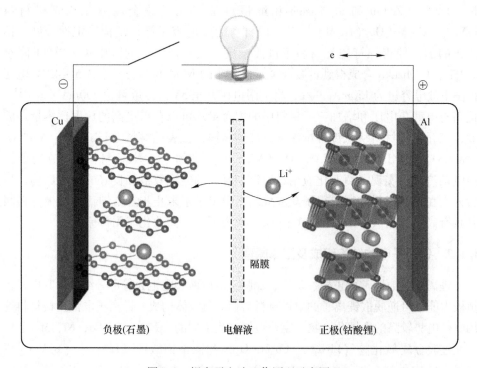

图 1-2　锂离子电池工作原理示意图

充电过程中，锂离子从 $LiCoO_2$ 晶格结构中脱出，通过电解液穿过隔膜后嵌入石墨负极，电子则通过外电路到达负极，保持电荷平衡，其中的 Co^{3+} 氧化为 Co^{4+}。充电完成后，处于贫锂态的正极电位高，而富锂态负极处于低电位，正负极间电势差最大。放电过程中，锂离子从石墨负极脱出回嵌至正极 $LiCoO_2$ 晶格，Co^{4+} 还原成 Co^{3+}，此时锂离子电池便可对外加负载做功。值得注意的是锂离子电池工作过程既非简单的锂离子储存和释放，又不是纯粹的正负极之间锂离子发生浓差变化。在重复的充放电过程中，锂离子的脱嵌会引起相应材料中其他元素的价态变化，价态变化势必引发整个体系的氧化还原反应，正是该反应使得电能和化学能之间的转变顺利完成。锂离子的工作电压与所使用的正负极材料以及锂离子浓度有关。

1.2 锂离子电池电极材料

1.2.1 正极材料

正极材料不仅作为电极材料参与电池电化学反应，而且还是整个锂离子电池锂源。迄今为止，研究工作开展最多的锂离子电池正极材料依然为可插锂化合物。理想的正极材料需具备如下特性[21~23]：

（1）存在具有较高氧化还原电位且易发生氧化还原反应的过渡金属离子，以保证锂离子电池较高的充放电容量及输出电压；

（2）较高的电子及锂离子电导率以保证良好的倍率性能；

（3）良好的结构稳定性；

（4）在较宽电压范围内具有较高的化学稳定性和热稳定性；

（5）较易制备，环境友好且价格适中。

图 1-3 为锂离子电池电极材料的容量及放电电位（相对于 Li/Li^+）[24]。商业化的负极材料主要有天然石墨和人造石墨（比容量约为 $400mA \cdot h/g$）。具有更高比容量的硅碳复合及硅基材料（$1000 \sim 4000mA \cdot h/g$）是锂离子负极材料将来的发展目标。当前市场主流正极材料（如 $LiCoO_2$、$LiFePO_4$ 和 $LiMn_2O_4$）实际比容量远不及负极材料的比容量，无法满足高能量及高功率密度锂离子电池的发展

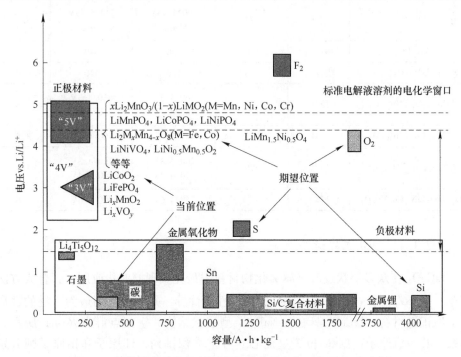

图 1-3 锂离子电池电极材料容量及放电电位（相对于 Li/Li^+）

要求。因此，进一步提升正极材料的比容量是推动锂离子电池继续向前发展的有力保障。当前在主流材料基础上，人们发展了相关的衍生材料。例如高电压型 $LiCoO_2$ 和三元正极材料。通过对其结构进行精细化设计，同时辅以离子掺杂和表面修饰等多种手段提高其高电压下的结构稳定性以及宽温度范围下的热稳定性能。此外，5V 正极材料的开发也是实现高能量密度正极材料的重要方向。

表 1-1 中列出常见正极材料的相关电化学性能，涉及的反应机理主要有两大类：两相反应类型以及固溶体反应类型（见图 1-4）[25]。两相反应类型即锂离子在脱嵌时材料中有新的物相产生，整个电池电压在两相区保持稳定不变，放电后期电压急剧降低，放电曲线由两呈 L 形线段组成。典型代表为磷酸盐正极材料。充电时 $LiFePO_4$ 相中锂离子脱出后转变成 $FePO_4$ 新相，而在放电过程中锂离子回到正极与 $FePO_4$ 相结合又形成 $LiFePO_4$ 相。因此，$LiFePO_4$ 充放电曲线在平台区域十分平坦。固溶体反应类型在整个氧化还原反应过程中均无新相生成，正极材料晶体参数有变化但主体结构不发生变化。随着锂离子的不断嵌入电压逐渐降低，下降曲线较为平缓。

表 1-1　常见锂离子电池正极材料电化学性能

材　　料	结构	理论容量 /mA·h·g^{-1}	实际容量 /mA·h·g^{-1}	能量密度 /W·h·kg^{-1}	工作电压 /V
$LiCoO_2$	层状	274	190/4.45V 215/4.55V	740/4.45V 840/4.55V	3.9
$LiFePO_4$	橄榄石	170	160	540	3.4
$LiMn_2O_4$	尖晶石	148	110	410	4.0
$LiNi_{1/3}Co_{1/3}Mn_{1/3}O_2$	层状	275	160/4.3V 185/4.5V	610/4.3V 730/4.5V	3.8
$LiNi_{0.8}Co_{0.1}Mn_{0.1}O_2$	层状	275	210	800/4.4V	3.8
$LiNi_{0.8}Co_{0.15}Al_{0.05}O_2$	层状	279	200/4.3V 210/4.4V	760/4.3V 800/4.4V	3.8
$Li_2MnO_3 LiNi_xCo_yMn_zO_2$	层状	—	250/4.6V	900/4.6V	3.6

1.2.1.1　层状正极材料

$LiCoO_2$ 在众多层状过渡金属氧化物材料中最先实现商业化应用，其合成方法简单、循环寿命长、工作电压较高、倍率性能优异，是当前应用最为广泛的锂离子电池正极材料。$LiCoO_2$ 具有 α-$NaFeO_2$ 型层状结构，空间点群为 $R\bar{3}m$，属六方晶系，其中氧原子占据 6c 位置呈面心立方密堆积排列，锂原子和钴原子则分别位于 3a 和 3b 位置，交替占据氧原子所组成的八面体空隙位置，各原子层沿 c 轴

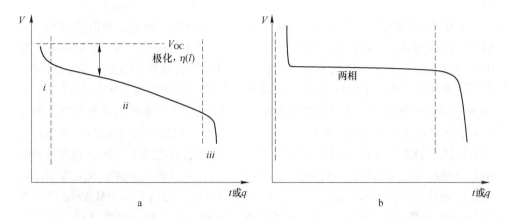

图1-4　正极材料两种反应类型放电曲线

a—固溶体型反应；b—两相反应

方向堆叠，形成高度有序的 O-Li-O-Co-O-Li 层状岩盐结构，在［111］晶面方向呈层状排列。

图 1-5 为 $LiCoO_2$ 材料的晶体结构示意图。理想的 $LiCoO_2$ 晶格参数 $a = 0.2816nm$，$c = 1.4081nm$。［CoO_6］八面体中共价键键能较强，可以充分保证材料在锂离子反复脱嵌过程中良好的结构稳定性，同时也为锂离子提供扩散通道。研究表明 $Li_{1-x}CoO_2$ 中锂离子脱出量在 $0 < x < 0.6$ 时，材料存在三个相变过程：第一个相变在锂离子脱出约 7% 时发生，由 H1 向 H2 转变，晶系 c 轴伸长 2%，对应［CoO_6］八面体层间距明显减小[26]。［CoO_6］层间距离降低导致价带与导带重叠，材料电导率迅速上升。此后随着脱锂量的继续增加，H1 和 H2 两相共存。当 $x = 0.5$ 时，锂离子排列由有序向无序转变，紧接着晶格结构由六方相变为单斜相。尽管按锂离子完全脱出计算，

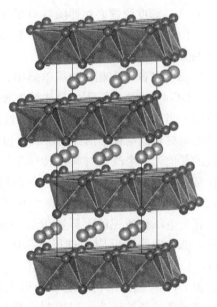

图 1-5　$LiCoO_2$ 结构示意图

$LiCoO_2$ 材料的理论比容量可达 $274mA·h/g$，但只有近一半锂离子能够可逆脱嵌，在 $3.0 \sim 4.2V$ 电压下的实际比容量为 $140mA·h/g$[27]。钴资源价格昂贵且稀少匮乏，为满足高能量密度锂离子电池的发展需要，大量研究通过提高 $LiCoO_2$ 充电截止电压获取更高的放电比容量，达到提高电池能量密度和降低生产成本的

目的。

高电压 LiCoO$_2$ 应用中存在许多常规电压下未出现的问题, 如电解液与活性材料间的剧烈界面反应以及自身在深度脱锂态下晶体结构转变等。早期的研究集中于寻找高电压下晶体结构变化、热稳定性以及综合电化学性能之间的对应关系, 进而探明高电压 LiCoO$_2$ 容量衰减机制以及结构演化历程。H. C. Choi 等人对 LiCoO$_2$ 高电压下活性物质与电解液界面进行 XPS 测试发现深度脱锂引发表面含锂化合物的产生以及晶体结构扭曲形变[28]。结合 X 射线衍射 (XRD) 和透射电子显微镜 (TEM) 表征对 LiCoO$_2$ 充电至 4.7V 时的晶体结构和微区形貌进行分析结果表明衍射峰型和位置并没有太大的变化, 最初六方相部分转变成立方尖晶石相, 相变导致材料晶体内部位错密度和压力的增加。加州大学 J-M Yang 研究指出 LiCoO$_2$ 薄膜电池高电压循环后除了存在三方相之外, 纳米晶内部还生成尖晶石和 H1 ~ H3 相, 这引发了不可逆容量的巨大损失[29]。A. Veluchamy 等人采用热重分析 (TGA) 和差示扫描量热法 (DSC) 分析了 Li$_x$CoO$_2$ 正极材料在不同电压下的热行为[30]。Li$_x$CoO$_2$ 材料在 100℃ 处的放热峰是由电解液酸性环境诱导表面 SEI 膜分解产生的。目前, 高电压 LiCoO$_2$ 容量衰减原因主要有以下三方面:

(1) 深度脱锂必然伴随着 O 的析出, 材料安全性能变差;

(2) 锂离子脱出后, Co^{3+} 不断被氧化成 Co^{4+}, 高价态的 Co^{4+} 极易加速电解液的分解, 进而加剧 Co 的溶出;

(3) 贫锂六方相转变成单斜相, 产生弹性形变以及颗粒内部微裂纹。

LiCoO$_2$ 在高电压下的晶体结构和界面不稳定性限制其在高端锂离子电池中的应用。当前, 改善其高电压电化学性能的主流方法有电解液添加剂、离子掺杂以及无机材料或电化学活性物质表面包覆。掺杂的意义在于通过在特定位置引入定量的其他元素来改善材料在特殊工况下的结构稳定性以及热稳定性。Li$_{1-x}$CoO$_2$ 在常规电压下约有一半的可逆脱嵌锂离子 ($x \approx 0.5$)。一般认为当 $x < 0.25$ 时, 六方晶系与单斜晶系两相共存, 而当 $x > 0.75$ 时则有两种六方晶系共存。通过增大充电电压钴酸锂的实际容量进一步提高, 但其不可逆容量损失愈加明显。此外, 随着锂脱嵌反应的进行, 氧层间距扩大。若有超过半数锂离子发生脱嵌, Li$_{1-x}$CoO$_2$ 晶体结构则开始被破坏。因此, 如何抑制六方相向单斜相转变, 成为改善 LiCoO$_2$ 晶体结构稳定性的重大课题。在这方面, 日本相关企业走在前列。金属元素掺杂被认为可以抑制材料相变发生, 如 Cr、Fe、Mn、V、Al、Ti、Zr、Ni、Ca、Mg、Hf、Sr 等。早在 1997 年, H. Tukamoto 研究表明适量的 Mg 掺杂不会改变 LiCoO$_2$ 材料的晶体结构, 反而会提高其电导率, 改善循环性能。M. Zou 等比较了 Cu、Mn、Fe、Zn 掺杂对 LiCoO$_2$ 材料在 4.5V 高电压下电化学性能的影响。结果显示 LiMn$_{0.05}$Co$_{0.95}$O$_2$ 拥有最优综合性能, 其在 3.5 ~ 4.5V 电压范围内 C/5 放电比容量为 158mA·h/g[31]。王志国详细研究了高电压下 Mg 掺杂对 LiCoO$_2$

晶体结构和电化学性能的影响（见图 1-6）[32]。研究指出掺杂改性后的样品在 4.15V 左右的一对充放电平台消失，说明 Mg 掺杂能够抑制 LiCoO₂ 在此处的相变。此外，首次库仑效率变化不大，这是掺杂使得电化学惰性的 Mg 取代了材料中参与电化学反应的部分 Co，从而造成材料的容量降低，在高电压下尤为明显。因此，从容量方面考虑，掺杂元素的含量不宜过高。

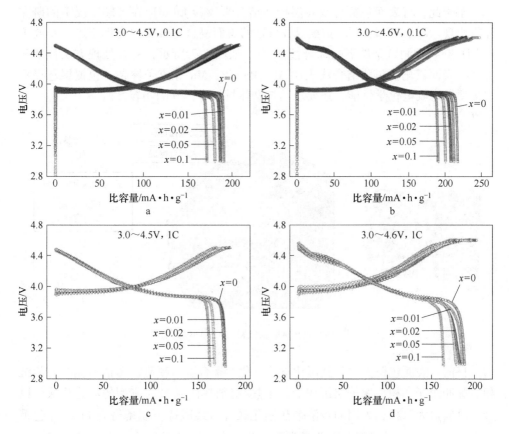

图 1-6 $LiCo_{1-x}Mg_xO_2$ 首次充放电曲线

表面修饰则是另一种改善 LiCoO₂ 性能的重要手段。迄今为止，能够产业化的包覆物质主要为 Al₂O₃，大多数报道仅限于少量的实验室尝试，无法扩大生产规模。但是科研工作的不断尝试也持续推动着高电压钴酸锂的不断向前发展。氧化物是一类常见的包覆物质，如 Al₂O₃、MgO、ZrO₂、NiO、ZnO、CuO、La₂O₃、Li₂O 和 TiO₂ 等。Al₂O₃ 包覆可改善高电压钴酸锂的综合性能，这一点得到多数研究者的认同。通常认为 Al₂O₃ 的作用体现在如下几个方面：

（1）作为物理屏障阻止活性物质与电解液间的接触，抑制表面相变的发生；

（2）包覆层与基体活性物质在表面形成了 Li-Al-Co-O 固溶体，起到了表面保护层的作用；

（3）抑制 Co 元素的溶解。除了氧化物，氟化物和含锂化合物均被用作钴酸锂表面包覆物质。单一掺杂或者包覆的效果较为局限，只能解决某一方面的问题，比如改性后材料高电压循环稳定性增强，但是其在高温下性能依然不够理想。

基于此，将表面包覆与浅表层掺杂结合来改善 $LiCoO_2$ 在极端工况下的研究相继出现。Z. Guo 和 J. Cho 指出寻找可行的表面复合处理方法有助于进一步改善 $LiCoO_2$ 在各种测试条件下的综合性能[33]。如图 1-7 所示，复合处理方法包括两方面，表面氧化物包覆结合浅表层 Al、Mg、P、Mn 等离子掺杂。包覆层选择不仅需要考虑其电化学性能，还要求其与基体材料有良好的相容性。

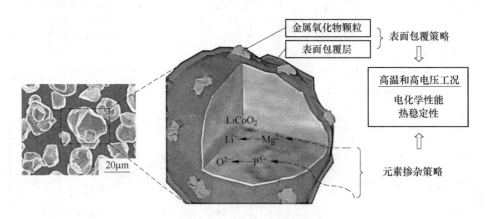

图 1-7　$LiCoO_2$ 表面复合修饰示意图

目前，表面包覆方法包括湿化学法、化学聚合法、喷溅涂覆法、化学气相沉积、脉冲激光沉积、原子层沉积等。水热/溶剂热法是最为典型的湿化学法。以金属草酸盐为原料，采用同步溶剂热锂化联合后续煅烧可制备得到 Li_2ZrO_3 包覆的 $LiCoO_2$ 材料。材料高电压性能改善得益于表面锂离子导体和本体 Zr^{4+} 掺杂协同效应。水热和溶剂热法均在高压力下进行，不同之处在于所采用溶剂的种类。此类方法缺点在于无法规模化，收率低，原料成本高。有机导电聚合物（聚吡咯（PPy）、聚苯胺（PANI））与无机包覆物相比较，弹性形变高，离子导电性好。除此之外，其还可以有效减少界面极化现象。采用化学聚合方法可在 $LiCoO_2$ 表面修饰一层 PPy，改性后材料在 4.5V 下循环稳定性提高。化学聚合技术比较完善，分为原位和非原位两种方式。这两种方式均有其固有的优势和缺点。原位方法中未反应完全的前驱体会影响最终产品质量，但是该方法可有效防止基体材料的团聚并保证其均匀分散。采用非原位方法能够实现包覆反应的规模化，缺点则在于包覆层的均一性无法保证。借助先进设备的不断研发，喷溅涂覆法、化学气相沉积、脉冲激光沉积、原子层沉积等一系列方法逐渐被用于 $LiCoO_2$ 材料的表面包覆研究。具有代表性的工作来自 S. H. Lee 等人。该组采用原子层沉积技术在不破坏 $LiCoO_2$ 颗粒间电子通路情况下，在电极片上获得共形 Al_2O_3 保护涂层[34]。

理想的 $LiNiO_2$ 晶体与 $LiCoO_2$ 类似，也具有 α-$NaFeO_2$ 型层状结构，空间点群为 $R\bar{3}m$。相较于 $LiCoO_2$，$LiNiO_2$ 实际比容量可达 $190\sim210mA\cdot h/g$，另外由于镍资源储量更加丰富，价格相对便宜，$LiNiO_2$ 材料更具成本优势。1954 年，Dyer 等人第一次报道了该材料。20 世纪 80 年代，J. B. Goodenough 等在 $LiCoO_2$ 专利中也提到 $LiNiO_2$ 作为正极材料的可能性，但由于 $LiNiO_2$ 自身存在缺陷使得其无法实现商业应用。首先，化学计量比的 $LiNiO_2$ 合成难度较大，Ni^{2+} 难以氧化为 Ni^{3+}，通常所合成的材料实际组成为 $Li_{1-x}Ni_{1+x}O_2$，Ni^{2+} 为保持电荷平衡部分占据锂层中锂离子位置，此即为阳离子混排[35~38]。占据锂位的 Ni^{2+} 在脱锂过程中被氧化成半径较小的 Ni^{3+}，锂离子脱出后层间结构局部塌陷，造成锂离子回嵌困难，容量损失严重，循环性能下降。其次 $LiNiO_2$ 热稳定性欠佳，在相同条件下，$LiNiO_2$ 热分解温度（200℃左右）低于 $LiCoO_2$ 和 $LiMn_2O_4$。高脱锂态下材料中处于高氧化态的 Ni^{4+} 极易氧化分解电解液，腐蚀集流体，放出大量热量和气体。

层状 $LiMnO_2$ 材料有单斜 $LiMnO_2$ 和正交 $LiMnO_2$ 两种晶型（见图 1-8）。单斜 $LiMnO_2$ 具有与 $LiCoO_2$ 和 $LiNiO_2$ 极其相似的 α-$NaFeO_2$ 结构，空间点群为 C2/m。单斜相 $LiMnO_2$ 的理论比容量为 $285mA\cdot h/g$，实际首次充电容量超过 $270mA\cdot h/g$。但是，单斜 $LiMnO_2$ 为热力学亚稳态结构，合成极其困难。A. R. Armstrong 等采用核磁共振以及中子衍射证明该晶型材料在电化学循环过程中极易发生不可逆结构相变，最终转变成类尖晶石型结构，导致容量迅速衰减[39]。正交 $LiMnO_2$ 具有 β-$NaMnO_2$ 结构，空间点群为 Pmnm。高自旋态的 Mn^{3+} 向锂层迁移诱发 Jahn-

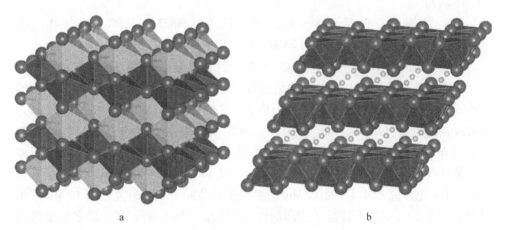

a   b

图 1-8 $LiMnO_2$

a—正交 $LiMnO_2$；b—单斜 $LiMnO_2$

Teller 效应使 MnO_4 骨架被拉长 14% 左右。元素掺杂为抑制层状 $LiMnO_2$ 向锂化尖晶石 $Li_2Mn_2O_4$ 相转变的有效手段。

综上所述，单一过渡金属氧化物正极材料均具有较为明显的优缺点。$LiCoO_2$ 合成工艺简单，结构稳定但实际比容量较低；$LiNiO_2$ 和 $LiMnO_2$ 虽然均具有比容量高的优点，但合成困难，结构稳定性差。三元过渡金属氧化物正极材料 $LiNi_{1-x-y}Co_xMn_yO_2$（NCM）充分结合上述三种层状嵌锂化合物的优点，具有比容量高、结构稳定性好、热稳定性好和成本较低的特性。$LiNi_{1-x-y}Co_xMn_yO_2$ 材料晶格结构与 $LiCoO_2$ 材料类似，可认为由 Co 层被 Ni 和 Mn 部分取代而来。三元材料 $LiNi_{1-x-y}Co_xMn_yO_2$ 中的钴元素对稳定材料的晶体结构有重要作用，同时还能提高材料的离子电导率；镍元素则为三元材料容量的主要贡献者，但含量过高时易与锂发生交错占位，不利于材料电化学性能的发挥；锰元素在材料充放电过程中不参与电化学反应，主要起稳定材料结构的作用，同时降低生产成本。

1999 年，Z. Liu 等首次合成不同组分的三元过渡金属氧化物材料 $LiNi_{1-x-y}Co_xMn_yO_2$，并对其晶体结构及电化学性能进行详细研究，发现三元材料循环稳定性明显优于单一组分及二元层状材料[16]。M. Yoshio 等人合成的 $LiNi_{0.5}Co_{0.2}Mn_{0.3}O_2$ 中锂镍混排为 2.4%，4.3V 下可逆比容量可达 150mA·h/g[17]。J. R. Dahn 等人发现 $Li[Ni_xCo_{1-2x}Mn_x]O_2$ 中 a 轴和 c 轴值随着 Co 含量增加逐渐降低。2001 年，Ohzuku 等合成出 Ni、Co 和 Mn 三种元素等量的 $LiNi_{1/3}Co_{1/3}Mn_{1/3}O_2$ 材料，在 2.5~4.6V 电压范围下放电比容量高达 200mA·h/g[18]。此后，不断有不同镍钴锰比例的三元材料被开发合成。到目前为止，三元正极材料的研究热点主要有两类：

（1）Ni、Mn 等量型，如 $LiNi_{1/3}Co_{1/3}Mn_{1/3}O_2$（NCM111）和 $LiNi_{0.4}Co_{0.2}Mn_{0.4}O_2$（NCM424）；

（2）富镍型，包括 $LiNi_{0.5}Co_{0.2}Mn_{0.3}O_2$（NCM523），$LiNi_{0.6}Co_{0.2}Mn_{0.2}O_2$（NCM622）和 $LiNi_{0.8}Co_{0.1}Mn_{0.1}O_2$（NCM811）。

不同组成的 NCM 材料放电容量、热稳定性和容量保持率见图 1-9[40]。

富锂锰基正极材料由两种层状结构材料 LiMO₂（M = Co，Ni，Mn 和 Fe 中的一种或多种）和 Li_2MnO_3 复合而成，其分子式可写成 $xLi_2MnO_3·(1-x)LiMO_2$，也可以表达为 $Li[Li_{1/3}M_{1-x}Mn_{2x/3}]O_2$[41]。如图 1-10 所示，两组分均为层状结构，其中 Li_2MnO_3 相中锂部分占据锰层形成 $LiMn_6$ 超晶格结构，同时与锂离子及氧离子交替堆叠形成 $Li[Li_{1/3}Mn_{2/3}]O_2$ 结构。作为高比容量正极材料，其容量来自 $LiMO_2$ 相和电压高于 4.4V 时 Li_2MnO_3 相活化的共同贡献。研究表明 Li_2MnO_3 相脱出 Li_2O 后转变成具有锂离子脱嵌活性的 MnO_2，MnO_2 能够有效增强深度脱锂状态下 $LiMO_2$ 的结构稳定性。因此该材料拥有高比容量（250~300mA·h/g）的同时，还能保持良好的循环稳定性。普遍认为 4.4V 以下富锂材料的容量主要由

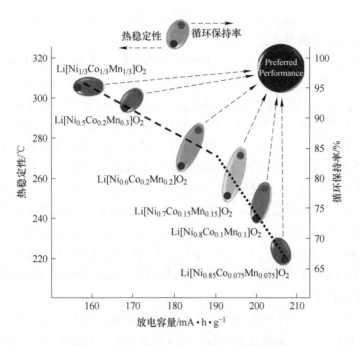

图 1-9 NCM 系列三元材料组成与性能对比

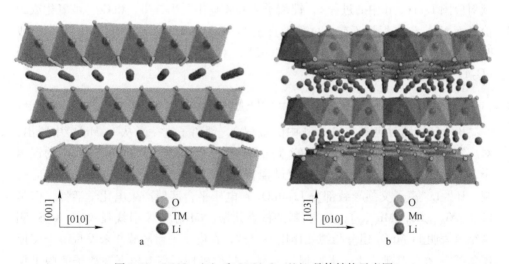

图 1-10 LiMO₂ (a) 和 Li₂MnO₃ (b) 晶体结构示意图

$LiMO_2$ 相中 Ni^{2+} 和 Co^{3+} 氧化至 Ni^{4+} 和 Co^{4+} 提供，与传统层状正极材料脱嵌锂机理一致。相关计算及实验发现此过程中 Li_2MnO_3 相过渡金属层中的锂离子扩散迁移至 $LiMO_2$ 相补充已脱出的锂离子[41,42]。电压高于 4.5V 时，惰性 Li_2MnO_3 相中的锂离子与氧离子以 Li_2O 形式继续脱出，此过程还伴随 Mn 向锂层的迁移[43]。

在随后的放电过程中脱出的锂离子无法完全回嵌，Li_2MnO_3 相发生不可逆相变，这也是富锂锰基材料首效过低的症结所在。

目前，关于 $xLi_2MnO_3 \cdot (1-x)LiMO_2$ 材料结构，学术界存在两种主要观点。第一种观点认为该材料由 $LiMO_2$ 和 Li_2MnO_3 固溶组成，因此分子式可写成 $Li[Li_{1/3}M_{1-x}Mn_{2x/3}]O_2$。过渡金属/锂混合层与锂离子层顺序交替排列，氧则采取六方密堆积形式排列。另外一种则认为该材料只是由 $LiMO_2$ 和 Li_2MnO_3 在纳米尺度上均匀混合形成。$Li_{1.2}Mn_{0.4}Fe_{0.4}O_2$($Li[Li_{0.2}Mn_{0.4}Fe_{0.4}]O_2$)中存在着 Li_2MnO_3 和 $LiFeO_2$ 相互分离的两相，充电时锂离子先从 $LiFeO_2$ 相中脱出。$xLi_2MnO_3 \cdot (1-x)LiMn_{0.5}Ni_{0.5}O_2$ 的高分辨透射电镜表征显示该材料在纳米尺度上存在两种晶格条纹，证明该材料是由 Li_2MnO_3 和 $LiMnO_2$ 的纳米畴间隔交互生长而成，而不是连续均匀的单相[44]。阿贡国家实验室 M. M. Thackeray 详细研究了 Li_2MnO_3 对 $0.3Li_2MnO_3 \cdot 0.7LiMn_{0.5}Ni_{0.5}O_2$ 结构、化学、电化学以及热性能的影响。Li_2MnO_3 不仅稳定材料中提供容量的主相 $LiMO_2$，还作为固态电解质促进整个材料中锂离子的传输[41]。

$xLi_2MnO_3 \cdot (1-x)LiMO_2$ 充放电曲线与传统层状正极材料存在区别。典型曲线如图 1-11 所示[45]。富锂锰基材料首次充电伴随着晶体结构的不可逆变化，曲线由低于 4.45V 时的倾斜 A 段和高于 4.45V 时的平坦 B 段两部分组成。A 段区域对应图 1-11c, d 中的过程 1，锂离子从 $LiMO_2$ 中脱出，Ni^{2+} 和 Co^{3+} 被氧化成四价，而 Mn^{4+} 价态保持不变。过程 1 直至 $Li_2MnO_3 \cdot Ni_{0.33}Co_{0.33}Mn_{0.33}O_2$ 完全形成时结束，此时电压由初始值升高至 4.45V，对应容量微分曲线中的宽泛氧化峰（O_2）。相关反应方程式如下：

$$Li_2MnO_3 \cdot LiMO_2 \longrightarrow Li_2MnO_3 \cdot MO_2 + Li^+ + e \qquad (1-4)$$

B 段区域则对应图 1-11c, d 中的过程 2，锂离子进一步从 Li_2MnO_3 中脱出，对应容量微分曲线中的尖锐氧化峰（O_1）。由于 Li_2MnO_3 提供可额外脱出的锂离子，因此明确 Li_2MnO_3 电化学反应过程将有助于深入理解富锂锰基材料反应机制。H^+/Li^+ 离子交换导致部分 Li_2MnO_3 在电压平台区域产生电化学活性。但是 $Li_{1.12}[Ni_{0.425}Co_{0.15}Mn_{0.425}]_{0.88}O_2$ 材料的核磁共振（NMR）和 X 射线吸收谱（XAS）测试结果表明 Li_2MnO_3 组分与纯相作用不一样，在电压平台区域并未发现离子交换现象[46]。在此基础之上，人们提出氧元素氧化机理：高电位下锂离子的脱出伴随着氧元素的氧化反应析出进入电解液。富锂材料中过渡金属离子数量少于锂离子，因此高充电态下过渡金属元素 d 能带与氧元素 p 能带不可避免地大量重叠，这将引发氧元素在 4.45 ~ 4.7V 电压平台内发生不可逆的氧化析出。J. R. Dahn 等人基于原位 XRD 研究指出 $Li_{1.05}Ni_{0.42}Mn_{0.53}O_2$ 在此电压平台内锂离子与氧同时脱出[47]。P. G. Bruce 等人采用原位微分电化学质谱法（DEMS）直接观测到

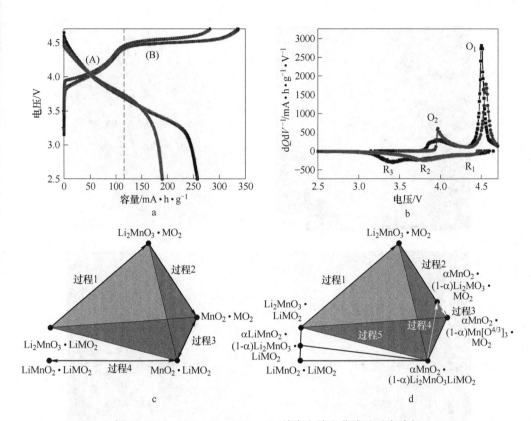

图 1-11 $Li_{1.2}Ni_{0.13}Co_{0.13}Mn_{0.54}O_2$ 首次充放电曲线及反应路径

$Li[Li_{0.2}Ni_{0.2}Mn_{0.6}]O_2$ 在首次充电过程中释放出 O_2[48]。N. Yabuuchi 等人则通过同步加速器 X 射线衍射（SXRD）检测证明 $Li_{1.2}Ni_{0.13}Co_{0.13}Mn_{0.54}O_2$ 材料首次充电时锂离子脱出同时伴随着氧的释放[43]。图 1-12 显示循环后富锂材料 SEM 和 TEM 表征发现颗粒内部形成微裂纹和孔洞，这与氧释放引发的应力变化有很大关系[49]。此外，借助密度泛函理论计算手段，B. Xu 等人发现 $Li[Ni_{1/4}Li_{1/6}Mn_{7/12}]O_2$ 过高的充电容量来自氧的氧化贡献[50]。总之，大量的实验以及理论计算研究表明，富锂材料在高于 4.45V 时候晶格氧参与电化学反应贡献容量。由于具有环结构的碳酸酯类溶剂，如碳酸乙烯酯（EC）和碳酸丙烯酯（PC）很容易被氧气氧化再与锂离子结合生成 Li_2O 和 Li_2CO_3 等，因此晶格氧参与反应生成的氧气对电解液有较大影响。另外，电解质盐 $LiPF_6$ 在 H_2O 存在下容易水解形成 HF。上述副产物严重影响了富锂材料的电化学性能，加速了过渡金属元素的溶解和电极表面的绝缘层的生成。

图 1-11c 中过程 2 对应 Li_2MnO_3 相转变成 MnO_2。反应方程式如下：

$$Li_2MnO_3 \cdot MO_2 \longrightarrow MnO_2 \cdot MO_2 + 2Li^+ + [O^{2-}] \tag{1-5}$$

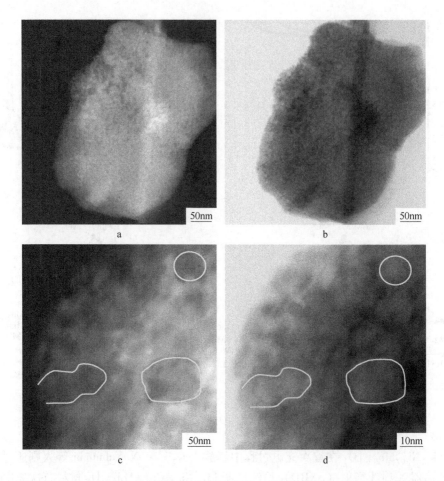

图 1-12　$Li_{1.2}Ni_{0.2}Mn_{0.6}O_2$ 材料 60 次循环后（a，c）衬度相和（b，d）亮视场相

事实上，晶格氧发生氧化反应的过程十分复杂，产物包括部分含氧化合物，如 Li_2O 等。这部分含氧化合物保留在晶格结构中，在后续放电过程中可被还原成 O^{2-}。基于此，该过程可进一步表述成式（1-6）（图 1-11d 中过程 2）：

$$Li_2MnO_3 \cdot MO_2 \longrightarrow xMnO_2 \cdot (1-x)Mn[O^{4/3-}]_3 \cdot MO_2 +$$
$$2Li^+ + x[O^{2-}] + 2(1-x)e \tag{1-6}$$

毋庸置疑，富锂材料在首次充电过程中晶格氧参与电化学反应，而可逆氧化合物的生成将对该材料放电过程造成深远影响。富锂材料的放电过程根据图 1-11 可分为两种情况进行讨论。第一种为不包含含氧氧化还原电对的首次放电，即图 1-11c 中的过程 3 和过程 4。过程 3 为锂离子回嵌进入 $Ni_{1/3}Co_{1/3}Mn_{1/3}O_2$ 组分，同时伴随着 Ni^{4+} 和 Co^{4+} 被还原成 Ni^{2+} 和 Co^{3+}。此时对应容量微分曲线中的 R_1 和

R_2 峰。锂离子嵌回 MnO_2 相时 Mn^{4+} 被还原成 Mn^{3+}，此时对应 R_3 峰和过程4。反应过程分别为：

$$MnO_2 \cdot MO_2 + Li^+ + e \longrightarrow MnO_2 \cdot LiMO_2 \tag{1-7}$$

$$MnO_2 \cdot LiMO_2 + Li^+ + e \longrightarrow LiMnO_2 \cdot LiMO_2 \tag{1-8}$$

上述反应若能进行完全，富锂材料 $LiMnO_2 \cdot LiNi_{1/3}Co_{1/3}Mn_{1/3}O_2$ 理论放电容量应为 251mA·h/g，但该材料在低电流密度下的实际放电容量高于理论容量。因此，富锂材料的放电容量中有来自氧还原的容量贡献，这就需要考虑第二种情形，即包含可逆含氧氧化还原电对的电化学放电过程。波尔多大学 C. Delmas 等人详细研究 $Li_{1.2}Ni_{0.13}Co_{0.13}Mn_{0.54}O_2$ 材料首次充电过程发现，表面氧与基体氧参与电化学反应的方式存在较大差异，材料表面氧被氧化成氧气逃逸而基体中氧仅被氧化但不会脱出材料晶格[51~53]。M. Oishi 等人基于 X 射线吸收近边结构分析提出 $Li[Li_{0.16}Ni_{0.15}Co_{0.19}Mn_{0.5}]O_2$ 材料中配体氧在充电电压高于 4.5V 的平台区域参与电荷补偿[54]；X 射线吸收测量结果显示在总电子屈服模式和部分荧光 X 射线屈服模式下均观察到材料在充电过程中形成 O_2^{2-}，在放电过程中则消失[55]。由此可见富锂材料中稳定存在过氧化物相，其存在对富锂材料发挥高容量起决定作用。依然针对 $Li_{1.2}Ni_{0.13}Co_{0.13}Mn_{0.54}O_2$ 材料，P. G. Bruce 等人提出氧原子上产生局域电子空穴的电子补偿机制，而未真正生成 O_2^{2-}[56]。根据已有研究，包含可逆含氧氧化还原电对的充放电机理涉及图 1-11d 所示的五个过程：

（1）首次充电至 4.45V，锂离子从 $LiMO_2$ 中脱出，同时伴随着过渡金属元素的氧化。氧化峰为图 1-11b 中 O_2 峰，反应见式（1-4）；

（2）充电电压超过 4.45V，锂离子从 Li_2MnO_3 中继续脱出，同时伴随着 Li_2O 生成，部分 O^{2-} 氧化成 O^-。氧化峰为图 1-11b 中 O_1 峰，反应见式（1-6）；

（3）放电过程中，4.4V 附近 R_1 峰对应高电压区域 O^- 可逆还原成 O^{2-}，而非 Co^{4+} 的还原：

$$xMnO_2 \cdot (1-x)Mn[O^{4/3-}]_3 \cdot MO_2 + 2(1-x)Li^+ + 2(1-x)e \longrightarrow$$
$$xMnO_2 \cdot (1-x)Li_2MnO_3 \cdot MO_2 \tag{1-9}$$

（4）锂离子可逆嵌入充电过程中形成的 MO_2 组分：

$$xMnO_2 \cdot (1-x)Li_2MnO_3 \cdot MO_2 + Li^+ + e \longrightarrow xMnO_2 \cdot (1-x)Li_2MnO_3 \cdot LiMO_2 \tag{1-10}$$

（5）锂离子继续嵌入充电过程中由 Li_2MnO_3 相脱去 Li_2O 生成的 MnO_2 中。

$$xMnO_2 \cdot (1-x)Li_2MnO_3 \cdot LiMO_2 + xLi^+ + xe \longrightarrow$$
$$xLiMnO_2 \cdot (1-x)Li_2MnO_3 \cdot LiMO_2 \tag{1-11}$$

其中，过程 2 为不可逆过程，这导致了富锂材料首次充电过程中的结构转变。过程 3、4 和 5 是富锂材料高放电比容量的主要原因，这三过程是可逆的。

需要强调的是过程 5 与不可逆过程 2 息息相关，只有当富锂材料在高于 4.45V 时循环时，过程 5 才会提供额外的容量。

富锂锰基材料在 Li_2MnO_3 首次活化过程中发生明显的不可逆晶体结构变化，该过程较为复杂，过去几十年，人们付出很多的努力尝试去揭示其中的变化机制。N. Tran 等人指出 $Li_{1.12}[Ni_{0.425}Co_{0.15}Mn_{0.425}]_{0.88}O_2$ 材料中氧流失后过渡金属离子迁移至锂位，阳离子重排导致最初材料中的锂过渡金属有序排布现象消失[46]。充电后期过渡金属离子与氧离子比例高于原始材料中对应离子比例。图 1-13 为阳离子迁移模型和氧流失过程。如图所示，氧流失与过渡金属层中锂离子脱出同时进行，诱发过渡金属离子迁移进入锂空位，导致正常层状结构晶格致密化。无独有偶，N. Yabuuchi 对 $Li_{1.2}Ni_{0.13}Co_{0.13}Mn_{0.54}O_2$ 材料的 SXRD 数据进行精修处理

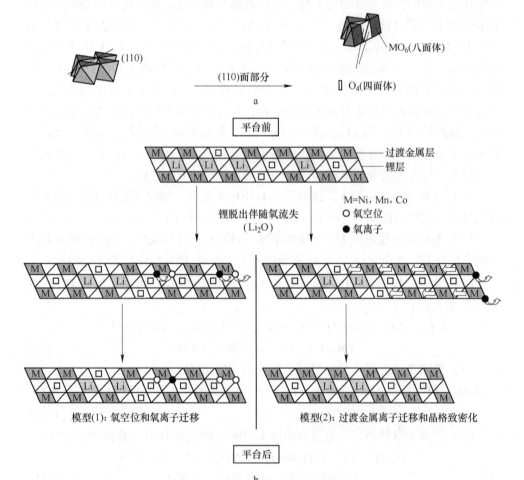

图 1-13　$Li_{1.12}[Ni_{0.425}Co_{0.15}Mn_{0.425}]_{0.88}O_2$ 材料中阳离子迁移模型

a—平台前；b—平台后

后发现类似现象[43]。B. Xu 指出表面结构变化导致材料层状结构向缺陷尖晶石相转变，这也一定程度导致 Li [$Ni_{1/5}Li_{1/5}Mn_{3/5}$]O_2 材料首次较大的不可逆容量损失和较差的倍率性能[50]。D. Mohanty 针对 $Li_{1.2}Mn_{0.55}Ni_{0.15}Co_{0.1}O_2$ 材料晶体结构和电化学过程相变的系列研究指出其首次充电时的结构转化过程如下[57]：

（1）电压低于 4.1V，锂离子从锂层和相邻的过渡金属层八面体位点向锂层四面体迁移形成哑铃结构层；

（2）电压高于 4.1V，锰离子从过渡金属层的八面体位点经锂层的四面体位点迁移到锂层的"永久"八面体位点，此时形成尖晶石晶格。

针对 $Li_{1.2}Ni_{0.2}Mn_{0.6}O_2$ 材料详细的结构演化机制研究表明其首先由 $C2/m$ 相逐渐转变成 $R\bar{3}m$ 相，进而转变成 $LT\text{-}LiCoO_2$ 型缺陷尖晶石结构，此时过渡金属离子和锂离子占据八面体位点 16d 和 16c 位置，最后转变成锂离子和过渡金属离子占据（111）晶面的岩盐相（$Fd\bar{3}m$）[58]。K. Kleiner 等人提出不一样的观点，研究认为材料结构变化为一个整体过程而非单纯的表面结构演变，富锂材料内部也存在不可逆的金属离子迁移过程[59]。

富锂材料优点在于其较高的容量，但是首效较低、电压衰减成为制约其商业应用的严重障碍。多数研究证明富锂材料在首次充放电过程中存在高达 60 ~ 100mA·h/g 的不可逆容量损失，事实上这与较低的首次效率有关。高电压下 Li_2MnO_3 相锂离子与氧同时脱出，留下的大部分锂与氧空位被过渡金属离子填充，放电时脱出的锂离子则无法完全回嵌，造成较大的容量损失。此时该部分无法回嵌的锂离子与电解液反应在材料表面形成 SEI 膜。小部分未被填充的氧空位在后续充放电过程中被过渡金属离子填满，这时材料表现出持续的电压衰减。材料复合成为提高首次效率的有效手段，将可脱嵌锂离子材料与富锂材料混合可有效接纳首次放电时无法回嵌进入富锂材料的多余锂离子。A. Manthiram 课题组率先使用此方法，最初采用 V_2O_5 与 $Li_{1.2}Ni_{0.13}Co_{0.13}Mn_{0.54}O_2$ 复合[60]，然后发展到 LiV_3O_8、$Li_4Mn_5O_{12}$ 和 VO_2（B）[61,62]。$Li_{1.2}Ni_{0.13}Co_{0.13}Mn_{0.54}O_2$ ~ $Li_4Mn_5O_{12}$ 复合材料首次充放电曲线见图 1-14。研究指出当 $Li_4Mn_5O_{12}$ 含量（质量分数）增加至 30%，复合材料无首次容量损失。

材料复合方法的缺点在于体积能量密度不够理想，其只是从首次容量损失机制角度出发来提高首次效率，而不是从导致容量损失最根本原因（氧损失和过渡金属离子迁移）着手解决问题。表面改性是一种降低首次容量损失的常见且有效方法，其主要作用为增强富锂材料的结构稳定性，有助于材料中保留更多的氧空位。$AlPO_4$ 表面修饰研究显示经过高温处理后，富锂材料表现形成 Li_3PO_4 包覆层，Al^{3+} 掺杂进入材料表层。此时修饰后样品首次不可逆损失降低，倍率性能提高[63]。在此基础上，该组引入还原氧化石墨烯和 $AlPO_4$ 复合表面包覆层，$m(rGO)$（2%）/$m(AlPO_4)$（2%）样品不可逆容量损失最低，由基体材料的 70mA·h/g 降

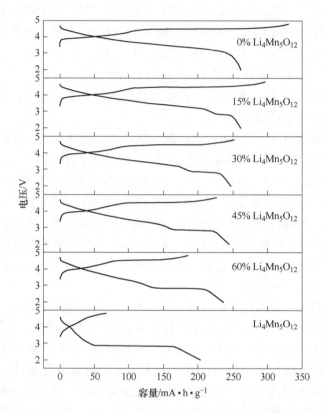

图 1-14　$Li_{1.2}Ni_{0.13}Co_{0.13}Mn_{0.54}O_2 - Li_4Mn_5O_{12}$ 复合材料首次充放电曲线

至 45mA·h/g[64]。X. Wang 引入 LiV_2O_5 即作为基体包覆层又充当可脱嵌锂离子活性物质，首次效率由 71.8% 提高至 87.7%。LiV_2O_5 本身可接纳首次放电过程中由于富锂材料 $Li_{1.2}Mn_{0.6}Ni_{0.2}O_2$ 结构变化无法继续回嵌的锂离子，作为包覆层有效抑制界面副反应的发生，降低了活性物质表面电荷转移阻抗[65]。T. Zhao 等则采用纳米结构 LiF/FeF_3 复合活性包覆层对 $Li_{1.2}Mn_{0.6}Ni_{0.2}O_2$ 材料进行包覆改性研究（见图 1-15）[66]。FeF_3 是一种可与锂离子活性物质，其在平均电压 2.7V 时可释放 712mA·h/g 的容量，同时其与锂离子结合产物 LiF 和 Fe 纳米畴可抑制副反应的发生。将该材料引入后，富锂材料首次可逆容量提高 30mA·h/g。

改变材料组分也可以降低首次不可逆容量，对富锂材料中 Mn 进行 Ru 元素取代减少了材料中 Li_2MnO_3 相含量，Ru-0.05 取代材料首次效率为 87%，不可逆容量损失为 46mA·h/g。J-M. Tarascon 开发系列 Li_2RuO_3 富锂材料，并对其组分进行 Sn 元素取代调控。具有较大半径的 Sn^{4+} 阻止过渡金属离子迁移，Ru^{4+} 促进氧离子的可逆氧化，首次不可逆容量损失降低[67,68]。对富锂材料进行预处理，Li_2MnO_3 相中生成活性 MnO_2 组分，也可以减少不可逆容量损失。B. Song 等将

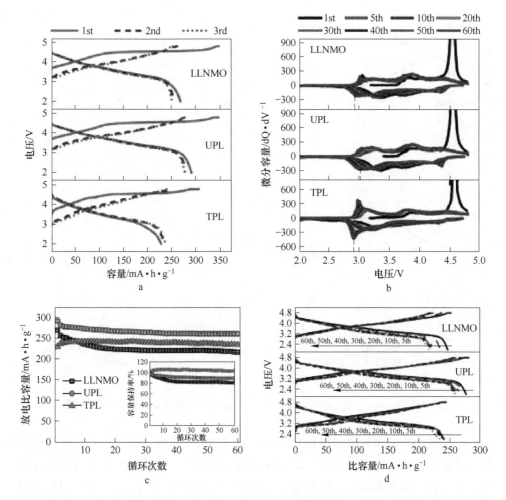

图 1-15　$Li_{1.2}Mn_{0.6}Ni_{0.2}O_2$ 与 FeF_3 包覆样品电化学性能

a—前三次充放电曲线；b—微分容量曲线；c—循环性能；d—倍率性能

$Li_{1.2}Ni_{0.13}Co_{0.13}Mn_{0.54}O_2$ 与炭黑混合后进行低温退火处理，表面处 Li_2MnO_3 相转变成尖晶石相，材料首次效率由基体样品的 78% 提高至 93.4%（见图 1-16）[69]。通过改变充电机制，即先在较低充电上限电压范围内充放电数次，之后转至高电压区间充放，也可以大大减少首次不可逆容量损失。有报道认为高温下循环富锂材料的首次效率提高，但是这归结于激烈的副反应而非回嵌的锂离子增加。J. R. Dahn 等设计合成具有金属空位的系列富锂材料，该类材料中锂离子与过渡金属比例大于 1，同时具有氧损失平台，但其结构与传统层状正极材料相似，即过渡金属层无锂离子[70]。即使在富锂材料结构致密化后，这些内建金属空穴仍然允许锂离子回嵌，从而减少首次容量损失。

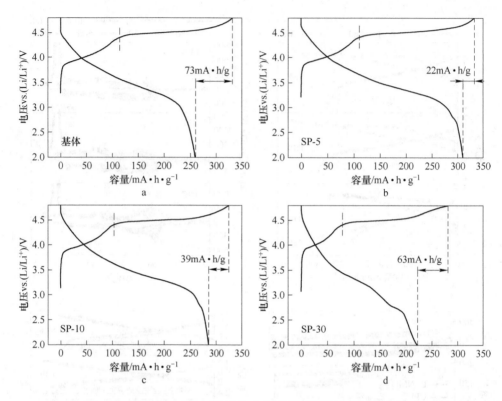

图 1-16　$Li_{1.2}Ni_{0.13}Co_{0.13}Mn_{0.54}O_2$（a）与预处理样品首次充放电曲线（b - d）

电压衰减是富锂锰基正极材料商业化使用的最大障碍，特指材料在长周期的循环过程中，其工作电压发生明显且持续的下降现象。这将导致电池能量密度降低，并且难以确定电池的充电状态。E. Hu 等人针对 $Li_{1.2}Ni_{0.15}Co_{0.1}Mn_{0.55}O_2$ 材料首次充放电过程中氧化还原电对的行为演变进行详细研究[71]。如图 1-17a 所示，Ni 和 O 是该材料首次放电容量的主要贡献者，分别为 128mA·h/g 和 94mA·h/g。随着循环的继续进行，Ni 和 O 所提供的容量逐渐降低，第 83 次放电贡献量分别降至 66mA·h/g 和 50mA·h/g；Co 和 Mn 所提供容量持续增大，分别上升至 53mA·h/g 和 66mA·h/g。占据支配地位的氧化还原电对由 Ni 和 O 转变至 Mn 和 Co 影响着富锂材料的电压曲线。图 1-17b 为材料态密度在循环过程中的变化。费米能级能量（相对于 Li/Li^+）决定锂电池的开路电压，与将电子从正极转移至锂负极所需功函数相关[72]。对于未循环的 $Li_{1.2}Ni_{0.15}Co_{0.1}Mn_{0.55}O_2$ 材料，费米能级仅位于 Ni^{2+}/Ni^{3+} 电对之上。循环开始后，氧损失开始导致过渡金属离子被还原。具体来说，镍离子在材料表面被还原后形成电化学惰性岩盐相，Ni 所贡献的容量降低。而对于 Mn 和 Co，还原反应激活了 Mn^{3+}/Mn^{4+} 和 Co^{2+}/Co^{3+}

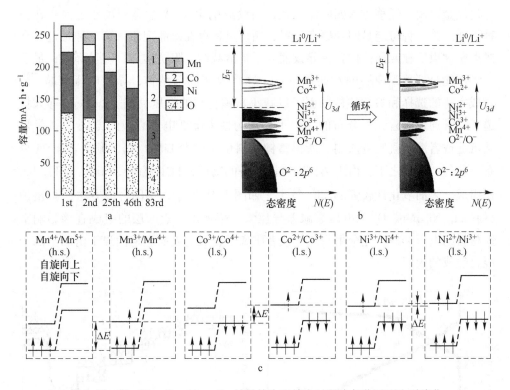

图 1-17　$Li_{1.2}Ni_{0.15}Co_{0.1}Mn_{0.55}O_2$ 材料首次充放电过程中氧化还原电对演化

电对，升高了费米能级，导致开路电压和工作电压下降。随着过渡金属元素的流失，其与氧之间的共价键合作用显著减弱，参与氧化还原反应的氧数量下降，O 所贡献的容量减少。尽管 Ni^{2+}/Ni^{3+} 和 Ni^{3+}/Ni^{4+} 电对能级差较小，但是其值远大于 Co^{2+}/Co^{3+} 与 Co^{3+}/Co^{4+} 电对能级差，甚至大于 Mn^{3+}/Mn^{4+} 和 Mn^{4+}/Mn^{5+} 电对能级差值。图 1-17c 中采用电子结构解释了出现较大能级差值的原因。对于 Mn 和 Co，不同氧化还原电对含有不同的轨道。例如，Co^{2+}/Co^{3+} 氧化还原电对可在自旋向上的 e_g 轨道中减少（氧化）或增加（还原）一个电子，Co^{3+}/Co^{4+} 氧化还原电对则其可在自旋向下的 t_{2g} 轨道中减少（氧化）或增加（还原）一个电子。而对于 Ni^{2+}/Ni^{3+} 和 Ni^{3+}/Ni^{4+} 氧化还原电对，两者均含有自旋向上的 e_g 轨道，因此电压衰减主要由 Co 和 Mn 的还原引起。

在长周期循环过程中，富锂材料中存在一个向新相转变的渐进结构变化，一般认为循环过程中形成的新相为类尖晶石相。部分研究指出引起电压衰减的结构变化最先出现在材料表面，且随着循环进行不断向内核延伸[73,74]；但也有工作认为电压衰减由内部结构变化引发，表面结构变化影响不大[75,76]。阿贡国家实验室针对电压衰减进行广泛深入的研究，给出了相关反应机理：充电过程中，部分过渡金属离子迁移进入四面体位置，后续放电至 3.3V 后金属离子走向存在三种可能。第一种可能是回到原来位置，循环过程存在磁滞现象；第二种是过渡金属离子被束缚在四面体位置，导致锂离子扩散减缓，阻抗增加，容量降低；最后一种可能是迁移到锂层的八面体位点，这将改变局部结构，导致电压衰减[77]。合成方法的选择和参数的控制也可以减小富锂材料的电压衰减。J. Zheng 等人报道了一种通过改善元素分布的原子水平均匀性来降低电压衰减的方法[78]。常规共沉淀或者溶胶凝胶方法制备所得富锂材料中主要含 $LiMO_2$ 相，颗粒表面 Ni 分布不均匀；相比之下，由水热辅助方法制备的富锂材料主要由 C2/m 结构 Li_2MO_3 相组成，表面氧化性较强的 Ni^{4+} 较少。如图 1-18 所示，不同合成方法所得富锂材料 $Li_{1.2}Ni_{0.2}Mn_{0.6}O_2$ 的电压衰减差异巨大。事实上，表面层的组成直接影响富锂材料的电压衰减。完全由阴离子或者阳离子组成的表面稳定性强于由阴阳离子混合组成的表面。

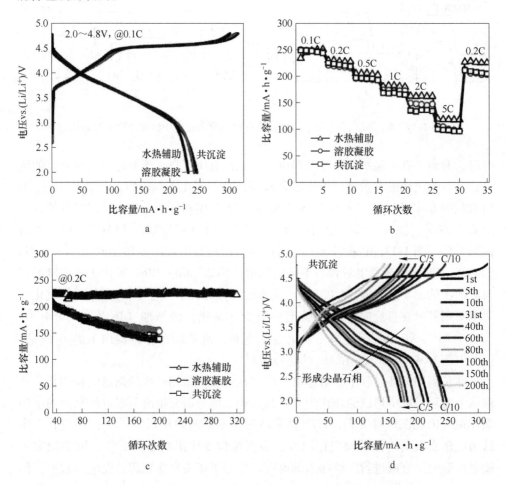

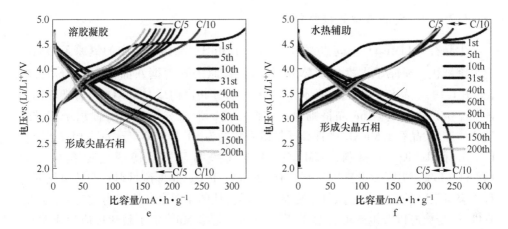

图 1-18　不同方法制备所得 $Li_{1.2}Ni_{0.2}Mn_{0.6}O_2$ 电化学性能和电压衰减对比

a—首次充放电曲线；b—倍率性能；c—循环性能；d～f—倍率充放电曲线

　　虽然最初认为电压衰减是由于激活富锂材料中的 Li_2MnO_3 成分所需的高电压引起的，但已有研究证明，富锂材料在 2.0～4.1V 电压范围内循环 20 次，每一次电压降约为 0.08mV，这意味着即使充电电压远低于 Li_2MnO_3 激活阈值，电压衰减也会发生。通常，电压衰减是尖晶石在晶体结构中逐渐积累的结果，部分尖晶石位点的形成是由于富锂材料合成过程中锂缺陷产生的，并且可能位于颗粒表面。另外，在电化学循环过程中部分脱锂 $LiMO_2$ 相中的过渡金属离子迁移到锂位置，也产生尖晶石位点。电压衰减的一个简单分析方法是将循环初期充放电曲线与后续循环充放电曲线进行比较。然而，由于容量的差异以及电极阻抗的影响，这种方法并不准确。充放电曲线标准化可以消除容量差异带来的影响，而对于后者 M. Bettge 等人则提出了一种聚焦材料平均电压的测试方案，以克服电极阻抗带来的问题[79]。解决电压衰减问题的方法较多，最为典型的手段是离子掺杂改变富锂材料的组成。过渡金属离子的八面体位置稳定能是层状富锂材料相变的重要控制因素，但是由于其形成哑铃状结构的不同，其对材料相变影响较小[80]。通过增加 Ni 含量减少 Li 和 Co 含量来缩短氧损失电压平台是一种有效控制电压衰减的方法，因为富锂材料中 Li_2MnO_3 相比例越大，电压衰减越快[77]。过渡金属层 Li 含量的降低可产生更多的氧空位。反过来阻止过渡金属离子的迁移。B. Song 等人继承发展了这种抑制电压衰减的策略。经过定量 Cr 掺杂处理后，$Li_{1.2}Ni_{0.13}Co_{0.13}Mn_{0.54}O_2$ 材料首次充放电曲线中 4.4V 以下区域长度逐渐增加，这是由于 Cr 参与电化学反应[81]。锂位置碱金属离子掺杂（Na^+、K^+）也是采用较多的抑制电压衰减的方法，其作用都在于稳定材料晶体结构同时给锂离子脱嵌提供了更大的空间[82]。

1.2.1.2 尖晶石型正极材料

尖晶石型 $LiMn_2O_4$ 空间点群为 $Fd\bar{3}m$。$LiMn_2O_4$ 晶体结构中的氧原子为面心立方密堆积；锂原子占据四面体 8a 位置，锰原子则占据八面体空隙 16d 位置（见图 1-19）。晶格结构中八面体 $[MnO_6]$ 通过共边构成 $[Mn_2O_4]$ 骨架，四面体 8a、48f 和八面体 16c 晶格则通过共面相连，形成三维结构的锂离子扩散通道[83~86]。尖晶石 $LiMn_2O_4$ 中锂离子扩散系数约为 $10^{-14} \sim 10^{-12} m^2/s$。相较于层状 $LiCoO_2$ 和 $LiNiO_2$ 等材料，$LiMn_2O_4$ 成本优势明显，但其理论比容量仅为 $148mA \cdot h/g$，实际放电比容量则只有 $120mA \cdot h/g$。此外该材料在充放电循环过程中容量衰减较大，高温条件下更甚。当前公认的主要衰减原因为锰溶解、Jahn-Teller 畸变效应以及电解液分解[87~89]。锰溶解是指 Mn^{3+} 发生歧化反应生成 Mn^{4+} 和可溶性 Mn^{2+}，在高温下 Mn^{2+} 溶解速率加快；当 Mn 平均价态小于 +3.5 时，$LiMn_2O_4$ 晶格结构扭曲发生 Jahn-Teller 畸变，电极极化增大，材料比容量下降加快。

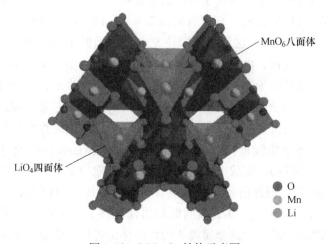

图 1-19　$LiMn_2O_4$ 结构示意图

解决 $LiMn_2O_4$ 在高温下容量衰减问题的主要措施有离子掺杂和表面包覆。目前，用于掺杂的金属元素包括 Al、Co、Ga、Cr、La、Ce、Nd、Zn、Ti、Na、Li 等，非金属元素有 Cl、F、Br、S 等。以 Al 元素为例，掺杂后材料中 Mn^{3+} 数量减少，高温循环性能较好，反复充放电过程中产生四方相 $Li_2Mn_2O_4$ 和岩盐相 Li_2MnO_3 导致容量损失[90]。富锂锰酸锂（$Li_{1.1}Mn_{1.9}O_4$）在高温下表现出较少的容量损失和锰溶解量[91]。分析 Mn—O 键电子密度和红外光谱可知，$Li_{1.1}Mn_{1.9}O_4$ 中的 Mn—O 键键能大于常规 $LiMn_2O_4$ 材料。而由尖晶石相与集流体之间传导所导致的容量损失远大于尖晶石相自身结构变化所造成的容量损失。1999 年，

T. Ohzuku 对其进行不同过渡金属元素掺杂研究发现 Ni 掺杂的 $LiNi_{0.5}Mn_{1.5}O_4$ 材料具有比 $LiMn_2O_4$ 更高放电电压平台（4.7V），比能量可达 $650W \cdot h/kg$[92]。此外，由于掺杂引入低价金属离子，材料中 Mn^{3+} 的相对含量减少，充放电过程中的 Jahn-Teller 畸变效应得到有效抑制，材料的结构稳定性大大增强。具有较高工作电压的 $LiNi_{0.5}Mn_{1.5}O_4$ 材料能够提高电池的能量密度，且其良好的循环稳定性及安全性能也符合当前锂离子电池发展要求，若能找到与之匹配的高电压电解液，该类材料极具市场应用前景。除了上述常规改性方法，功能隔膜、凝胶电解质、功能粘结剂也被用于改善 $LiMn_2O_4$ 电化学性能。Y. Liu 制备得到嵌锂离子交换膜（PFSA-Li），将其用非水有机溶剂饱和后作为 $LiMn_2O_4$ 半电池凝胶电解质[93]。这种电解质可加快阳离子传输，可同时作为锂离子电池电解质以及隔膜。采用饱和 PFSA-Li 交换膜为电解质的材料高温下循环稳定性远优于传统含 $LiPF_6$ 的有机电解液。

1.2.1.3 聚阴离子型正极材料

聚阴离子型正极材料由于其含有多面体聚阴离子 $(XO_m)^{n-}$（x = P，Si，S 和 W 等）框架结构而表现出优异的循环稳定性、突出的安全性能以及耐过充性能。该类材料共同的缺点在于电导率非常低，无法满足大电流放电需要。常见聚阴离子型正极材料主要包括 $LiMPO_4$（M = Fe 和 Mn），$Li_3V_2(PO_4)_3$ 和 $LiVPO_4F$。

$LiMPO_4$ 为橄榄石结构，属于正交晶系，空间点群为 Pnmb。氧原子以稍扭曲的六方密堆积方式排列，锂原子与过渡金属原子则交替占据氧原子形成的八面体中心位置，磷原子位于四面体中心位置（4c 位），与周围氧原子形成共角或共边的 PO_4^{3-} 四面体阴离子团[15]。交替排列的 $[LiO_6]$ 八面体、$[MO_6]$ 八面体和 $[PO_4]$ 四面体组成 $LiMPO_4$ 骨架结构。材料中的锂离子完全脱出并不会造成橄榄石型结构坍塌；充电态下 M^{3+} 氧化能力较弱，基本不与电解液发生氧化还原反应。因此，$LiMPO_4$ 材料拥有良好的耐过充能力和循环稳定性。

$LiFePO_4$ 是橄榄石型 $LiMPO_4$ 正极材料中的优秀代表，其结构如图 1-20 所示。$LiFePO_4$ 充放电曲线在 3.4V（vs Li^+/Li）处存在平坦的电压平台，主流观点认为该材料电化学反应对应为 $LiFePO_4$ 和 $FePO_4$ 之间的两相转变过程。但同时也存在不同声音，谷林研究指出 $LiFePO_4$ 中锂离子脱嵌为单相反应[94,95]；Y. Orikasa 利用时间分辨原位同步 X 射线衍射证明 $LiFePO_4$ 脱锂过程中存在单相结构[96]。与大多数聚阴离子型正极材料一样，$LiFePO_4$ 的电子电导率较低，如何加快脱嵌锂过程中的电荷传递速率成为解决问题的关键所在。金属离子掺杂、表面碳包覆以及颗粒纳米化成为当前改善 $LiFePO_4$ 电导率的主要手段。与其他正极材料相比较，$LiFePO_4$ 具有更长的循环寿命和良好的安全性能，目前已被广泛应用于规模储能和电动汽车等领域。

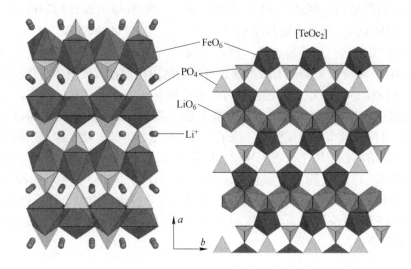

图 1-20　LiFePO₄ 晶体结构示意图

　　$Li_3V_2(PO_4)_3$ 具有 NASICON 型晶体结构，[PO_4]四面体和[VO_6]八面体通过共顶点的方式构成材料主体框架结构（见图 1-21）[97]。该材料具有菱方和单斜两种晶体结构，单斜结构 $Li_3V_2(PO_4)_3$ 因其较优的锂离子脱嵌特性成为人们的主要研究对象[98,99]。该材料在电压范围为 3.0 ~ 4.3V 时，材料脱出 2 个锂离子，对应的理论比容量为 132mA·h/g，V^{3+} 氧化成为 V^{4+}；而当充电截止电压升高至 4.8V 时，晶格结构中 3 个锂离子完全脱出，此时理论放电比容量可达 197mA·h/g，V^{4+} 进一步被氧化成为 V^{5+}。$Li_3V_2(PO_4)_3$ 中锂离子完全脱出后晶胞体积减小 8.5%，但仍为单斜结构。

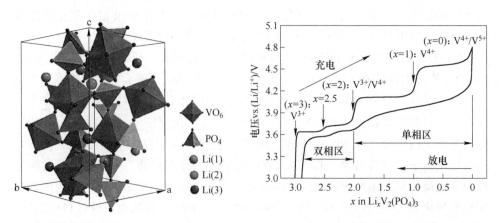

图 1-21　$Li_3V_2(PO_4)_3$ 晶体结构和典型充放电曲线

氟代磷酸盐材料 $LiVPO_4F$ 充分结合 PO_4^{3-} 离子的诱导效应以及 F 元素强的电负性，因而其有比 $Li_3V_2(PO_4)_3$ 材料更高的工作电压。$LiVPO_4F$ 属于三斜晶系，其三维主体框架结构由 $[PO_4]$ 四面体和 $[VO_4F_2]$ 八面体构成，结构中 $[VO_4F_2]$ 八面体通过共用 F 顶点连接。优化条件下合成的 $LiVPO_4F$ 放电比容量 155mA·h/g，几乎与其理论容量一致（156mA·h/g），循环稳定性和热稳定性较好。

1.2.2　负极材料

锂离子电池负极作为与正极匹配的关键电极材料，其应满足如下主要条件：

（1）有接近金属锂氧化还原电位的嵌锂电位，确保锂离子电池具有较高的输出电压；

（2）单位体积或单位质量储锂容量高；

（3）具有较高的锂离子及电子导电性；

（4）良好的结构稳定性和化学稳定性；

（5）制备工艺简单，易产业化。

目前负极材料根据其与锂离子的反应机理可分为三大类：插入反应型、合金反应型和转换反应型。

1.2.2.1　插入反应型负极

插入反应型负极典型代表为石墨和钛酸锂（$Li_4Ti_5O_{12}$）。石墨价格低廉，是当前使用最为广泛的锂离子电池负极材料，分为天然石墨和人造石墨两种。石墨晶体中碳原子的 sp^2 杂化形成的层状结构十分适合锂离子脱嵌，其可逆充放电容量为 372mA·h/g。但由于其高度取向的层状结构，石墨与电解液溶剂间的相容性较差。此外，石墨在工作过程中还会发生锂离子与有机溶剂共嵌，造成石墨层剥落与粉化。$Li_4Ti_5O_{12}$ 是一种高度可逆的零应变负极材料，其理论比容量为 175mA·h/g，嵌锂电位为 1.55V（相对于 Li/Li$^+$），高于大部分非质子性电解液还原电位，其表面不发生钝化现象。由于钛酸锂可逆容量低同时嵌锂电位相对较高，因此其能量密度不够理想。但因其在安全方面的独特优势，$Li_4Ti_5O_{12}$ 在动力型和储能型锂离子电池方面有着较为广阔的应用前景。另外，其在使用过程中与电解液反应导致的气胀问题是制约其产业化应用的瓶颈。

1.2.2.2　合金反应型负极

可与锂发生合金化反应的元素主要有硅（Si）、锡（Sn）、锑（Sb）等，反应发生电位小于 1V（相对于 Li/Li$^+$）。因金属氧化物相对金属来说易于加工，人们对上述元素对应的一些简单及复杂氧化物进行了深入的研究。严格来说，氧化物在电化学反应过程中一般先被金属锂还原成对应金属，然后再与锂形成合金。

以 SnO$_2$ 为例（见图 1-22），其在首次放电过程中晶体结构被破坏（非晶化过程）[100]。根据反应式（1-12）和式（1-13），非晶化 SnO$_2$ 经过一个两相反应过程转变成纳米锡金属散布在无定型氧化锂中，此过程中反应物和产物共存直至反应完成，最后生成 Li$_{4.4}$Sn 合金。

$$SnO_2 + 4Li^+ + 4e \longrightarrow Sn + 2Li_2O \tag{1-12}$$

$$Sn + 4.4Li \longrightarrow Li_{4.4}Sn \tag{1-13}$$

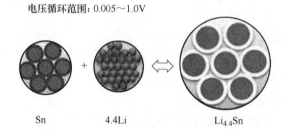

❖ SnO$_2$+4Li ⟶ Sn+2Li$_2$O
  Sn+4.4Li ⇌ Li$_{4.4}$Sn(≤0.5V)

电压循环范围: 0.005~1.0V

Sn   4.4Li   Li$_{4.4}$Sn

图 1-22   SnO$_2$ 负极合金反应示意图

金属氧化物的可逆容量大于对应纯金属，这是因为金属氧化物在充放电过程中形成了无定形或纳米 Li$_2$O。Li$_2$O 可缓冲金属氧化物在合金化和脱合金化过程中的巨大体积变化，确保电极始终为统一整体。此外，其还可为锂离子的迁移提供离子导电介质，有助于纳米锡金属颗粒保持分离状态，防止其团聚。

已有研究指出金属与锂合金化过程中存在高达 300% 的体积变化，这对要求长循环寿命的电极材料来说无疑是致命的。巨大的体积变化会导致负极电化学粉化，活性物质与集流体之间无法形成良好的电接触，负极材料在长周期循环过程中发生严重的结构粉化和容量衰减。解决上述问题途径主要有如下四种方式：

（1）金属、金属氧化物颗粒纳米化。此类处理方式好处在于纳米化颗粒能够适应电化学过程中的体积变化。因为纳米颗粒中存在的原子数量更少，其固有表面积更大。较短的扩散路径更利于锂离子与金属或金属氧化物形成合金，从而生成更稳定的 SEI 膜，同时拥有更好的倍率性能。

（2）与其他金属元素组合，可以为电化学活性或惰性元素，如 Ca、Co、Al、Ti 等。该方法也可以缓冲主元素与锂合金化过程中的体积变化，增强复合电导率同时还可以作为催化剂促进合金化过程。当然，电化学非活性元素的加入会降低可逆容量。因此，通过反复试验优化加入元素的含量十分重要。

（3）合适的初始晶体结构及形态。在不同电流密度下，初始晶体结构对合金反应型负极的长周期循环稳定性起着决定作用。与含有 SnO$_4$ 四面体相比，含有不管是独立存在还是与其他八面体相连的 SnO_6 正八面体的氧化物，其具有高而且十分稳定的容量。

（4）合适的电压范围。在锡氧化物研究中发现合金-脱合金反应的最佳电压范围为 0.005~0.8 或 1V（相对于 Li/Li$^+$）。在更高电压下 SnO_x 生成（$x \leqslant 1$），而在电压大于 2V 时 SnO_2 生成，由于长期循环过程中不仅伴随合金化-脱合金化反应，还伴随着与 $Sn + Li_2O$ 的转化反应，使得颗粒体积剧烈变化，这必然会导致负极材料容量衰减。

1.2.2.3 转化反应型负极

多数转化反应型负极理论容量均高于传统石墨，部分可超过 1000mA·h/g，其在充放电时伴随着结构改变和巨大的体积变化。转化反应型负极包括金属氧化物、金属硫化物、金属磷化物和金属氟化物等。

典型过渡金属氧化物负极转化反应如图 1-23 所示[101]。对金属氧化物而言，转化反应机理涉及 Li_2O 的生成及分解，同时伴随着金属纳米颗粒的氧化还原。通常，Li_2O 是电化学惰性的，但由于原位形成的纳米金属粒子有催化作用，Li_2O 可以参与电化学循环过程。首次放电反应过程中金属氧化物转化成纳米金属粒子弥散于 Li_2O，充电时金属氧化物的再生可视为 Li_2O 分解的结果。金属氧化物进一步优化需要克服的问题是电压磁滞，充放电间存在的电压差导致较大的能量损失。此外，首次效率较低以及倍率性能不佳也是亟须解决的问题。纳米化无疑是解决上述问题的首选。该方法可缓解体积变化，从而确保良好的循环稳定性。

图 1-23　金属氧化物转化反应示意图

相较于金属氧化物，金属硫化物电导率高、力学和热稳定性好，更多的氧化还原反应赋予其更高的储锂容量。其缺点在于锂离子扩散系数较低。纳米化金属硫化物报道层出不穷，其主要优势在于：

（1）单位质量下电极与电解液接触面积增加，界面处锂离子通量迅速上升；

（2）离子和电子传输路径显著缩短，物质扩散速率更快；

（3）更好地适应由于转化反应导致的机械应力和结构变形。

金属磷化物作为转化型负极优势在于其平均极化（约 0.4V）比金属氧化物（约 0.9V）以及金属硫化物（约 0.7V）更低。但其较低的首次效率和较差循环稳定性也是限制其大规模应用的主要问题。尝试在首次放电过程中补锂有望提高首次效率。与其他相变型负极类似，纳米化也是当前金属磷化物负极研究热点。

1.3 三元正极材料存在的问题与挑战

便携式电子设备的更新换代和新能源汽车产业的发展壮大对锂离子电池能量密度提出了新的更高的要求。众所周知，锂离子电池能量密度高度依赖于其所使用的正极活性物质，特别是具有高放电容量的正极材料。一般认为，三元材料高容量与其电子结构相关。Ni^{3+}/Ni^{4+} 电对 e_g 能带与 O^{2-} 的 2p 能带重叠小于 Co^{3+}/Co^{4+} 电对 t_{2g} 能带，Ni^{3+}/Ni^{4+} 电对中离域电子更少。由于 Co^{3+}/Co^{4+} 电对 t_{2g} 能带与 O^{2-} 的 2p 能带重叠，$LiCoO_2$ 中超过一半锂离子脱出时才会产生 Co^{4+}。与之形成对比的是三元材料中 Ni^{4+} 较易生成，因此其能够释放更多的容量。三元过渡金属氧化物正极材料由于其诸多优点备受学术界和产业界关注，但其自身也存在较多的问题亟须解决才能适应未来锂离子电池行业发展需要。

1.3.1 阳离子混排

三元正极材料 $LiNi_{1-x-y}Co_xMn_yO_2$ 具有 α-$NaFeO_2$ 层状结构，空间点群为 $R\bar{3}m$，锂原子和过渡金属原子交替占据氧原子构成的八面体中心位置。如图 1-24a 所示，$LiNi_{1-x-y}Co_xMn_yO_2$ 的 $R\bar{3}m$ 层状结构由氧层-锂层-氧层-过渡金属层沿斜方六面体 [001] 方向不断堆叠而成[102]。根据晶体场理论，由于 e 轨道上的孤电子自旋导致 Ni^{3+} 不稳定，因此 Ni 趋向于以 Ni^{2+} 形式存在[103]。在三元材料制备过程中，由于 Ni^{2+} 半径（$r = 0.069nm$）与 Li^+ 半径（$r = 0.076nm$）接近，两者在晶格结构中极易发生互相占位，这时锂层与过渡金属层间便存在阳离子混排现象。相较于理想的层状结构，阳离子混排导致晶体结构中锂层间距减小，锂离子迁移活化能增加，同时占据锂层位置的过渡金属离子也阻碍了锂离子扩散[104,105]。因此，随着阳离子混排的增加，材料的倍率性能也随之恶化。一般可以通过控制锂化条件减少材料中的阳离子混排程度[106]。G. Ceder 等人结合蒙特卡罗模拟和实验研究 $LiNi_{0.5}Mn_{0.5}O_2$ 烧结过程中存在两个相变温度。在低于第一个相变温度时进行烧结，材料中未出现锂镍混排现象，高于第一个相变温度烧结材料中锂镍混排度为 8% ~ 11%。因此控制合适的烧结温度可以得到阳离子混排程度较低的层状材料[107]。目前阳离子混排最常用的表征方法为 X 射线衍射分析（XRD）。图 1-24d 所示为发生阳离子混排的层状结构示意图。阳离子混排导致（003）晶面上部分 X 射线相长干涉减弱，在衍射图谱反映为（003）峰峰值降低；部分过渡金属元素占据锂位，（104）晶面上相长干涉增强，此时衍射图谱中（104）峰峰值增加。因此（003）/（104）比值随着三元材料中阳离子混排程度增加逐渐减小。多数研究认为若（003）/（104）值大于 1.2，则所合成层状材料中阳离子混排较小。

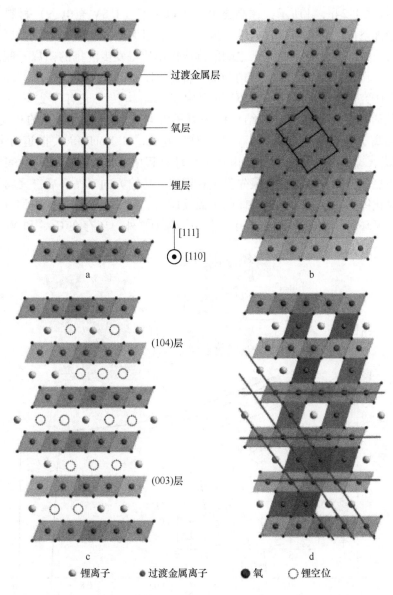

图 1-24　三元 $LiNi_{1-x-y}Co_xMn_yO_2$ 材料结构及结构演变示意图
a—$R\bar{3}m$；b—$F\bar{3}m$；c—脱锂态；d—部分阳离子混合层

事实上，三元正极材料的阳离子混排现象不仅出现在其合成过程中，而且在电池充放电循环时也会发生[104,108,109]。Y. Shao-Horn 等人通过透射电镜分析指出 O3 相层状材料 $Li_x Ni_{0.5} Mn_{0.5} O_2$ 循环过程中存在过渡金属元素迁移占据锂层位置的情况（见图 1-25）[103]。此外，K. Kang 指出长周期高电压充放电循环情况下 $LiNi_{0.5} Co_{0.2} Mn_{0.3} O_2$ 发生相变，由 $R\bar{3}m$ 相逐渐转变成类尖晶石相和 $Fm\bar{3}m$ 岩盐相[108]。如图 1-24c，d 所示，在高充电截止电压下（4.8V 充电态）材料深度脱锂，大量锂空位的存在导致材料结构极不稳定，过渡金属离子从过渡金属层迁移占据锂层位置，并且由于同离子之间的排斥作用使得发生混排的阳离子倾向于占据二次锂空位。图 1-24d 所示结构为类尖晶石相，但并非高度有序的尖晶石相。目前已有研究中尚未有充放电循环过程中层状结构转变成有序尖晶石相的报道。多数研究表明只存在层状结构向阳离子混合相和类尖晶石相的相变过程。为确认阳离子混合相是否只由 Ni^{2+} 和 O^{2-} 组成，M. Doeff 等人报道计量比为 $LiNi_{0.4} Mn_{0.4} Co_{0.18} Ti_{0.02} O_2$ 材料在高电压下循环过程中的表面降解机理。表面重建呈现出明显的各向异性特征，最先发生在锂离子传输方向。循环后三元材料边缘生成由氟化锂弥散于复杂有机基体的表面反应层。另外电子能量损失谱（EELS）分析显示循环后表面阳离子混合相中除 Ni^{2+} 和 O^{2-} 外，还存在 Co^{2+} 和 Mn^{2+}[109]。

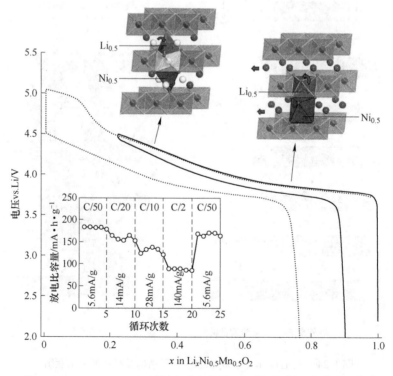

图 1-25 $Li_x Ni_{0.5} Mn_{0.5} O_2$ 材料充放电曲线和不同脱锂态下结构示意图

该研究也为三元材料的改性研究提供了指导，若能在材料某一特定方向构建共形包覆层，在不影响锂离子传输的同时提升材料的循环性能和热稳定性。

这种有别于一般意义上的阳离子混排也不失为一种稳定三元材料活性物质表面的方法。J. Cho 等人在 $LiNi_{0.7}Co_{0.15}Mn_{0.15}O_2$ 材料表面构筑厚度约为 10nm 的阳离子混合层，这种异质结构材料表现出优异的高温循环稳定性，阳离子混合相中极低的锂含量确保其具有较高的化学稳定性同时抑制界面副反应的发生[110]。此外表面锂层中的 Ni^{2+} 提供静电排斥力有效地阻止充放电循环过程中过渡金属离子由过渡金属层迁移至锂层。针对 $LiNi_{0.6}Co_{0.2}Mn_{0.2}O_2$ 材料，J. Cho 等则提出一种一次颗粒的纳米修饰方法。在对锂钴醋酸盐混合溶液中浸泡后的材料煅烧后，$LiNi_{0.6}Co_{0.2}Mn_{0.2}O_2$ 材料的一次颗粒被纳米级阳离子混合相包裹。循环过程中微裂纹产生得到抑制，表层 Mn^{4+} 降低高温下氧析出[111]。

适宜的阳离子混排有利于三元材料发挥较高的放电容量。之前研究认为三元 $LiNi_{1-x-y}Co_xMn_yO_2$ 与 $LiCoO_2$ 材料的实际放电比容量存在差异的原因为两材料不同的态密度。$LiNi_{1-x-y}Co_xMn_yO_2$ 材料脱出约 70% 的锂离子时晶格氧开始脱出，而 $LiCoO_2$ 在较低脱锂态下便开始脱出晶格氧（ca. 0.6Limol）。最近报道指出 $LiCoO_2$ 材料在电化学脱锂态下的原子重排与锂离子及锂空位的结构有序度高度相关[112]。在高电压且深度脱锂状态下，$LiCoO_2$ 材料锂层中存在大量空位，氧原子层相互排斥导致整个晶体结构处于不稳定状态，此时材料中发生 O3-P3-O1 的相变过程（见图 1-26）。如图 1-24d 所示，三元材料中由于存在部分锂镍混排，脱锂态下氧原子间斥力减少，层状结构至 O1 相的转变得到抑制。因此三元过渡金属氧化物 $LiNi_{1-x-y}Co_xMn_yO_2$ 材料实际放电比容量较高。即便如此，

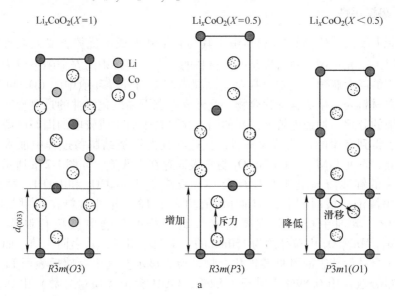

a

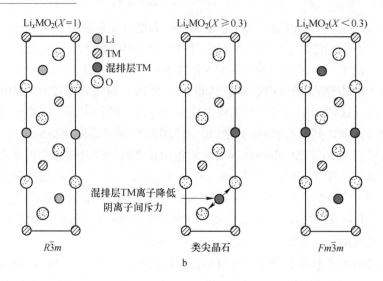

图 1-26　$LiCoO_2$ 与 $LiNiO_2$ 晶体模型的结构演化示意图

a—Li_xCoO_2；b—Li_xMO_2

$LiNi_{1-x-y}Co_xMn_yO_2$ 材料在长周期循环过程中依然存在 Ni^{2+} 迁移导致的相变过程，其电化学性能随着充放电次数的增加逐渐恶化。

　　阳离子混排是三元材料中普遍存在的现象，最初在材料制备过程中产生，然后在电化学充放电循环过程逐渐加剧。通过控制合适的烧结条件可以获得阳离子混排较为适宜的三元材料，加强对循环过程中产生的阳离子混合相的研究有助于三元材料的进一步发展。

1.3.2　热稳定性

　　三元 $LiNi_{1-x-y}Co_xMn_yO_2$ 材料由于其高容量和低成本优势备受人们青睐，但是长期以来三元正极材料特别是高镍材料的产气问题带来的安全隐患成为制约其商业应用的巨大瓶颈。高镍材料存储过程中容易与外界环境中的 CO_2 和 H_2O 反应进而在材料表面生成含锂化合物。此外充电态下高氧化活性的过渡金属离子催化电解液的分解，加速电解液消耗的同时在材料表面生成较厚的固态电解质界面层。为了得到有序的层状结构材料，往往在其混锂烧结制备过程中加入过量锂源，因此，三元 $LiNi_{1-x-y}Co_xMn_yO_2$ 材料表面存在锂残渣。如图 1-27a 所示，材料表面存在的锂残渣与空气中 H_2O 及 CO_2 反应生成 Li_2CO_3 和 $LiOH$。高镍材料在纯水中浸泡一段时间后，溶液 pH 值均大于 12。此外材料在氮甲基吡咯烷酮（NMP）溶剂中极易形成凝胶状浆料，严重影响电极极片制作。新鲜 $LiNi_{0.7}Co_{0.15}Mn_{0.15}O_2$ 由粒径约为 150nm 的一次颗粒组成，其表面光洁，而在空气中放置 3 个月后其表面可见残锂化合物。检测显示空气中存储后表面 Li_2CO_3 含量（质量分数）由 0.89% 上升至 1.82%，$LiOH$ 含量（质量分数）由 0.25% 上升至 0.44%。因此高镍材料存储环境必须确保隔绝空气和水分[113]。

　　三元材料在充放电循环过程中活性物质与电解液之间存在自发的界面副反应。如图 1-27b 所示，电极材料表面附着大量电解液分解物质，这些物质的具体组成与电池体系所使用的电解液相关。例如在以 LiClO₄ 为锂盐，PC 为溶剂组成的电解液中，主要分解产物为碳酸锂。而在以 LiPF₆ 为锂盐，EC 和 DMC 为溶剂组成的电解液中，分解产物则主要为含 P、O 和 F 的化合物[114]。Andersson 等研究指出在不同测试温度、测试时间以及放电态下，正极材料表面的电解液分解产物均由聚碳酸酯、LiF、Li$_x$PF$_y$ 和 Li$_x$PF$_y$O$_z$ 组成[115]。材料表面附着的电解液分解产物阻碍锂离子在活性物质表面的迁移，界面阻抗激增，电池电化学性能恶化。去除表面锂残渣以及抑制界面副反应是改善三元材料电化学性能的关键。

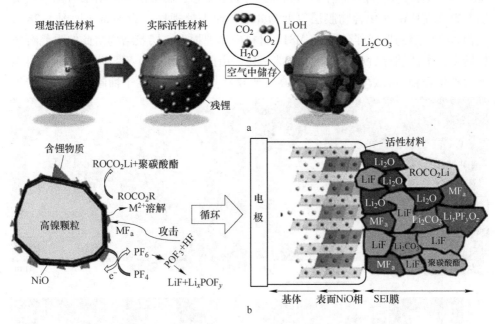

图 1-27　三元 LiNi$_{1-x-y}$Co$_x$Mn$_y$O$_2$ 材料表面变化示意图

　　残锂化合物大约在 4.1V 开始发生电化学氧化产生 CO₂，在此过程中未检测到 O₂ 信号，表明氧以超氧化物离子自由基形式存在。此外，满充状态下残锂化合物也会与电解液溶剂以及高分子黏结剂分解产生的酸性物质发生反应生成 CO₂，这已被大量研究工作证实。Y. Kim 对比高温满充状态下纯 LiNi$_{0.5}$Co$_{0.2}$Mn$_{0.3}$O$_2$ 和加入 Li₂CO₃ 后材料产气量发现，储存初期电解液与 Li₂CO₃、LiOH 间的副反应是产气的主要原因[116]。随着时间推移，两样品中产气速率一致，说明锂化合物储存初期加剧了电解液分解。对比 LiNi$_{1-x-y}$Co$_x$Al$_y$O$_2$（NCA）水洗前后以及不同充电截止电压下储存过程中产气量发现，未经水洗 NCA 在 4.45V 时产气量远多于

4.25V，而水洗后 NCA 高电压下产气量少于未经水洗 NCA 材料在 4.25V 时产气量[117]。此外，高电压下电解质亲核反应加剧同时产生大量 HF，产气量与电池充电截止电压成正比。水洗去除了材料表面残留锂化合物，降低其初始产气量，但研究表明水洗后材料高温容量衰减加剧。$LiNi_{0.84}Co_{0.14}Al_{0.02}O_2$ 水洗后 Li_2CO_3 含量（质量分数）由 1.19% 降至 0.47%，LiOH 含量（质量分数）由 0.45% 降至 0.08%。但是 NCA 材料高温下循环保持率仅为 51%，远低于未处理样品的 75%[118]。考虑到三元材料特别是高镍材料对水分和空气的敏感特性，水洗后材料表面化学环境不够稳定。这意味着即使含锂化合物在洗涤后暂时减少，但在空气储存过程中，洗涤过程会导致残余锂化合物显著增加。对比水洗前后高镍 $LiNi_{0.8}Co_{0.1}Mn_{0.1}O_2$ 材料储存 30 天后高分辨透射电子显微镜表征结果可知，水洗后材料表面残留锂化合物膜层厚度为 8nm，而未处理样品为 5nm（见图 1-28）。表面含锂膜层的形成伴随着 NCM811 材料内部锂损失，层状结构由此向尖晶石结构转变，水洗储存后材料电化学性能恶化。由此说明水洗并不是降低三元材料表面含锂化合物的有效方法[119]。提高三元材料热稳定关键在于抑制产气，而产气

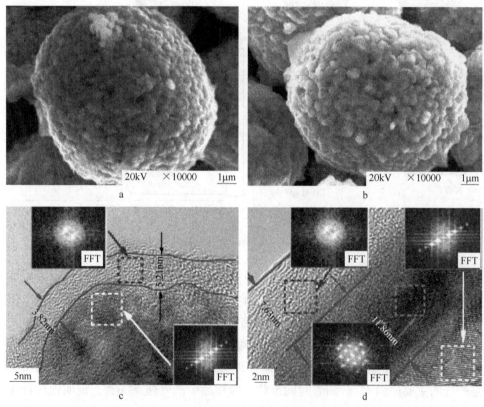

图 1-28　NCM811

a—水洗前 SEM 图；b—水浇后 SEM 图；c—未水洗存储 30 天后 TEM 图；d—水洗存储 30 天后 TEM 图

主要源自表面含锂化合物与电解液间副反应。直接利用含锂化合物与磷酸反应在材料表面生成锂离子导体 Li_3PO_4 包覆层，消耗表面残锂同时促进了锂离子传输，材料热稳定性以及综合电化学性能大幅提升。

　　三元正极材料随镍含量提升而增加的容量的主要代价是材料热稳定性降低。电子产品对高能量锂离子电池的巨大需求也带来了更大的安全隐患。S. Bak 等人采用原位时间分辨 XRD 和质谱技术对加热至 600℃ 的 $LiNi_{1-x-y}Co_xMn_yO_2$（NCM）材料热稳定性进行详细研究[120]。加热过程中材料中镍钴锰比例对结构转变和氧损失峰型有较大影响。镍含量低钴锰含量较高时，材料的相变起始温度较低，NCM433 相变温度约为 250℃，NCM811 相变温度降至 150℃（见图 1-29）。相变

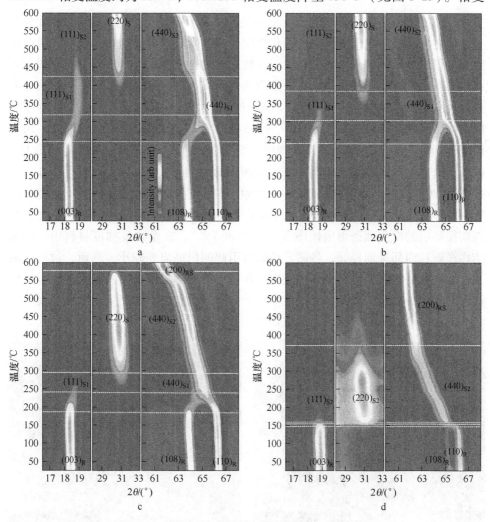

图 1-29　充电态下三元材料时间分辨 XRD 等高线图

a—NCM433；b—NCM523；c—NCM622；d—NCM811

过程中锰离子主要占据层状结构八面体 3a 位置，钴离子则迁移至尖晶石结构四面体 8a 位置。NCM523 材料中镍与钴锰比例值最佳，因此其兼具良好的热稳定性和较高的放电比容量。尽管如此，一旦将 NCM523 材料充电截止电压由 4.2V 升高至 4.4V 之后，其热稳定性将从 210℃ 降至 180℃。通过提高工作电压可以从低镍三元材料获取更高容量，但是其热稳定性大打折扣。通常，深度脱锂态下的材料活性较强，高温下极易转变成其他稳定物相。层状相转变为类尖晶石相最后到岩盐相是最为常见的相变方式。

1.3.3 微裂纹

三元材料在高电压和高温等极端工况下的结构稳定性不佳，其综合性能衰减十分明显。通常，电化学性能的恶化伴随着二次颗粒的破碎粉化。虽然大部分研究报道很少涉及该现象，但三元材料多数问题均与其相关。一方面不断形成的表面成为新的副反应活性位点，另一方面活性物质与集流体之间接触不再紧密，容量显著降低。伴随着气体的产生，材料中一次颗粒晶格体积各向异性变化导致内部形成微裂纹。$LiNi_{0.76}Co_{0.14}Al_{0.1}O_2$ 材料在 70% 放电深度时未出现裂纹，而在 100% 放电深度时候内部微裂纹出现同时容量骤减[121]。NCM622 在高温下长周期循环后内部出现微裂纹，但是该研究未报道该材料放电容量[122]。而在另外一篇报道中 NCM622 材料相同测试条件下放电容量可达 180mA·h/g，因此微裂纹产生与脱锂深度相关。E. J. Lee 等人展示了全浓度梯度材料在不同电压和温度下长周期循环后的横截面透射电镜图（见图 1-30）[123]。在全浓度梯度材料中，纳米结构在颗粒内部排列良好，各向异性膨胀引起的机械应变较小。然而，过度金属元素沿径向的浓度梯度分布在锂脱嵌过程中会导致晶格参数 c 的轻微失配。一般认为纳米粒子表面的小微应变导致了粒子内部裂纹和空洞的产生。因此在高电压和高温下循环后材料中出现大量微裂纹。

a   b

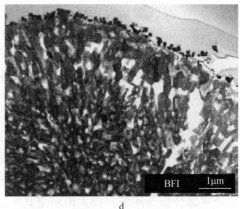

图 1-30　全浓度梯度三元材料循环后横截面透射电镜图

a—未循环；b—4.2V/25℃；c—4.2V/55℃；d—4.4V/25℃

　　NCM424 和 NCM811 材料在第二次充电后期的原位 XRD 衍射结果不同，但两样品在充电至 4.3V 时都遵循着相同的趋势，即晶格参数 c 值随着层状结构中锂离子脱出不断增加[124]。锂离子脱出使相邻氧层间排斥力增大进而造成晶格参数 c 值增加。但 NCM811 材料在电压约为 4.1V 时出现晶格快速收缩，c 值减小[125]，NCM424 材料在电压升至 4.8V 才出现类似晶格收缩现象（见图 1-31）。即使在高达 4.8V 充电电压下，NCM424 材料体积变化也仅为 4.5%，而 NCM811 材料在 4.3V 体积变化就高达 5.5%。因此 NCM811 中微裂纹的产生与材料中 Ni^{2+} 氧化成 Ni^{4+} 时带来的体积变化相关。考虑到 c 值在较短时间内从 1.45nm 降至 1.4nm，

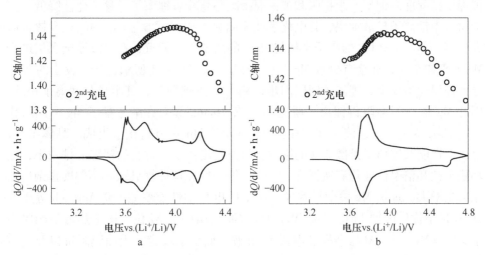

图 1-31　三元材料第二次充电过程中晶格参数 c 值变化与微分容量曲线

a—$LiNi_{0.8}Co_{0.1}Mn_{0.1}O_2$；b—$LiNi_{0.42}Co_{0.16}Mn_{0.42}O_2$

若假设 NCM811 材料以 0.5C 倍率进行充放电，c 轴发生收缩时间为 30min。在如此短暂的时间内发生高达 5.5% 的体积变化将导致材料内部产生巨大应力，这就是三元材料在循环过程中产生微裂纹的根本原因。到目前为止，尚未有抑制微裂纹的有效方法。降低工作电压虽然可以阻止材料内部产生微裂纹，但是牺牲了材料的放电容量。

1.4　三元正极材料的改性研究

锂离子电池的实际使用过程中要面对许多极为严苛的工作环境，如高低温、高电压和大电流等。三元氧化物正极材料在上述工作条件下存在结构不够稳定、容量衰减较快等问题，极大地限制其实际应用。当前针对三元正极材料的改性工作已有大量文献报道。常用改性方法有元素掺杂、表面包覆和特殊结构设计等。

1.4.1　元素掺杂

元素掺杂通过在材料制备过程中引入微量杂元素取代材料组分中部分元素，达到稳定材料晶格结构，从而达到改善其电化学性能的目的。根据掺杂元素的性质，可以分为阳离子掺杂和阴离子掺杂；而根据掺杂元素种类多寡，又可分为单元素掺杂和多元素共掺杂。

阳离子掺杂在三元氧化物正极材料改性研究中较为普遍，掺杂位置为锂层和过渡金属层。常见的掺杂元素主要有 Na、Mg、Al、Ti、V、Cr、Cu、Y 和 Ce 等。锂层主要掺杂元素为同族的 Na 元素，由于 Na^+ 的离子半径（$r = 0.102nm$）大于 Li^+ 的离子半径（$r = 0.076nm$），Na^+ 掺杂能够有效增大锂层间距，降低材料中的锂镍混排程度。锂层间距扩张和锂镍混排减小意味着锂离子迁移活化能降低，掺杂材料中锂离子扩散加快，其电化学性能明显改善。过渡金属层 Mg 元素掺杂研究较多。事实上，Li^+ 的离子半径与 Mg^{2+} 的离子半径相近，在对过渡金属层进行 Mg 元素掺杂时，亦会有少量 Mg^{2+} 进入锂层。如图 1-32 所示，半径较小的 Ni^{3+} 导致锂层通道变窄，锂离子回嵌困难，Mg^{2+} 进入锂层后，其半径与锂离子相近，因此 Mg 掺杂不会阻碍锂离子脱嵌[126]。Z. Huang 等人详细考察了 Mg 分别取代 $LiNi_{0.6}Co_{0.2}Mn_{0.2}O_2$ 过渡金属层中的 Ni、Co 及 Mn 对材料化学组成、晶体结构、电化学性能及锂离子扩散势垒的影响。研究指出掺杂后材料的锂镍混排减小，循环稳定性和倍率性能均有所提升[127~129]。第一性原理计算显示 Ni 位 Mg 掺杂后活化势垒增大，过量 Mg 掺杂导致大倍率下的电化学性能变差。D. Aurbach 等人发现 Al 掺杂优先占据 $LiNi_{0.5}Co_{0.2}Mn_{0.3}O_2$ 过渡金属层中 Ni 位，掺杂热力学顺序为 Ni > Co > Mn[130]。Al 掺杂样品电极-电解液界面更加稳定，表面膜阻抗以及电荷转移阻抗降低，材料的容量衰减速率明显减缓。L. Li 等人合成了 Cr 掺杂正极材料 $LiNi_{0.79}Co_{0.1}Mn_{0.1}Cr_{0.01}O_2$，掺杂材料的首次放电比容量和倍率性能明显优于未掺杂样品，这得益于 Cr 掺杂样品中较低的锂镍混排[131]。

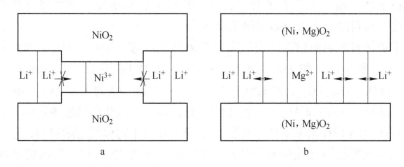

图 1-32 Mg 掺杂前后 LiNiO₂ 中锂层间距示意图

a—NiO₂；b—（Ni，Mg）O₂

阴离子掺杂研究最多的元素为 F，掺杂过程中 F 元素取代材料晶格结构中的 O 元素，形成部分氧缺陷，增强阴离子与过渡金属元素之间的键合能力，稳定材料结构，进而改善相关电化学性能。Y. Sun 等采用高温固相方法合成了 F 掺杂 $Li[Ni_{1/3}Co_{1/3}Mn_{1/3}]O_{2-z}F_z$ 材料，首次放电容量略有降低，但其在 4.6V 下的容量保持率、倍率性能以及热稳定有较大提高，这归功于 Li-F 键之间较强的键能[132]。除此之外，采用高温固相方法对三元过渡金属氧化物材料进行 F 掺杂研究还包括 $LiNi_{0.43}Co_{0.22}Mn_{0.35}O_2$、$LiNi_{0.8}Co_{0.1}Mn_{0.1}O_2$ 等。近年来，A. Manthiram 等人将尖晶石材料与 NH_4HF_2 均匀混合后，低温烧结得到相应的氟氧化物，研究指出低温氟化方法有效地抑制烧结过程中氟挥发，氟离子更容易掺杂进入材料晶格[133~135]。受此启发，P. Yue 等对 $LiNi_{0.6}Co_{0.2}Mn_{0.2}O_2$ 和 $LiNi_{0.8}Co_{0.1}Mn_{0.1}O_2$ 两种高镍材料进行低温 F 掺杂改性研究，结果显示材料晶格参数及过渡金属元素价态发生变化，F 掺杂稳定了材料晶格结构，抑制电解液中 HF 对材料的侵蚀，进而改善材料的电化学性能和储存性能[136,137]。

结合单一元素掺杂的优势，合适的多元素共掺杂可以起到更好的电化学性能改善效果。Al-F 共掺杂对 $LiNi_{1/3}Co_{1/3}Mn_{1/3}O_2$ 材料的首次放电比容量为 158mA·h/g，库仑效率为 91.3%，这两项指标均优于基体 $LiNi_{1/3}Co_{1/3}Mn_{1/3}O_2$ 材料。Y. Ren 等研究表明 Li-Mo 共掺杂的 $LiNi_{1/3}Co_{1/3}Mn_{1/3}O_2$ 材料 5C 倍率下放电比容量（126.06mA·h/g）高于 Li 掺杂样品（118.32mA·h/g），共掺杂材料表面积更大，平均粒径较小，材料具有更高的反应活性[138]。

1.4.2 表面包覆

表面包覆是指在材料活性物质表面构建一层均匀的包覆层，减少或完全隔绝材料活性物质与电解液之间的直接接触，抑制高氧化态过渡金属离子对电解液的催化分解，阻止 HF 对活性物质的溶解侵蚀，从而提高材料循环稳定性、倍率性能及热稳定性。相较于元素掺杂，表面包覆后的材料电化学活性成分几乎无损失，因此，材料的首次放电容量降低较少。

用于正极材料表面包覆的物质大多为氧化物（如 Al_2O_3、ZrO_2、TiO_2 和 SiO_2 等）[139~142]、氟化物（如 AlF_3、MgF_2、LaF_3、CaF 和 LiF 等）[143~146] 和磷酸盐（如 $AlPO_4$、$FePO_4$、$Co_3(PO_4)_2$ 和 YPO_4 等）[147~149]。D. Li 等人对 $LiNi_{1/3}Co_{1/3}Mn_{1/3}O_2$ 材料进行了 ZrO_2、TiO_2 和 Al_2O_3 包覆改性研究，高电压电化学性能测试结果显示基体样品在 0.5C 和 2C 倍率下的循环稳定性均不及氧化物包覆后的材料，这主要得益于氧化物包覆能够有效抑制循环过程中的膜阻抗和电荷转移阻抗的增加[150]。S. T. Myung 等人采用飞行时间二次离子质谱仪研究指出氧化物包覆层能够清除电解液中的 HF，包覆后材料在充放电循环过程中的结构稳定性大大增强[151]。S. U. Woo 等人通过液相沉淀法在 $LiNi_{0.8}Co_{0.1}Mn_{0.1}O_2$ 材料表面进行 AlF_3 包覆，结果显示包覆后材料循环稳定性和热稳定性得到明显改善[152]。Y. Bai 等人在对 $LiNi_{0.5}Co_{0.2}Mn_{0.3}O_2$ 表面进行 $FePO_4$ 修饰后发现部分 Fe 元素掺杂进入了材料本体结构[153]。包覆后材料阻抗增加减缓，锂离子扩散系数增大，高电压电化学性能优于未包覆样品。上述包覆物质在材料与电解液界面起到物理隔绝的作用，有效地抑制副反应的发生，材料容量衰减减缓，循环稳定性大幅提高。但由于自身为电化学惰性物质，且均为锂离子的不良导体，包覆量过大会导致材料放电比容量显著降低。

近年来，一些电子或锂离子导体材料（如碳基材料、聚噻吩、聚吡咯、Y_2O_3、V_2O_5、Li_2TiO_3、$LiAlO_2$ 和 Li_2ZrO_3 等）逐渐取代传统电化学惰性物质，成为三元正极材料表面包覆的首选材料[154~156]。这些材料作为包覆物质具有以下优点：

（1）在锂离子电池工作电压范围内结构保持稳定，在活性物质与电解液界面间也能起到良好的物理屏障作用；

（2）锂离子或电子的优良导体，不阻碍界面电子传递和锂离子自由脱嵌。

X. Xiong 等人巧妙利用 $LiNi_{0.8}Co_{0.1}Mn_{0.1}O_2$ 材料表面锂残渣与 NH_4VO_3 反应构筑锂离子导体 V_2O_5 包覆层，电化学性能改善得益于材料表面锂残渣的去除以及 V_2O_5 包覆层的保护[157,158]。此外，均匀的包覆层有效抵御 CO_2 和 H_2O 的侵蚀，Ni^{3+} 到 Ni^{2+} 的转变得到抑制，材料的储存性能也有较大提升。L. Li 等人采用水解-水热方法在 $LiNi_{0.5}Co_{0.2}Mn_{0.3}O_2$ 材料表面生成 $LiAlO_2$ 嵌入包覆层，这种特殊嵌入式结构有效缓冲充放电过程中的体积变化，同时促进锂离子传输[159]。其在 3.0~4.6V 电压范围内 1C 循环 100 次后容量保持率高达 91%。J. Zhang 采用溶剂热合成方法在前驱体 $Ni_{1/3}Co_{1/3}Mn_{1/3}C_2O_4 \cdot 2H_2O$ 表面包覆 ZrO_2，然后在此基础上经同步锂化得到 Li_2ZrO_3 包覆的 $LiNi_{1/3}Co_{1/3}Mn_{1/3}O_2$ 材料（见图 1-33）。Li_2ZrO_3 包覆层抑制过渡金属元素溶解和界面副反应的发生，烧结过程中部分 Zr 元素掺杂进入材料表层有利于锂离子扩散，同时降低了材料锂镍混排。因此包覆材料的可逆容量、循环稳定性、热稳定性以及倍率性能较基体材料有明显改善[160]。

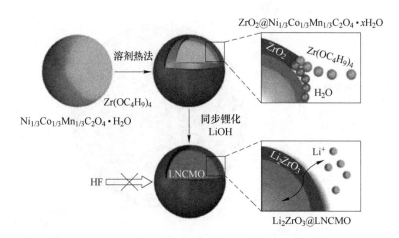

图 1-33　溶剂热-同步锂化过程示意图

1.4.3　特殊结构设计

三元氧化物正极材料中，过渡金属元素 Ni、Co 和 Mn 扮演着不同的角色。Ni 是材料充放电过程中电化学反应的主要参与者，只有在当充电截止电压较高时，部分 Co 才参与电化学反应而贡献容量；材料中 Co 含量越高，其倍率性能越好，但价格较为昂贵；Mn 含量高的材料安全性能越好，但其容量较低。包覆处理可以有效增强三元氧化物正极材料的结构和热稳定性，但是在其凹凸不平的颗粒表面实现某种特定物质均匀包裹十分不易。大多数时候包覆物质在其表面为类岛屿状（点状）包覆。基于此，科研工作者们尝试构建多组分复合特殊结构材料获得更加突出的综合性能。

2005 年，Y. K. Sun 等报道了一种内部为高镍 $LiNi_{0.8}Co_{0.1}Mn_{0.1}O_2$ 外层为 $LiNi_{0.5}Mn_{0.5}O_2$ 的核壳结构复合材料[161~163]。该材料结合内核的高容量和外壳的优异结构稳定性双重优点，但是由于内核与外壳材料晶体结构不同，充放电过程所受应力不一致导致长周期循环后核壳之间出现裂缝，电子和锂离子传输受阻，影响材料电化学性能的发挥。为解决内核与外壳材料晶体结构不匹配的问题，Y. K. Sun 等进一步优化上述核壳结构材料，其内核依然为高镍三元 $LiNi_{0.8}Co_{0.1}Mn_{0.1}O_2$，浓度梯度壳层最外部组成为 $LiNi_{0.46}Co_{0.23}Mn_{0.31}O_2$，平均组成为 $LiNi_{0.68}Co_{0.18}Mn_{0.18}O_2$，如图 1-34 所示[164]。富 Mn 外壳赋予材料较好的热稳定性，富 Ni 内核则提供高储锂容量。该梯度材料首次容量可达 209mA·h/g，同时还兼具较好的高温循环稳定性和倍率性能。

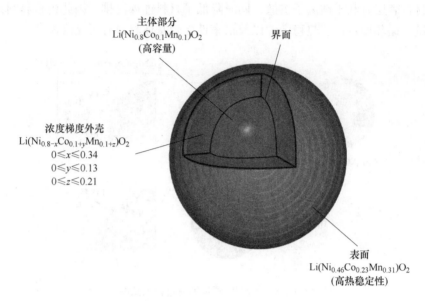

主体部分
Li(Ni$_{0.8}$Co$_{0.1}$Mn$_{0.1}$)O$_2$
(高容量)

界面

浓度梯度外壳
Li(Ni$_{0.8-x}$Co$_{0.1+y}$Mn$_{0.1+z}$)O$_2$
$0 \leqslant x \leqslant 0.34$
$0 \leqslant y \leqslant 0.13$
$0 \leqslant z \leqslant 0.21$

表面
Li(Ni$_{0.46}$Co$_{0.23}$Mn$_{0.31}$)O$_2$
(高热稳定性)

图 1-34　具有浓度梯度外壳的 Li[Ni$_{0.68}$Co$_{0.18}$Mn$_{0.18}$]O$_2$ 正极材料

2012 年，Y. K. Sun 开发全浓度梯度纳米正极材料 LiNi$_{0.75}$Co$_{0.10}$Mn$_{0.15}$O$_2$[165]。图 1-35 为前驱体(Ni$_{0.75}$Co$_{0.10}$Mn$_{0.15}$)(OH)$_2$ 与成品 LiNi$_{0.75}$Co$_{0.10}$Mn$_{0.15}$O$_2$ 材料 SEM 面扫描和电子探针显微分析（EPMA）结果。前驱体和成品中 Co 含量维持在 10%，与初设计值保持一致。Ni 浓度从内至外逐渐降低，Mn 浓度则逐渐增加。由于高温煅烧过程中金属元素的定向迁移导致熵的增加，因此表示前驱体中金属 Ni 和 Mn 浓度变化的斜线斜率大于成品复合材料。富锰外层保证该材料即使在高电压下依然具有极佳的结构稳定性和电化学性能，0.1C 首次放电比容量高达 215mA·h/g，1C 倍率 3.0 ~ 4.2V 电压范围下 1000 次循环容量保持率为 90%。在此基础上，该组合成了一种连续固溶体复合材料，即材料颗粒由内核至外层 Ni 含量始终保持在 80%，Co 含量由 10% 逐渐降至 2%，Mn 含量则由 2% 升高至 18%。表面四价锰离子富集可确保材料良好的热稳定性，整体较高的镍含量可提供高储锂容量[166]。该材料在 2.7 ~ 4.3V 电压范围下 0.1C 倍率放电容量为 210mA·h/g，常温和高温 0.5C 倍率循环 100 次容量保持率均可达 85%。

常规三元氧化物正极材料球形二次颗粒均由粒径为 0.2 ~ 1μm 的球形或长条形一次颗粒组成，Li$^+$ 扩散包括其在一次颗粒中的迁移和颗粒界面处的移动。因此在低温下，材料的容量以及倍率性能都会降低。另外，常规三元正极材料暴露在电解液中的表面积较大，导致界面反应活性增加，电池循环性能和安全性变差。针对该问题，H. Noh 等人提出由粒径约为 2.5μm 杆状一次颗粒组成的球形

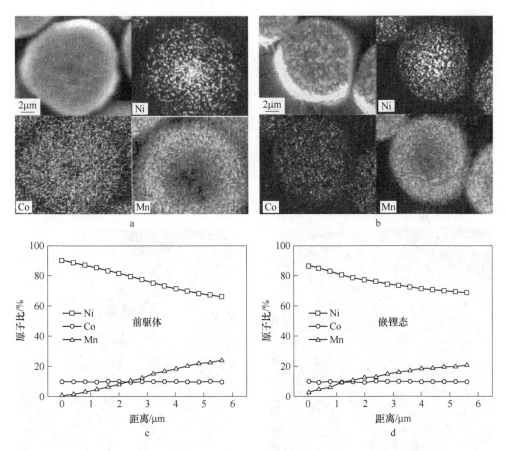

图 1-35 SEM 面扫描

a—（Ni$_{0.75}$Co$_{0.10}$Mn$_{0.15}$）（OH）$_2$；b—成品 LiNi$_{0.75}$Co$_{0.10}$Mn$_{0.15}$O$_2$ 和 EPMA 表征；

c—（Ni$_{0.75}$Co$_{0.10}$Mn$_{0.15}$）（OH）$_2$；d—成品 LiNi$_{0.75}$Co$_{0.10}$Mn$_{0.15}$O$_2$

三元正极材料 LiNi$_{0.60}$Co$_{0.15}$Mn$_{0.25}$O$_2$[167]。如图 1-36 所示，一次颗粒由内核至外层呈放射状排列，Mn 含量保持恒定，Ni 含量递减 Co 含量递增。该结构兼有高稳定性、高容量和优异倍率性能三大特点，其在 3.0~4.4V 电压范围内高温 1C 倍率循环 1000 次容量保持率高达 70.3%。E. Lee 等人在此基础上继续考察该类材料在长周期循环过程中的应力变化情况[123]。研究表明使用该类材料为正极的全电池经 2500 次循环后容量保持率可达 83.3%，研究发现，一次杆状纳米粒子在连续充放电循环过程中产生了微应变，导致纳米粒子开裂。这一发现表明，通过优化浓度梯度可以进一步提高该类材料的性能，通过减小微应变抑制循环过程中晶格错配。

双壳层结构则是另一类特殊结构的三元正极材料。P. Hou 等人在此方向有大

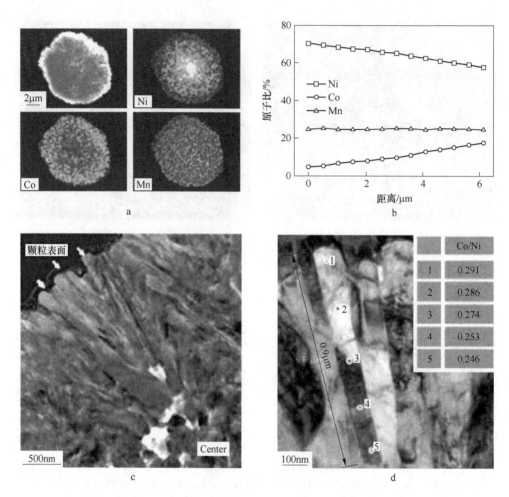

图 1-36 全浓度梯度材料 $LiNi_{0.60}Co_{0.15}Mn_{0.25}O_2$ 材料

a—元素面扫描；b—元素分布；c—TEM 横截面图；d——次颗粒 TEM 图

量的文献报道，且第一次提出基于三角和四面体相图设计核壳结构材料[168,169]。根据 $LiNiO_2$-$LiCoO_2$-$LiMnO_2$ 三角相图，P. Hou 等人采用分步共沉淀法合成得到 $Li[(Ni_{0.8}Co_{0.1}Mn_{0.1})_{2/7}]_{core}[(Ni_{1/3}Co_{1/3}Mn_{1/3})_{3/14}]_{inner-shell}[(Ni_{0.4}Co_{0.2}Mn_{0.4})_{1/2}]_{outer-shell}O_2$ 双壳层三元正极材料，总组成为 $LiNi_{0.5}Co_{0.2}Mn_{0.3}O_2$。高镍内核提供了高容量，低镍双壳层确保材料具有良好的倍率性能和结构稳定性。区别于传统梯度材料制备方法，P. Hou 等人基于改进共沉淀方法制备得到双壳层结构的氢氧化物前驱体，继而通过控制烧结温度和反应时间合成得到浓度梯度 $LiNi_{0.5}Co_{0.2}Mn_{0.3}O_2$ 材料（见图 1-37）[170]。该材料由内至外依次为浓度梯度内核、过渡层和外壳，其在高电压和高温下的循环性能以及结构稳定性大幅提升。Y. Lee 等采用稀硫酸处理高镍氢氧化物前驱体[171]。该方法降低表层镍离子浓度，经混锂烧结后得到核壳结构的高镍 $LiNi_{0.85}Co_{0.10}Mn_{0.05}O_2$ 材料。

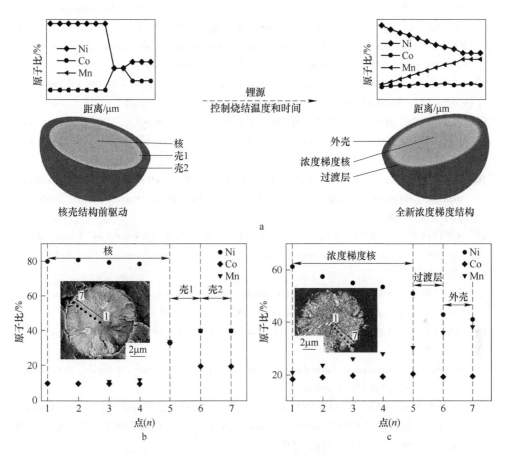

图 1-37　双壳层前驱体和新型结构氧化物示意图及元素分布

参 考 文 献

[1] ARMAND M, TARASCON J M. Building better batteries [J]. Nature, 2008, 451~652.

[2] GAMBLE F R, OSIECKI J H, CAIS M, et al. Intercalation Complexes of Lewis Bases and Layered Sulfides: A Large Class of New Superconductors [J]. Science, 1971, 174 (4008): 493~497.

[3] WHITTINGHAM M S. The Role of Ternary Phases in Cathode Reactions [J]. Journal of The Electrochemical Society, 1976, 123 (3): 315~320.

[4] WHITTINGHAM M S. Electrical Energy Storage and Intercalation Chemistry [J]. Science, 1976, 192 (4244): 1126~1127.

[5] WHITTINGHAM M S. Chemistry of intercalation compounds: Metal guests in chalcogenide hosts [J]. Progress in Solid State Chemistry, 1978, 12 (1): 41~99.

[6] JACOBSON A J, CHIANELLI R R, WHITTINGHAM M S. Amorphous Molybdenum Disulfide Cathodes [J]. Journal of The Electrochemical Society, 1979, 126 (12): 2277~2278.

[7] WEN C J, HUGGINS R A. Chemical diffusion in intermediate phases in the lithium-tin system [J]. Journal of Solid State Chemistry, 1980, 35 (3): 376~384.

[8] WEN C J, HUGGINS R A. Chemical diffusion in intermediate phases in the lithium-silicon system [J]. Journal of Solid State Chemistry, 1981, 37 (3): 271~278.

[9] LAZZARI M, SCROSATI B. A Cyclable Lithium Organic Electrolyte Cell Based on Two Intercalation Electrodes [J]. Journal of The Electrochemical Society, 1980, 127 (3): 773~774.

[10] MIZUSHIMA K, JONES P C, WISEMAN P J, et al. Li_xCoO_2 ($0 < x < -1$): A new cathode material for batteries of high energy density [J]. Materials Research Bulletin, 1980, 15 (6): 783~789.

[11] MIZUSHIMA K, JONES P C, WISEMAN P J, et al. Li_xCoO_2 ($0 < x \leq 1$): A new cathode material for batteries of high energy density [J]. Solid State Ionics, 1981 (3~4): 171~174.

[12] YAZAMI R, TOUZAIN P. A reversible graphite-lithium negative electrode for electrochemical generators [J]. Journal of Power Sources, 1983, 9 (3): 365~371.

[13] NAGAURA T. Lithium Ion Rechargeable Battery [J]. Progress in Batteries & Solar Cells, 1990, 9: 209.

[14] OZAWA K. Lithium-ion rechargeable batteries with $LiCoO_2$ and carbon electrodes: the $LiCoO_2$/ C system [J]. Solid State Ionics, 1994, 69 (3): 212~221.

[15] PADHI A K, NANJUNDASWAMY K S, GOODENOUGH J B. Phospho-olivines as Positive-Electrode Materials for Rechargeable Lithium Batteries [J]. Journal of The Electrochemical Society, 1997, 144 (4): 1188~1194.

[16] LIU Z, YU A, LEE J Y. Synthesis and characterization of $LiNi_{1-x-y}Co_xMnyO_2$ as the cathode materials of secondary lithium batteries [J]. Journal of Power Sources, 1999, 81~82: 416~419.

[17] YOSHIO M, NOGUCHI H, ITOH J I, et al. Preparation and properties of $LiCo_yMn_xNi_{1-x-y}O_2$ as a cathode for lithium ion batteries [J]. Journal of Power Sources, 2000, 90 (2): 176~181.

[18] OHZUKU T, MAKIMURA Y. Layered Lithium Insertion Material of $LiCo_{1/3}Ni_{1/3}Mn_{1/3}O_2$ for Lithium-Ion Batteries [J]. Chemistry Letters, 2001, 30 (7): 642~643.

[19] BRUCE P G, SCROSATI B, TARASCON J-M. Nanomaterials for Rechargeable Lithium Batteries [J]. Angewandte Chemie International Edition, 2008, 47 (16): 2930~2946.

[20] GOODENOUGH J B, PARK K S. The Li-Ion Rechargeable Battery: A Perspective [J]. Journal of the American Chemical Society, 2013, 135 (4): 1167~1176.

[21] 黄可龙，王兆翔，刘素琴. 锂离子电池原理与关键技术 [M]. 北京：化学工业出版

社，2008.

[22] 谢凯. 新一代锂二次电池技术 [M]. 北京：国防工业出版社，2013.

[23] 马璨，吕迎春，李泓. 锂离子电池基础科学问题（Ⅶ）——正极材料 [J]. 储能科学与技术，2014，3（1）：53～65.

[24] MAROM R, AMALRAJ S F, LEIFER N, et al. A review of advanced and practical lithium battery materials [J]. Journal of Materials Chemistry, 2011, 21 (27): 9938～9954.

[25] 郭炳焜，徐徽，王先友. 锂离子电池 [M]. 湖南：中南大学出版社，2002.

[26] REIMERS J N, DAHN J R. Electrochemical and In Situ X-Ray Diffraction Studies of Lithium Intercalation in Li_xCoO_2 [J]. Journal of the Electrochemical Society, 1992, 139 (8): 2091～2097.

[27] PAULSEN J M, MUELLERNEUHAUS J R, DAHN J R. Layered $LiCoO_2$ with a Different Oxygen Stacking (O_2 Structure) as a Cathode Material for Rechargeable Lithium Batteries [J]. Journal of the Electrochemical Society, 2000, 147 (2): 508～516.

[28] PARK Y, KIM N H, KIM J Y, et al. Surface characterization of the high voltage $LiCoO_2$/Li cell by X-ray photoelectron spectroscopy and 2D correlation analysis [J]. Vibrational Spectroscopy, 2010, 53 (1): 60～63.

[29] LI C N, YANG J M, KRASNOV V, et al. Microstructural stability of nanocrystalline $LiCoO_2$ in lithium thin-film batteries under high-voltage cycling [J]. Applied Physics Letters, 2007, 90 (26): A1442.

[30] VELUCHAMY A, DOH C H, KIM D H, et al. Thermal analysis of Li_xCoO_2 cathode material of lithium ion battery [J]. Journal of Power Sources, 2009, 189 (1): 855～858.

[31] ZOU M, YOSHIO M, GOPUKUMAR S, et al. Synthesis of High-Voltage (4.5 V) Cycling Doped $LiCoO_2$ for Use in Lithium Rechargeable Cells [J]. Chemistry of Materials, 2003, 15 (25): 4699～4702.

[32] WANG Z, WANG Z, GUO H, et al. Mg doping and zirconium oxyfluoride coating co-modification to enhance the high-voltage performance of $LiCoO_2$ for lithium ion battery [J]. Journal of Alloys and Compounds, 2015, 621: 212～219.

[33] KALLURI S, YOON M, JO M, et al. Surface Engineering Strategies of Layered $LiCoO_2$ Cathode Material to Realize High-Energy and High-Voltage Li-Ion Cells [J]. Advanced Energy Materials, 2016, 7 (1): 1601507.

[34] JUNG Y S, CAVANAGH A S, RILEY L A, et al. Ultrathin direct atomic layer deposition on composite electrodes for highly durable and safe Li-ion batteries [J]. Advanced materials, 2010, 22 (19): 2172～2176.

[35] BROUSSELY M, PERTON F, BIENSAN P, et al. $Li_x NiO_2$, a promising cathode for rechargeable lithium batteries [J]. Journal of Power Sources, 1995, 54 (1): 109～114.

[36] DELMAS C, P R S J P, ROUGIER A, et al. On the behavior of the $Li_x NiO_2$ system: an electrochemical and structural overview [J]. Journal of Power Sources, 1997, 68 (68): 120～125.

[37] CROGUENNEC L, SAADOUNE I, ROUGIER A. An overview of the Li (Ni, M) O_2

systems: syntheses, structures and properties [J]. Electrochimica Acta, 1999, 45 (1~2): 243~253.

[38] DOMPABLO M E A Y D, CEDER G. On the Origin of the Monoclinic Distortion in $Li_x NiO_2$ [J]. Chemistry of Materials, 2003, 15 (1): 63~67.

[39] ARMSTRONG A R, BRUCE P G. Synthesis of layered $LiMnO_2$ as an electrode for rechargeable lithium batteries [J]. Nature, 1996, 381~499.

[40] NOH H J, YOUN S, CHONG S Y, et al. Comparison of the structural and electrochemical properties of layered Li $[Ni_x Co_y Mn_z]$ O_2 ($x=1/3$, 0.5, 0.6, 0.7, 0.8 and 0.85) cathode material for lithium-ion batteries [J]. Journal of Power Sources, 2013, 233: 121~130.

[41] THACKERAY M M, KANG S H, JOHNSON C S, et al. $Li_2 MnO_3$-stabilized $LiMO_2$ (M = Mn, Ni, Co) electrodes for lithium-ion batteries [J]. Journal of Materials Chemistry, 2007, 17 (30): 3112~3125.

[42] GREY C P, YOON W S, REED J, et al. Electrochemical Activity of Li in the Transition-Metal Sites of O_3 $Li[Li_{(1-2x)/3} Mn_{(2-x)/3} Ni_x]O_2$ [J]. Electrochemical and Solid-State Letters, 2004, 7 (9): A290~A293.

[43] YABUUCHI N, YOSHII K, MYUNG S T, et al. Detailed Studies of a High-Capacity Electrode Material for Rechargeable Batteries, $Li_2 MnO_3$-$LiCo_{1/3} Ni_{1/3} Mn_{1/3} O_2$ [J]. Journal of the American Chemical Society, 2011, 133 (12): 4404.

[44] KIM J-S, JOHNSON C S, VAUGHEY J T, et al. Electrochemical and Structural Properties of $xLi_2 M$ '$O_3 \cdot (1-x)$ $LiMn_{0.5} Ni_{0.5} O_2$ Electrodes for Lithium Batteries (M' = Ti, Mn, Zr; 0 ≤ x≤0.3)[J]. Chemistry of Materials, 2004, 16 (10): 1996~2006.

[45] WANG J, HE X, PAILLARD E, et al. Lithium and Manganese-Rich Oxide Cathode Materials for High-Energy Lithium Ion Batteries [J]. Advanced Energy Materials, 2016, 6 (21): 1600906.

[46] TRAN N, CROGUENNEC L, M N TRIER M, et al. Mechanisms Associated with the "Plateau" Observed at High Voltage for the Overlithiated $Li_{1.12}$ ($Ni_{0.425} Mn_{0.425} Co_{0.15})_{0.88} O_2$ System [J]. Chemistry of Materials, 2008, 20: 4815~4825.

[47] LU Z, DAHN J R. Understanding the Anomalous Capacity of Li/Li $[Ni_x Li_{(1/3-2x/3)} Mn_{(2/3-x/3)}]O_2$ Cells Using In Situ X-Ray Diffraction and Electrochemical Studies [J]. Journal of The Electrochemical Society, 2002, 149 (7): A815~A822.

[48] ARMSTRONG A R, HOLZAPFEL M, NOV K P, et al. Demonstrating oxygen loss and associated structural reorganization in the lithium battery cathode Li $[Ni_{0.2} Li_{0.2} Mn_{0.6}]O_2$ [J]. Journal of the American Chemical Society, 2006, 128 (26): 8694~8698.

[49] GU M, BELHAROUAK I, ZHENG J, et al. Formation of the spinel phase in the layered composite cathode used in Li-ion batteries [J]. Acs Nano, 2013, 7 (1): 760.

[50] XU B, FELL C R, CHI M, et al. Identifying surface structural changes in layered Li-excess nickel manganese oxides in high voltage lithium ion batteries: A joint experimental and theoretical study [J]. Energy & Environmental Science, 2011, 4 (6): 2223~2233.

[51] KOGA H, CROGUENNEC L, M N TRIER M, et al. Different oxygen redox participation for bulk

and surface: A possible global explanation for the cycling mechanism of $Li_{1.20}Mn_{0.54}Co_{0.13}Ni_{0.13}O_2$ [J]. Journal of Power Sources, 2013, 236: 250～258.

[52] KOGA H, CROGUENNEC L, MENETRIER M, et al. Reversible Oxygen Participation to the Redox Processes Revealed for $Li_{1.20}Mn_{0.54}Co_{0.13}Ni_{0.13}O_2$ [J]. Journal of the Electrochemical Society, 2013, 160 (6): A786～A792.

[53] KOGA H, CROGUENNEC L, M N TRIER M, et al. Operando X-ray Absorption Study of the Redox Processes Involved upon Cycling of the Li-Rich Layered Oxide $Li_{1.20}Mn_{0.54}Co_{0.13}Ni_{0.13}O_2$ in Li Ion Batteries [J]. The Journal of Physical Chemistry C, 2014, 118 (11): 5700～5709.

[54] OISHI M, FUJIMOTO T, TAKANASHI Y, et al. Charge compensation mechanisms in $Li_{1.16}Ni_{0.15}Co_{0.19}Mn_{0.50}O_2$ positive electrode material for Li-ion batteries analyzed by a combination of hard and soft X-ray absorption near edge structure [J]. Journal of Power Sources, 2013, 222: 45～51.

[55] OISHI M, YOGI C, WATANABE I, et al. Direct observation of reversible charge compensation by oxygen ion in Li-rich manganese layered oxide positive electrode material, $Li_{1.16}Ni_{0.15}Co_{0.19}Mn_{0.50}O_2$ [J]. Journal of Power Sources, 2015, 276: 89～94.

[56] LUO K, ROBERTS M R, HAO R, et al. Charge-compensation in 3d-transition-metal-oxide intercalation cathodes through the generation of localized electron holes on oxygen [J]. Nature Chemistry, 2016, 8: 684.

[57] MOHANTY D, LI J, ABRAHAM D P, et al. Unraveling the Voltage-Fade Mechanism in High-Energy-Density Lithium-Ion Batteries: Origin of the Tetrahedral Cations for Spinel Conversion [J]. Chemistry of Materials, 2014, 26 (21): 6272～6280.

[58] ZHENG J, XU P, GU M, et al. Structural and Chemical Evolution of Li- and Mn-Rich Layered Cathode Material [J]. Chemistry of Materials, 2015, 27 (4): 1381～1390.

[59] KLEINER K, STREHLE B, BAKER A R, et al. Origin of High Capacity and Poor Cycling Stability of Li-Rich Layered Oxides: A Long-Duration in Situ Synchrotron Powder Diffraction Study [J]. Chemistry of Materials, 2018, 30 (11): 3656～3667.

[60] GAO J, KIM J, MANTHIRAM A. High capacity Li [$Li_{0.2}Mn_{0.54}Ni_{0.13}Co_{0.13}$] O_2-V_2O_5 composite cathodes with low irreversible capacity loss for lithium ion batteries [J]. Electrochemistry Communications, 2009, 11 (1): 84～86.

[61] GAO J, MANTHIRAM A. Eliminating the irreversible capacity loss of high capacity layered $Li[Li_{0.2}Mn_{0.54}Ni_{0.13}Co_{0.13}]O_2$ cathode by blending with other lithium insertion hosts [J]. Journal of Power Sources, 2009, 191 (2): 644～647.

[62] LEE E S, MANTHIRAM A. High Capacity Li [$Li_{0.2}Mn_{0.54}Ni_{0.13}Co_{0.13}$] O_2-VO_2 (B) Composite Cathodes with Controlled Irreversible Capacity Loss for Lithium-Ion Batteries [J]. Journal of The Electrochemical Society, 2011, 158 (1): A47～A50.

[63] WU Y, VADIVEL MURUGAN A, MANTHIRAM A. Surface Modification of High Capacity Layered $Li[Li_{0.2}Mn_{0.54}Ni_{0.13}Co_{0.13}]O_2$ Cathodes by $AlPO_4$ [J]. Journal of the Electrochemical Society, 2008, 155 (9): A635～A641.

[64] KIM I, KNIGHT J, CELIO H, et al. Enhanced electrochemical performances of Li-rich layered oxides by surface modification with reduced graphene oxide/$AlPO_4$ hybrid coating [J]. Journal of Materials Chemistry A, 2014, 2 (23): 8696~8704.

[65] LIAO S X, SHEN C H, ZHONG Y J, et al. Influence of vanadium compound coating on lithium-rich layered oxide cathode for lithium-ion batteries [J]. RSC Advances, 2014, 4 (99): 56273~56278.

[66] ZHAO T, LI L, CHEN R, et al. Design of surface protective layer of LiF/FeF_3 nanoparticles in Li-rich cathode for high-capacity Li-ion batteries [J]. Nano Energy, 2015, 15: 164~176.

[67] SATHIYA M, RAMESHA K, ROUSSE G, et al. High Performance $Li_2Ru_{1-y}Mn_yO_3$ ($0.2 \leqslant y \leqslant 0.8$) Cathode Materials for Rechargeable Lithium-Ion Batteries: Their Understanding [J]. Chemistry of Materials, 2013, 25 (7): 1121~1131.

[68] SATHIYA M, ROUSSE G, RAMESHA K, et al. Reversible anionic redox chemistry in high-capacity layered-oxide electrodes [J]. Nature Materials, 2013, 12: 827.

[69] SONG B, LIU H, LIU Z, et al. High rate capability caused by surface cubic spinels in Li-rich layer-structured cathodes for Li-ion batteries [J]. Scientific Reports, 2013, 3: 3094.

[70] SHUNMUGASUNDARAM R, SENTHIL ARUMUGAM R, DAHN J R. High Capacity Li-Rich Positive Electrode Materials with Reduced First-Cycle Irreversible Capacity Loss [J]. Chemistry of Materials, 2015, 27 (3): 757~767.

[71] HU E, YU X, LIN R, et al. Evolution of redox couples in Li- and Mn-rich cathode materials and mitigation of voltage fade by reducing oxygen release [J]. Nature Energy, 2018, 3 (8): 690~698.

[72] GOODENOUGH J B. Evolution of Strategies for Modern Rechargeable Batteries [J]. Accounts of Chemical Research, 2013, 46 (5): 1053~1061.

[73] YAN P, NIE A, ZHENG J, et al. Evolution of Lattice Structure and Chemical Composition of the Surface Reconstruction Layer in $Li_{1.2}Ni_{0.2}Mn_{0.6}O_2$ Cathode Material for Lithium Ion Batteries [J]. Nano letters, 2015, 15 (1): 514~522.

[74] YANG F, LIU Y, MARTHA S K, et al. Nanoscale Morphological and Chemical Changes of High Voltage Lithium-Manganese Rich NMC Composite Cathodes with Cycling [J]. Nano letters, 2014, 14 (8): 4334~4341.

[75] DOGAN F, CROY J R, BALASUBRAMANIAN M, et al. Solid State NMR Studies of Li_2MnO_3 and Li-Rich Cathode Materials: Proton Insertion, Local Structure, and Voltage Fade [J]. Journal of the Electrochemical Society, 2015, 162 (1): A235~A243.

[76] CROY J R, GALLAGHER K G, BALASUBRAMANIAN M, et al. Examining Hysteresis in Composite $xLi_2MnO_3 \cdot (1-x)LiMO_2$ Cathode Structures [J]. Journal of Physical Chemistry C, 2013, 117 (13): 6525~6536.

[77] CROY J R, GALLAGHER K G, BALASUBRAMANIAN M, et al. Quantifying Hysteresis and Voltage Fade in $xLi_2MnO_3 \cdot (1-x)LiMn_{0.5}Ni_{0.5}O_2$ Electrodes as a Function of Li_2MnO_3 Content [J]. Journal of the Electrochemical Society, 2014, 161 (3): A318~A325.

[78] ZHENG J, GU M, GENC A, et al. Mitigating voltage fade in cathode materials by improving

the atomic level uniformity of elemental distribution [J]. Nano letters, 2014, 14 (5):
2628 ~ 2635.

[79] BETTGE M, LI Y, GALLAGHER K, et al. Voltage Fade of Layered Oxides: Its Measurement
and Impact on Energy Density [J]. Journal of the Electrochemical Society, 2013, 160 (11):
A2046 ~ A2055.

[80] LEE E S, MANTHIRAM A. Smart design of lithium-rich layered oxide cathode compositions
with suppressed voltage decay [J]. Journal of Materials Chemistry A, 2014, 2 (11):
3932 ~ 3939.

[81] SONG B, ZHOU C, WANG H, et al. Advances in Sustain Stable Voltage of Cr-Doped Li-Rich
Layered Cathodes for Lithium Ion Batteries [J]. Journal of the Electrochemical Society, 2014,
161 (10): A1723 ~ A1730.

[82] ATES M N, JIA Q, SHAH A, et al. Mitigation of Layered to Spinel Conversion of a Li-Rich
Layered Metal Oxide Cathode Material for Li-Ion Batteries [J]. Journal of the Electrochemical
Society, 2014, 161 (3): A290 ~ A301.

[83] LEE S, CHO Y, SONG H K, et al. Carbon-Coated Single-Crystal $LiMn_2O_4$ Nanoparticle
Clusters as Cathode Material for High-Energy and High-Power Lithium-Ion Batteries [J].
Angewandte Chemie, 2012, 124 (35): 8878 ~ 8882.

[84] THACKERAY M M, DAVID W I F, BRUCE P G, et al. Lithium insertion into manganese
spinels [J]. Materials Research Bulletin, 1983, 18 (4): 461 ~ 472.

[85] THACKERAY M M, JOHNSON P J, DE PICCIOTTO L A, et al. Electrochemical extraction of
lithium from $LiMn_2O_4$ [J]. Materials Research Bulletin, 1984, 19 (2): 179 ~ 187.

[86] GUMMOW R J, DE KOCK A, THACKERAY M M. Improved capacity retention in
rechargeable 4 V lithium/lithium-manganese oxide (spinel) cells [J]. Solid State Ionics,
1994, 69 (1): 59 ~ 67.

[87] THACKERAY M M. Structural Considerations of Layered and Spinel Lithiated Oxides for Lithium
Ion Batteries [J]. Journal of The Electrochemical Society, 1995, 142 (8): 2558 ~ 2563.

[88] JANG D H, SHIN Y J, OH S M. Dissolution of Spinel Oxides and Capacity Losses in 4VLi/
$Li_xMn_2O_4$ Cells [J]. Journal of The Electrochemical Society, 1996, 143 (7): 2204 ~ 2211.

[89] AURBACH D, LEVI M D, GAMULSKI K, et al. Capacity fading of $LixMn_2O_4$ spinel
electrodes studied by XRD and electroanalytical techniques [J]. Journal of Power Sources,
1999, (81 ~ 82): 472 ~ 479.

[90] SUN Y K, YOON C S, KIM C K, et al. Degradation mechanism of spinel $LiAl_{0.2}Mn_{1.8}O_4$
cathode materials on high temperature cycling [J]. Journal of Materials Chemistry, 2001, 11
(10): 2519 ~ 2522.

[91] SAITOH M, SANO M, FUJITA M, et al. Studies of Capacity Losses in Cycles and Storages for
a $Li_{1.1}Mn_{1.9}O_4$ Positive Electrode [J]. Journal of The Electrochemical Society, 2004, 151
(1): A17 ~ A22.

[92] OHZUKU T, TAKEDA S, IWANAGA M. Solid-state redox potentials for Li $[Me_{1/2}Mn_{3/2}]O_4$
(Me: 3d-transition metal) having spinel-framework structures: a series of 5 volt materials for

advanced lithium-ion batteries [J]. Journal of Power Sources, 1999, (81 – 82): 90 ~ 94.

[93] LIU Y, TAN L, LI L. Ion exchange membranes as electrolyte to improve high temperature capacity retention of $LiMn_2O_4$ cathode lithium-ion batteries [J]. Chemical Communications, 2012, 48 (79): 9858 ~ 9860.

[94] 肖东东, 谷林. 原子尺度锂离子电池电极材料的近平衡结构 [J]. 中国科学: 化学, 2014, 3: 295 ~ 308.

[95] GU L, ZHU C, LI H, et al. Direct observation of lithium staging in partially delithiated $LiFePO_4$ at atomic resolution [J]. Journal of the American Chemical Society, 2011, 133 (13): 4661 ~ 4663.

[96] ORIKASA Y, MAEDA T, KOYAMA Y, et al. Direct observation of a metastable crystal phase of $Li(x)FePO_4$ under electrochemical phase transition [J]. Journal of the American Chemical Society, 2013, 135 (15): 5497.

[97] RUI X, YAN Q, SKYLLAS-KAZACOS M, et al. $Li_3V_2(PO_4)_3$ cathode materials for lithium-ion batteries: A review [J]. Journal of Power Sources, 2014, 258: 19 ~ 38.

[98] YIN S C, GRONDEY H, STROBEL P, et al. Electrochemical Property:? Structure Relationships in Monoclinic $Li_{3-y}V_2(PO_4)_3$ [J]. Journal of the American Chemical Society, 2003, 125 (34): 10402 ~ 10411.

[99] ZHENG J C, LI X H, WANG Z X, et al. $Li_3V_2(PO_4)_3$ cathode material synthesized by chemical reduction and lithiation method [J]. Journal of Power Sources, 2009, 189 (1): 476 ~ 479.

[100] REDDY M V, SUBBA RAO G V, CHOWDARI B V R. Metal Oxides and Oxysalts as Anode Materials for Li Ion Batteries [J]. Chemical Reviews, 2013, 113 (7): 5364 ~ 5457.

[101] YU S H, LEE S H, LEE D J, et al. Conversion Reaction-Based Oxide Nanomaterials for Lithium Ion Battery Anodes [J]. Small, 2016, 12 (16): 2146 ~ 2172.

[102] LIU W, OH P, LIU X, et al. Nickel-rich layered lithium transition-metal oxide for high-energy lithium-ion batteries [J]. Angewandte Chemie, 2015, 54 (15): 4440 ~ 4457.

[103] LI H H, YABUUCHI N, MENG Y S, et al. Changes in the Cation Ordering of Layered $O_3 Li_x Ni_{0.5} Mn_{0.5} O_2$ during Electrochemical Cycling to High Voltages: An Electron Diffraction Study [J]. Chemistry of Materials, 2007, 19 (10): 2551 ~ 2565.

[104] LEE J, URBAN A, LI X, et al. Unlocking the potential of cation-disordered oxides for rechargeable lithium batteries [J]. Science, 2014, 343 (6170): 519 ~ 522.

[105] KANG K, CEDER G. Factors that affect Li mobility in layered lithium transition metal oxides [J]. Physical Review B, 2006, 74 (74): 94105.

[106] ZHANG X, JIANG W J, MAUGER A, et al. Minimization of the cation mixing in Li_{1+x} $(NMC)_{1-x} O_2$ as cathode material [J]. Journal of Power Sources, 2009, 195 (5): 1292 ~ 1301.

[107] HINUMA Y, MENG Y S, KISUK KANG A, et al. Phase Transitions in the $LiNi_{0.5} Mn_{0.5} O_2$ System with Temperature [J]. Chemistry of Materials, 2007, 19 (7): 1790 ~ 1800.

[108] JUNG S-K, GWON H, HONG J, et al. Understanding the Degradation Mechanisms of

LiNi$_{0.5}$Co$_{0.2}$Mn$_{0.3}$O$_2$ Cathode Material in Lithium Ion Batteries [J]. Advanced Energy Materials, 2014, 4 (1): 1300787.

[109] LIN F, MARKUS I M, NORDLUND D, et al. Surface reconstruction and chemical evolution of stoichiometric layered cathode materials for lithium-ion batteries [J]. Nature Communications, 2014, 5: 3529.

[110] CHO Y, OH P, CHO J. A New Type of Protective Surface Layer for High-Capacity Ni-Based Cathode Materials: Nanoscaled Surface Pillaring Layer [J]. Nano letters, 2013, 13 (3): 1145 ~ 1152.

[111] KIM H, KIM M G, JEONG H Y, et al. A new coating method for alleviating surface degradation of LiNi$_{0.6}$Co$_{0.2}$Mn$_{0.2}$O$_2$ cathode material: nanoscale surface treatment of primary particles [J]. Nano letters, 2015, 15 (3): 2111 ~ 2119.

[112] LU X, SUN Y, JIAN Z, et al. New Insight into the Atomic Structure of Electrochemically Delithiated O$_3$-Li$_{(1-x)}$CoO$_2$ (0 ≤ x ≤ 0.5) Nanoparticles [J]. Nano letters, 2012, 12 (12): 6192 ~ 6197.

[113] OH P, SONG B, LI W, et al. Overcoming the chemical instability on exposure to air of Ni-rich layered oxide cathodes by coating with spinel LiMn$_{1.9}$Al$_{0.1}$O$_4$ [J]. Journal of Materials Chemistry A, 2016, 4 (16): 5839 ~ 5841.

[114] EDSTR M K, GUSTAFSSON T, THOMAS J O. The cathode-electrolyte interface in the Li-ion battery [J]. Electrochimica Acta, 2004, 50 (2): 397 ~ 403.

[115] ANDERSSON A M, ABRAHAM D P, HAASCH R, et al. Surface Characterization of Electrodes from High Power Lithium-Ion Batteries [J]. Journal of the Electrochemical Society, 2002, 149 (10): A1358 ~ A1369.

[116] KIM Y. Mechanism of gas evolution from the cathode of lithium-ion batteries at the initial stage of high-temperature storage [J]. Journal of Materials Science, 2013, 48 (24): 8547 ~ 8551.

[117] KIM Y. Investigation of the gas evolution in lithium ion batteries: effect of free lithium compounds in cathode materials [J]. Journal of Solid State Electrochemistry, 2013, 17 (7): 1961 ~ 1965.

[118] KIM J, LEE H, CHA H, et al. Prospect and Reality of Ni-Rich Cathode for Commercialization [J]. Advanced Energy Materials, 2018, 8 (6): 1702028.

[119] XIONG X, WANG Z, YUE P, et al. Washing effects on electrochemical performance and storage characteristics of LiNi$_{0.8}$Co$_{0.1}$Mn$_{0.1}$O$_2$ as cathode material for lithium-ion batteries [J]. Journal of Power Sources, 2013, 222 (2): 318 ~ 325.

[120] BAK S M, HU E, ZHOU Y, et al. Structural changes and thermal stability of charged LiNi$_x$Mn$_y$Co$_z$O$_2$ cathode materials studied by combined in situ time-resolved XRD and mass spectroscopy [J]. ACS applied materials & interfaces, 2014, 6 (24): 22594 ~ 22601.

[121] WATANABE S, KINOSHITA M, HOSOKAWA T, et al. Capacity fade of LiAl$_y$Ni$_{1-x-y}$Co$_x$O$_2$ cathode for lithium-ion batteries during accelerated calendar and cycle life tests (surface analysis of LiAl$_y$Ni$_{1-x-y}$Co$_x$O$_2$ cathode after cycle tests in restricted depth of discharge ranges)

[J]. Journal of Power Sources, 2014, 258 (21): 210～217.

[122] NA Y K, YIM T, SONG J H, et al. Microstructural study on degradation mechanism of layered $LiNi_{0.6}Co_{0.2}Mn_{0.2}O_2$ cathode materials by analytical transmission electron microscopy [J]. Journal of Power Sources, 2016, 307: 641～648.

[123] LEE E J, CHEN Z, NOH H J, et al. Development of Microstrain in Aged Lithium Transition Metal Oxides [J]. Nano Letters, 2014, 14 (8): 4873～4880.

[124] SCHIPPER F, ERICKSON E M, ERK C, et al. Review—Recent Advances and Remaining Challenges for Lithium Ion Battery Cathodes: I. Nickel-Rich, $LiNi_xCo_yMn_zO_2$ [J]. Journal of the Electrochemical Society, 2017, 164 (1): A6220～A6228.

[125] LI J, DOWNIE L E, MA L, et al. Study of the Failure Mechanisms of $LiNi_{0.8}Mn_{0.1}Co_{0.1}O_2$ Cathode Material for Lithium Ion Batteries [J]. Journal of the Electrochemical Society, 2015, 162 (7): 1401～1408.

[126] POUILLERIE C, CROGUENNEC L, BIENSAN P, et al. Synthesis and Characterization of New $LiNi_{1-y}Mg_yO_2$ Positive Electrode Materials for Lithium-Ion Batteries [J]. Journal of The Electrochemical Society, 2000, 147 (6): 2061～2069.

[127] HUANG Z, WANG Z, ZHENG X, et al. Structural and electrochemical properties of Mg-doped nickel based cathode materials LiNi Co Mn Mg O for lithium ion batteries [J]. Rsc Advances, 2015, 5 (108): 88773～88779.

[128] HUANG Z, WANG Z, ZHENG X, et al. Effect of Mg doping on the structural and electrochemical performance of $LiNi_{0.6}Co_{0.2}Mn_{0.2}O_2$ cathode materials [J]. Electrochimica Acta, 2015, 182: 795～802.

[129] HUANG Z, WANG Z, GUO H, et al. Influence of Mg^{2+} doping on the structure and electrochemical performances of layered $LiNi_{0.6}Co_{0.2-x}Mn_{0.2}Mg_xO_2$ cathode materials [J]. Journal of Alloys and Compounds, 2016, 671: 479～485.

[130] AURBACH D, SRUR-LAVI O, GHANTY C, et al. Studies of Aluminum-Doped $LiNi_{0.5}Co_{0.2}Mn_{0.3}O_2$: Electrochemical Behavior, Aging, Structural Transformations, and Thermal Characteristics [J]. Journal of The Electrochemical Society, 2015, 162 (6): A1014～A1027.

[131] LI L J, LI X H, WANG Z X, et al. Synthesis, structural and electrochemical properties of $LiNi_{0.79}Co_{0.1}Mn_{0.1}Cr_{0.01}O_2$ via fast co-precipitation [J]. Journal of Alloys and Compounds, 2010, 507 (1): 172～177.

[132] KIM G H, KIM M H, MYUNG S T, et al. Effect of fluorine on $Li[Ni_{1/3}Co_{1/3}Mn_{1/3}]O_{2-z}F_z$ as lithium intercalation material [J]. Journal of Power Sources, 2005, 146 (1～2): 602～605.

[133] CHOI W, MANTHIRAM A. Influence of fluorine on the electrochemical performance of spinel $LiMn_{2-y-z}Li_yZn_zO_4-\eta F_\eta$ cathodes [J]. Journal of the Electrochemical Society, 2007, 154 (7): A614～A618.

[134] CHOI W, MANTHIRAM A. Factors Controlling the Fluorine Content and the Electrochemical Performance of Spinel Oxyfluoride Cathodes [J]. Journal of the Electrochemical Society, 2007, 154 (8): A792～A797.

[135] STROUKOFF K R, MANTHIRAM A. Thermal stability of spinel $Li_{1.1}Mn_{1.9-y}M_yO_{4-z}F_z$ (M = Ni, Al, and Li, $0 \leqslant y \leqslant 0.3$, and $0 \leqslant z \leqslant 0.2$) cathodes for lithium ion batteries [J]. Journal of Materials Chemistry, 2011, 21 (27): 10165 ~ 10170.

[136] PENG Y, WANG Z, GUO H, et al. A low temperature fluorine substitution on the electrochemical performance of layered $LiNi_{0.8}Co_{0.1}Mn_{0.1}O_{2-z}F_z$ cathode materials [J]. Electrochimica Acta, 2013, 92 (1): 1 ~ 8.

[137] YUE P, WANG Z, LI X, et al. The enhanced electrochemical performance of $LiNi_{0.6}Co_{0.2}Mn_{0.2}O_2$ cathode materials by low temperature fluorine substitution [J]. Electrochimica Acta, 2013, 95 (11): 112 ~ 118.

[138] WEI X, REN Y. Influence of Li and Mo co-doping for electrochemical performance of ternary cathode materials at room and low temperature for Li-ion power battery [J]. Electrochimica Acta, 2015, 180: 323 ~ 329.

[139] DONG M, WANG Z, LI H, et al. Metallurgy Inspired Formation of Homogeneous Al_2O_3 Coating Layer To Improve the Electrochemical Properties of $LiNi_{0.8}Co_{0.1}Mn_{0.1}O_2$ Cathode Material [J]. ACS Sustainable Chemistry & Engineering, 2017, 5 (11): 10199 ~ 10205.

[140] CHO W, KIM S M, SONG J H, et al. Improved electrochemical and thermal properties of nickel rich $LiNi_{0.6}Co_{0.2}Mn_{0.2}O_2$ cathode materials by SiO_2 coating [J]. Journal of Power Sources, 2015, 282: 45 ~ 50.

[141] CHEN Y, ZHANG Y, CHEN B, et al. An approach to application for $LiNi_{0.6}Co_{0.2}Mn_{0.2}O_2$ cathode material at high cutoff voltage by TiO_2 coating [J]. Journal of Power Sources, 2014, 256: 20 ~ 27.

[142] HU S K, CHENG G H, CHENG M Y, et al. Cycle life improvement of ZrO_2-coated spherical $LiNi_{1/3}Co_{1/3}Mn_{1/3}O_2$ cathode material for lithium ion batteries [J]. Journal of Power Sources, 2009, 188 (2): 564 ~ 569.

[143] SHI S J, TU J P, TANG Y Y, et al. Enhanced electrochemical performance of LiF-modified $LiNi_{1/3}Co_{1/3}Mn_{1/3}O_2$ cathode materials for Li-ion batteries [J]. Journal of Power Sources, 2013, 225: 338 ~ 346.

[144] SHI S J, TU J P, MAI Y J, et al. Structure and electrochemical performance of CaF_2 coated $LiMn_{1/3}Ni_{1/3}Co_{1/3}O_2$ cathode material for Li-ion batteries [J]. Electrochimica Acta, 2012, 83: 105 ~ 112.

[145] KIM H B, PARK B C, MYUNG S T, et al. Electrochemical and thermal characterization of AlF_3-coated $Li[Ni_{0.8}Co_{0.15}Al_{0.05}]O_2$ cathode in lithium-ion cells [J]. Journal of Power Sources, 2008, 179 (1): 347 ~ 350.

[146] LEE K S, MYUNG S T, KIM D W, et al. AlF_3-coated $LiCoO_2$ and $Li[Ni_{1/3}Co_{1/3}Mn_{1/3}]O_2$ blend composite cathode for lithium ion batteries [J]. Journal of Power Sources, 2011, 196 (16): 6974 ~ 6977.

[147] KIM Y, CHO J. Lithium-Reactive $Co_3(PO_4)_2$ Nanoparticle Coating on High-Capacity $LiNi_{0.8}Co_{0.16}Al_{0.04}O_2$ Cathode Material for Lithium Rechargeable Batteries [J]. Journal of The Electrochemical Society, 2007, 154 (6): A495 ~ A499.

[148] BAI Y, CHANG Q, YU Q, et al. A novel approach to improve the electrochemical performances of layered $LiNi_{1/3} Co_{1/3} Mn_{1/3} O_2$ cathode by YPO_4 surface coating [J]. Electrochimica Acta, 2013, 112: 414 ~ 421.

[149] CHO J, KIM T-J, KIM J, et al. Synthesis, Thermal, and Electrochemical Properties of $AlPO_4$-Coated $LiNi_{0.8} Co_{0.1} Mn_{0.1} O_2$ Cathode Materials for a Li-Ion Cell [J]. Journal of The Electrochemical Society, 2004, 151 (11): A1899 ~ A1904.

[150] LI D, KATO Y, KOBAYAKAWA K, et al. Preparation and electrochemical characteristics of $LiNi_{1/3} Mn_{1/3} Co_{1/3} O_2$ coated with metal oxides coating [J]. Journal of Power Sources, 2006, 160 (2): 1342 ~ 1348.

[151] MYUNG S T, IZUMI K, KOMABA S, et al. Role of Alumina Coating on Li—Ni—Co—Mn—O Particles as Positive Electrode Material for Lithium-Ion Batteries [J]. Chemistry of Materials, 2005, 17 (14): 3695 ~ 3704.

[152] WOO S U, YOON C S, AMINE K, et al. Significant Improvement of Electrochemical Performance of AlF_3-Coated $Li[Ni_{0.8} Co_{0.1} Mn_{0.1}] O_2$ Cathode Materials [J]. Journal of The Electrochemical Society, 2007, 154 (11): A1005 ~ A1009.

[153] BAI Y, WANG X, YANG S, et al. The effects of $FePO_4$-coating on high-voltage cycling stability and rate capability of $Li[Ni_{0.5} Co_{0.2} Mn_{0.3}] O_2[J]$. Journal of Alloys and Compounds, 2012, 541: 125 ~ 131.

[154] YANG X, YU R, GE L, et al. Facile synthesis and performances of nanosized $Li_2 TiO_3$-based shell encapsulated $LiMn_{1/3} Ni_{1/3} Co_{1/3} O_2$ microspheres [J]. Journal of Materials Chemistry A, 2014, 2 (22): 8362 ~ 8368.

[155] WANG C, CHEN L, ZHANG H, et al. $Li_2 ZrO_3$ coated $LiNi_{1/3} Co_{1/3} Mn_{1/3} O_2$ for high performance cathode material in lithium batteries [J]. Electrochimica Acta, 2014, 119: 236 ~ 242.

[156] JO CH, CHO DH, NOH HJ, et al. An effective method to reduce residual lithium compounds on Ni-rich $Li[Ni_{0.6} Co_{0.2} Mn_{0.2}] O_2$ active material using a phosphoric acid derived $Li_3 PO_4$ nanolayer [J]. Nano Research, 2015, 8 (5): 1464 ~ 1479.

[157] XIONG X, WANG Z, YAN G, et al. Role of $V_2 O_5$ coating on $LiNiO_2$-based materials for lithium ion battery [J]. Journal of Power Sources, 2014, 245: 183 ~ 193.

[158] XIONG X, WANG Z, GUO H, et al. Enhanced electrochemical properties of lithium-reactive $V_2 O_5$ coated on the $LiNi_{0.8} Co_{0.1} Mn_{0.1} O_2$ cathode material for lithium ion batteries at 60℃ [J]. Journal of Materials Chemistry A, 2013, 1 (4): 1284 ~ 1288.

[159] LI L, CHEN Z, ZHANG Q, et al. A hydrolysis-hydrothermal route for the synthesis of ultrathin $LiAlO_2$-inlaid $LiNi_{0.5} Co_{0.2} Mn_{0.3} O_2$ as a high-performance cathode material for lithium ion batteries [J]. Journal of Materials Chemistry A, 2015, 3 (2): 894 ~ 904.

[160] ZHANG J, LI Z, GAO R, et al. High Rate Capability and Excellent Thermal Stability of Li^+-Conductive $Li_2 ZrO_3$-Coated $LiNi_{1/3} Co_{1/3} Mn_{1/3} O_2$ via a Synchronous Lithiation Strategy [J]. The Journal of Physical Chemistry C, 2015, 119 (35): 20350 ~ 20356.

[161] SUN YK, MYUNG ST, KIM MH, et al. Synthesis and Characterization of

$Li[(Ni_{0.8}Co_{0.1}Mn_{0.1})_{0.8}(Ni_{0.5}Mn_{0.5})_{0.2}]O_2$ with the Microscale Core—Shell Structure as the Positive Electrode Material for Lithium Batteries [J]. Journal of the American Chemical Society, 2005, 127 (38): 13411~13418.

[162] SUN YK, MYUNG ST, PARK BC, et al. Synthesis of Spherical Nano- to Microscale Core— Shell Particles $Li[(Ni_{0.8}Co_{0.1}Mn_{0.1})_{1-x}(Ni_{0.5}Mn_{0.5})_x]O_2$ and Their Applications to Lithium Batteries [J]. Chemistry of Materials, 2006, 18 (22): 5159~5163.

[163] SUN YK, MYUNG ST, SHIN HS, et al. Novel Core-Shell-Structured $Li[(Ni_{0.8}Co_{0.2})_{0.8}(Ni_{0.5}Mn_{0.5})_{0.2}]O_2$ via Coprecipitation as Positive Electrode Material for Lithium Secondary Batteries [J]. The Journal of Physical Chemistry B, 2006, 110 (13): 6810~6815.

[164] SUN Y K, MYUNG ST, PARK BC, et al. High-energy cathode material for long-life and safe lithium batteries [J]. Nature Materials, 2009, 8: 320.

[165] SUN YK, CHEN Z, NOH HJ, et al. Nanostructured high-energy cathode materials for advanced lithium batteries [J]. Nature Materials, 2012, 11: 942.

[166] NOH HJ, MYUNG ST, JUNG HG, et al. Formation of a Continuous Solid-Solution Particle and its Application to Rechargeable Lithium Batteries [J]. Advanced Functional Materials, 2013, 23 (8): 1028~1036.

[167] NOH HJ, CHEN Z, YOON C S, et al. Cathode Material with Nanorod Structure—An Application for Advanced High-Energy and Safe Lithium Batteries [J]. Chemistry of Materials, 2013, 25 (10): 2109~2115.

[168] HOU P, GUO J, SONG D, et al. A Novel Double-shelled $LiNi_{0.5}Co_{0.2}Mn_{0.3}O_2$ Cathode Material for Li-ion Batteries [J]. Chemistry Letters, 2012, 41 (12): 1712~1714.

[169] HOU P, WANG X, SONG D, et al. Design, synthesis, and performances of double-shelled $LiNi_{0.5}Co_{0.2}Mn_{0.3}O_2$ as cathode for long-life and safe Li-ion battery [J]. Journal of Power Sources, 2014, 265: 174~181.

[170] SONG D, HOU P, WANG X, et al. Understanding the Origin of Enhanced Performances in Core-Shell and Concentration-Gradient Layered Oxide Cathode Materials [J]. ACS applied materials & interfaces, 2015, 7 (23): 12864~12872.

[171] LEE Y, KIM H, YIM T, et al. Compositional core-shell design by nickel leaching on the surface of Ni-rich cathode materials for advanced high-energy and safe rechargeable batteries [J]. Journal of Power Sources, 2018, 400: 87~95.

2　三元正极材料关键生产设备及电化学分析方法

2.1　关键生产设备

三元正极材料综合性能和生产成本主要取决于生产工艺和关键设备的合理选择。组成元素的化学计量比和分布均匀程度决定了成品材料的性能，偏离了化学计量比或元素分布不均匀，导致材料中出现杂相，不同的制备方法对材料性能的影响十分明显。当前三元材料工业化生产工艺为前驱体共沉淀制备和后续混锂烧结过程。典型工艺流程见图2-1[1]。

2.1.1　反应釜

根据所使用的沉淀剂种类，共沉淀方法可分为氢氧化物共沉淀法和碳酸盐共沉淀法。氢氧化物共沉淀法通常以 LiOH 或 NaOH 为沉淀剂，但是 Mn^{2+} 易被氧化成 MnO_2 和 MnOOH，因此必须采用严格的气氛保护措施。碳酸盐共沉淀法则采用 Na_2CO_3、NH_4HCO_3 或 $NaHCO_3$ 为沉淀剂，该法无须气体保护。共沉淀法可使不同组分实现分子或原子水平的均匀混合，可制备得到物相组成均匀、颗粒形貌规则、分散性好和振实密度高的前驱体产品。前驱体的制备可分为原料配制、反应结晶控制、陈化、洗涤、过滤、干燥等过程。

反应釜是共沉淀法制备前驱体的核心设备，通过控制结晶技术实现前驱体产品的连续生产。反应釜参数，如釜体大小、挡板尺

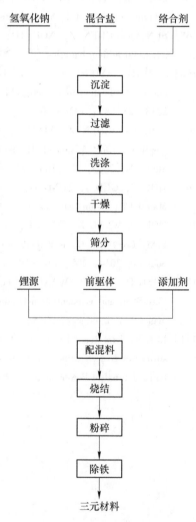

图 2-1　三元正极材料典型
工艺流程示意图

寸和数量、进出料位置以及搅拌器形式均会对前驱体形貌、比表面积、结晶度、振实密度产生重大影响。常见三元前驱体连续共沉淀反应器示意图见图 2-2。沉淀剂、金属盐溶液和络合剂按照一定流速泵入反应器中，通过严格控制混合液的 pH 值、温度以及搅拌速度调控晶核生成及生长速率，最终得到球形前驱体[2]。若反应釜内部存在结构缺陷，将导致合成的三元材料球形度及颗粒均一性较差；若釜内排氧不充分，易造成三元前驱体部分氧化；此外由于不锈钢反应釜内存在 Cl^-、NH_3、SO_4^{2-} 综合作用，对釜体腐蚀，造成三元前驱体磁性物质含量超标，进而影响锂电池正极材料的安全性[3]。根据对前驱体的不同需求，人们设计开发了不同的反应釜。一般来说，反应釜的主体结构大同小异，区别在于部分构件的位置、数量以及形状。

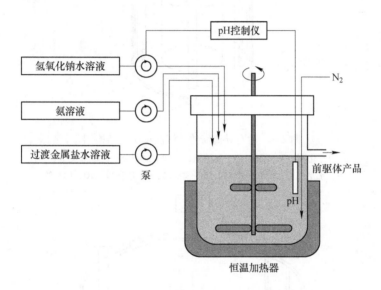

图 2-2　三元前驱体连续共沉淀反应器示意图

程磊等设计了一种可以连续合成符合生产技术要求的三元材料前驱体的反应釜。其结构简图如图 2-3 所示，特别之处在于釜体内部设有导流筒，釜体内壁设置有侧挡板，通过改善釜内流体导向，料液进入反应釜弥散速度快，成球均匀且球形度好，形貌、粒度和振实密度等技术指标均优于同类产品水平[4]。

曲景奎等设计了一种三元材料前驱体反应釜。该实用新型通过温度控制系统、pH 控制系统、进料系统以及出料系统的共同协作自动调节，实现了锂电池三元材料前驱体的粒径均匀性、振实密度、比容量及安全性的提升[3]。如图 2-4 所示，惰性气体通入进气管后，从环形布气管的气孔中排出，可排出反应体系中的溶解氧，并在釜内液面上形成良好的惰性气体氛围。湖南杉杉能源科技股份有限公司温伟城等设计了一种用于 Ni、Mn、Co 三元素系列前驱体合成的反应釜

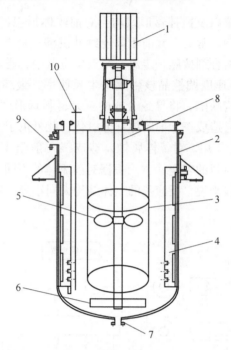

图2-3　设有导流筒的共沉淀反应釜结构图

1—电机；2—釜体；3—导流筒；4—侧挡板；5—三叶螺旋桨；
6—水平四叶桨；7—排污阀；8—搅拌轴；9—溢流口；10—加料管

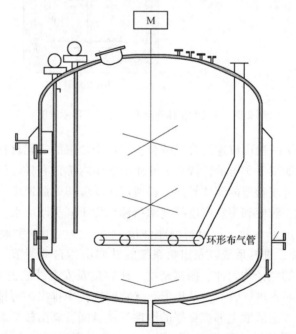

图2-4　设有环形布气管的共沉淀反应釜结构图

（图2-5）。该釜搅拌轴的下端装设有多组上下间隔布置的搅拌桨，多组搅拌桨由平板搅拌桨和斜叶搅拌桨组合而成。该反应釜不仅可实现反应物料的完全弥散，促进晶核的生长，还能强化搅拌，提供强大的向下的推进力，形成一个比较稳定的成核区。反应料液入釜后的各元素分布均匀、球形度好、振实密度和松装密度等技术指标均达到优级，满足三元正极材料前驱体生产的工艺要求[5]。

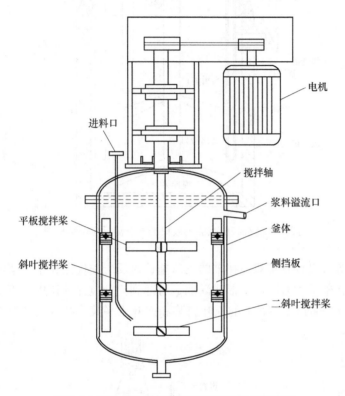

图 2-5　设有多组搅拌桨的共沉淀反应釜结构图

　　王一乔等设计了一种生产三元前驱体的设备，包括反应釜体和与其配合的反应釜盖（见图2-6），提供一种可在制备过程中减少晶核的生产三元前驱体的设备。其特点在于碱液进液管设有高低两个出液口，其中一个出液口流出的液碱主要负责调节整个体系的 pH 值，另一个出液口流出的液碱主要负责与氨水和金属盐的直接合成反应，达到明显减少釜中晶核的目的[6]。该反应釜设备中将溢流阀门由常开状态调整为间歇开启状态。由于溢流口与反应釜盖之间存在一定距离，关闭溢流口后，反应釜不会马上冒槽。关闭溢流口可以延长小颗粒在反应釜的停留时间，待反应釜液位上升至接近反应釜盖时，开启溢流阀直至釜内液位与溢流阀平齐，此时再关闭溢流阀，如此循环进行。由于小颗粒在反应釜内的平均停留时间明显增加，前驱体成品中小颗粒的数量大大降低。

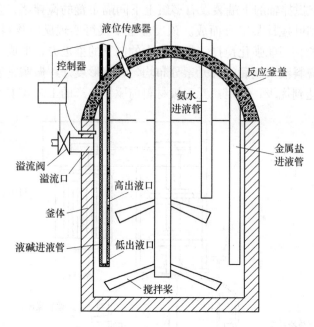

图2-6 具有高低碱液出液口的共沉淀反应釜结构图

徐宝和等人设计具有双搅拌轴的反应釜,该反应釜优点在于双桨叶在高速转动时,不会在桨叶中心区域层形成漩涡,可起到充分搅拌的作用,不形成搅拌死区(图2-7a)。通过上下布置的三叶斜桨和四叶水平桨,结合三叶斜桨强剪切力

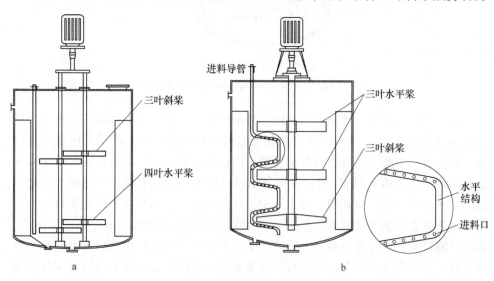

图2-7 双搅拌轴的反应釜

a—双轴反应釜;b—斜桨反应釜

和竖直推进能力，强化搅拌的同时提供强大的向下推进力。四叶水平桨可以实现物料的均匀弥散，形成较为稳定的反应区域[7]。此外，他们还设计了另外一种三元材料前驱体合成反应釜。该釜单搅拌轴上设置了三组搅拌桨，上部两组为三叶水平桨，下部为一组三叶斜桨（图 2-7b）。除此之外，该釜进料导管在竖直方向设置有三组水平的环形结构，环形结构设置在对应桨叶高度的位置。同时在环形结构上设有若干进料口。进料导管出口与三叶斜桨处于同一水平位置。采用该反应釜可实现多个进料口同时进料，原料液进料后可被上下设置的三组桨叶搅拌分散，实现原料的快速分散和均匀分布[8]。

2.1.2 干燥设备

三元材料前驱体及成品生产过程中需要用到干燥设备控制材料中的水分含量。作为一个重要工序，干燥设备的选择直接关系到产品质量、操作环境以及生产成本。当前采用的前驱体和三元成品材料干燥设备主要有热风循环烘箱、盘式连续干燥机、双锥回转真空干燥机、真空带式干燥机等。

热风循环烘箱又名电热鼓风干燥箱，是一种较为传统的干燥设备，其空气循环系统采用风机循环送风，风循环均匀高效。风源由循环送风电机带动风轮经由加热器将热风送出，再经由风道至烘箱内室，再将使用后的空气吸入风道成为风源再度循环加热使用。从而保证烘箱室内温度均匀。当因开关门动作引起温度值发生摆动时，送风循环系统迅速恢复操作状态，直至达到设定温度值为止。烘箱所用热源为蒸汽、导热油或者电。

盘式连续干燥机是一种高效的传导式连续干燥设备，其独特的结构和工作原理使得其具有热效率高、占地面积小、配置简单、能耗低、操作控制方便、操作环境好等优点。湿物料从加料器连续加至第一层干燥盘上，干燥过程中干燥盘保持不动。带有耙叶的耙臂做回转运动使耙叶连续地翻炒物料，使物料充分吸收热量，物料沿指数螺旋线流过干燥盘表面，在小干燥盘上的物料被移送到外缘，并在外缘落到下方的大干燥盘的外缘，在大干燥盘上的物料向里移动并从中间落料口落入下层小干燥盘中，大小干燥盘上下交替排列，物料得以连续地流过整个干燥器，中空的干燥盘内通入加热介质。整个过程中水蒸气随设备风机排出，干燥成品则从设备底部连续排出后直接包装。盘式干燥机不需要气流干燥所需要配置的旋风除尘器，因此不发生尾气夹带所造成的产品损失[9]。图 2-8 为典型盘式连续干燥机干燥流程图。

双锥回转真空干燥机集混合和真空干燥为一体，其外形为双锥形回转罐体，如图 2-9 所示。真空干燥机简要工作原理如下：

（1）在密闭的夹层中通入热源（如热水、低压蒸汽或导热油），热量经内壳传递给被干燥物料；

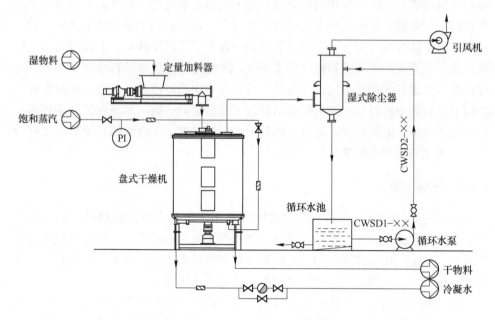

图 2-8 盘式连续干燥机干燥流程图

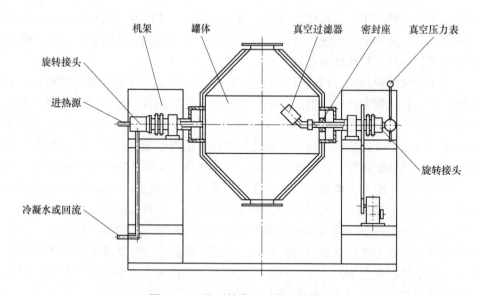

图 2-9 双锥回转真空干燥机结构图

（2）在动力驱动下，罐体作缓慢旋转，罐内物料不断地混合，从而达到强化干燥的目的；

（3）物料处于真空状态，蒸汽压下降使物料表面的水分达到饱和状态而蒸发，并由真空泵及时排出回收。物料内部的水分不断地向表面渗透、蒸发、排出，三个过程持续进行，物料在短时间内实现均匀干燥。

影响干燥效果的常见因素主要有：

（1）被干燥物料的状况（如物料形状、大小尺寸、堆置方法），物料本身的含水量、密度、黏度等性能。另外可采用提高物料的初始温度、降低物料含水量、真空过滤预处理等方法，均可加快真空干燥速度。

（2）通常真空度越高越利于水分在较低温度下汽化，但真空度过高则不利于热传导，影响对物料的加热效果。为提高物料干燥速度，应根据物料的特性综合考虑真空度，一般真空度应不低于 10^4 Pa。

真空带式干燥机是一种可连续进出料的接触式真空干燥设备。待干燥的物料经由输送装置直接进入处于高度真空的干燥机内部，摊铺在内部多条干燥带上，由电机驱动特制的胶辊带动干燥带以一定速度沿干燥机筒体方向运动。干燥带下面均设有三个相互独立的加热板和一个冷却板，干燥带与加热板、冷却板紧密贴合，以接触传热的方式将能量传递给物料。当干燥带从筒体的一端运动到另一端时，物料干燥冷却，干燥带折回时，干燥后的料饼从干燥带上剥离，通过一个上下运动的铡断装置，打落到粉碎装置中进行下一步处理。典型真空带式干燥机结构图如图 2-10 所示[10]。

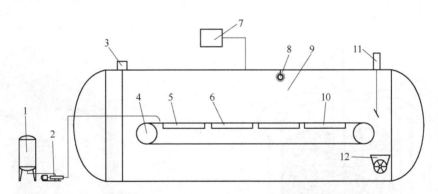

图 2-10　电热板式真空带式连续干燥机结构图

1—进料罐；2—进料泵；3—布料机构；4—输送带传送机构；5—物料输送带；
6—加热板；7—真空系统；8—在线清洗系统；9—真空室；
10—冷却板；11—切料机构；12—干料收集系统

2.1.3　配混料设备

制备三元正极材料需经历高温烧结过程。烧结前则需将前驱体、锂源和其他添加剂均匀混合，以确保成品材料拥有良好的结晶度和电化学性能。传统配料设备为电子秤，尽管其精度满足配料要求，但是易发生人为操作失误。近年来，自动称量系统被广泛使用，该系统通过系列电子元件执行指令控制外部给料设备的运转，实现全自动称量和配料。配料完成后所有物料进入到混料设备进行混合。物料的混合可分为湿法混合与干法混合，湿法混合主要有搅拌球磨机和砂磨机，干法混合主要有斜式混料机、高速混料机和 V 形混料机等。

搅拌球磨机由筒体和搅拌装置组成，筒体内置小直径研磨介质（如氧化锆）。图 2-11 为立式搅拌球磨机原理示意图和实物照片。搅拌球磨机筒体内衬和搅拌桨通常采用不锈钢、聚氨酯和工程陶瓷制成。对三元材料混料操作，由于对金属单质量控制非常严格，筒体通常采用氧化铝陶瓷内衬，搅拌轴则采用氧化锆陶瓷包裹以增加耐磨性。搅拌球磨机除了拥有优异的混合功能外，还具有较好的机械化学活化功能，这得益于该设备具有产生摩擦、剪切和冲击粉碎物料的功能。机械化学活化法是将粉末混合料与研磨介质一起进行机械研磨，在此过程中引入大量的应变和缺陷，经过反复形变和破裂，从而使颗粒内部产生大量的缺陷。空位的产生显著降低了元素的扩散激活能，使得各组分可在室温下进行原子或离子扩散。与此同时，粉末在碰撞细化过程中产生大量的新鲜表面，扩散距离变短。研究表明机械力作用不仅可使颗粒破碎，增大反应物的接触面积，还可使物质的晶格中产生各种缺陷、错位、原子空位及晶格畸变等，促进离子迁移的同时还可增强新生表面活性，降低表面自由能，进而促进高温固相反应的进行[11]。

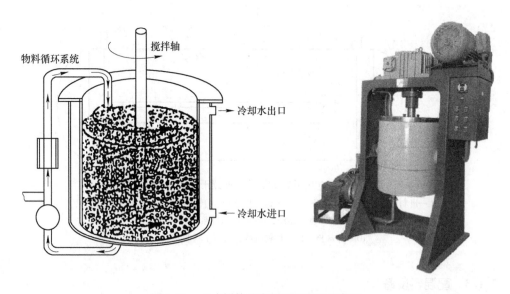

图 2-11　立式搅拌球磨机原理图和实物图

斜式混料机筒体中心线与水平面成一定夹角，其在运转时物料做无规则运动，物料在筒体内除了做圆周运动外还随着筒体的上下和左右颠倒而做轴向和横向运动。物料在径向、轴向、横向的运动状态下经过筒体内介质球的作用,团聚的物料被打散,可使物料在混合时均匀无死角。对三元正极材料来说,成品材料需要继承前驱体良好的球形形貌,因此常采用较为温和的干法混合设备,同时采用氧化铝内衬筒体和聚氨酯包裹的钢球。这是因为聚氨酯球表面比较柔软,球磨混料过程中不易破坏前驱体的球形形貌。图 2-12 为黄兵设计的一种锂离子电池正负极材料斜式混料机[12]。该设备夹套层与筒体之间充满冷却液,同时在筒体上设置有冷却液进出口。因此该混料机除了具有混料均匀、不存料、转速稳定等特点外,还可以对混合物料进行冷却处理。刘林盛针对当前钴酸锂混合存在的系列问题设计了一种斜式混料机[13]。通过变频伺服电机的伺服驱动作用,不规律无方向的驱动筒体,造成工作时物料运动无规则,再通过筒体内部扬料板的扬料作用可以将进入筒体的原材料进行分散混合处理,通过外部的冷却水箱进行降温处理,不需要开启筒体进行进料和出料保证筒体密闭环境。

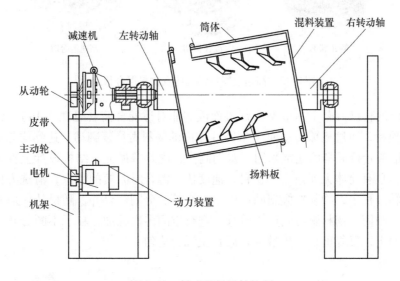

图 2-12 斜式混料机结构图

高速混料机混合效率高,均匀性较好。在高速旋转桨叶带动下物料沿着桨叶切向运动,同时混合物料在离心力作用下被甩向锅内壁。在沿着内壁上升一定高度之后,在折流板和侧桨叶作用下不断改变方向形成物料紊流。紊流物料回落至桨叶中心后继续上述过程,这种上升运动和切向运动结合,使物料相互碰撞、交叉混合,同时物料和桨叶、内壁以及物料之间相互碰撞摩擦,使温度快速上升,进而实现物料的快速均匀混合 (见图 2-13)。通常为了防止物料粘锅及桨叶磨碎,锅壁涂覆有特氟龙材料,桨叶则需经碳化钨处理。

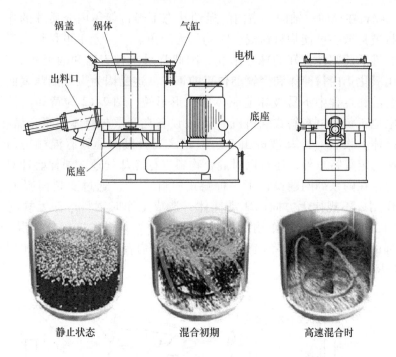

静止状态　　　　　　　混合初期　　　　　　　高速混合时

图 2-13　高速混料机结构图及物料混合状态

　　V 形混料机得名于其呈 V 形焊接而成的非对称混合筒（见图 2-14）。该混合筒结构独特，通过机械传动使 V 形圆柱体内的物料做往复翻动，达到均匀混合目的。V 形混合机混料筒通常采用不锈钢制作，内外壁抛光，结构设计上保证无积料死角，具有筒体无死角，不积料，速度快，混合时间短的特点，清洗方便。在高速回转过程中，物料在倾斜圆筒中反复交替、分割、合并，随机从一侧圆筒转移至另一圆筒，物料颗粒间产生滑移，进行空间多次叠加，粒子不断分布在新产生的表面上，反复剪切、扩散混合后直至混合均匀。

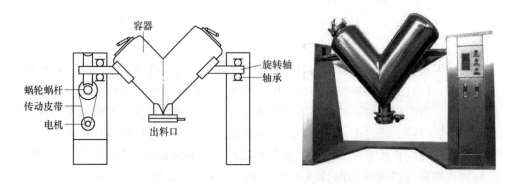

图 2-14　V 形混料机结构示意图及实物图

2.1.4 烧结设备

三元材料的烧结过程决定了材料的理化性质以及综合电化学性能。窑炉的控温精度、温度均匀性、气氛控制与均匀性、连续性、产能、能耗和自动化程度等技术经济指标至关重要。烧结设备有推板窑、辊道窑和钟罩炉等。

推板窑是一种可进行加热作业的隧道窑。该类窑炉的运载工具为推板，通过液压推进器施加推力，经摩擦作用不断将混合物料往窑内传送。炉腔体的两侧或上下分别布置加热器，以满足狭长形炉腔不同位置点对应有不同的温度、气氛或压力条件。根据产品在狭长形炉腔内移动的速率对应不同的工艺条件，从而可组合出适合产品烧制的产品工艺。锂离子电池材料烧结推板窑分为空气窑和气氛窑。根据三元材料烧结工艺要求，窑炉一般分为预热排水段、升温段、恒温段、降温段等四个部分，各区段根据要求又细分成若干个上下加热控温段。通过控制系统调节加载到加热器上的电压电流大小，从而来实现加热和加热控制的目的[11]。受制于推板窑的传动方式，其长度一般在 30m 以下。

辊道窑是一种连续式加热烧结的中型隧道窑。与推板窑相比较，物料传输通过减速电机驱动链条或齿轮来带动辊筒的滚动进行；辊道窑窑腔大，截面更宽，内置有若干挡火墙，便于温度、压力及气氛的调控。锂离子电池材料的烧结温度一般在 600～1200℃范围内，通常采用电阻丝或者硅碳棒作为加热元件。电阻丝属于恒电阻模式，不受加热温度的变化而发生电阻的变化，所有相对温度的控制更加稳定，对于窑腔宽度较窄的辊道窑来讲，电阻丝可作为该类型窑炉加热器的首选。而对于窑腔宽度较宽的四列辊道窑，考虑到截面宽度和抗腐蚀性能等综合因素，加热器首选则为硅碳棒。

钟罩炉是为了满足高品质、小批量材料烧结需要而设计开发的一类窑炉，它是一种间歇式加热烧结设备。钟罩炉采用全纤维炉衬、分区分组加热、循环强制冷却和计算机全自动控制等技术，具有批次产量大、温度和气氛均匀性好、被烧结产品一致性高和成品率高等优越特性，主要由炉体、升降炉床窑车、循环冷却单元、流量控制单元、电气控制单元等组成[11]。窑体部分设计空气隔层气室，有效降低炉壳温度同时增强炉内气氛的均匀性；台车密封采用密封圈加气室密封，确保台车和炉体的密封可靠性；温控系统采用集成功率调节器，提高了温控系统稳定性和控温精度；PLC 实时采样各温区的电流值及电压值，并计算出各温区电阻值，并根据电阻值设定加热碳棒老化和断棒报警。图 2-15 为气氛保护钟罩炉气路原理简图。上述三种窑炉均已实现国产，代表性生产企业有中国电子科技集团公司第四十八研究所，湖南新天力科技有限公司，中国电子科技集团公司第四十三研究所，NGK（苏州）精细陶瓷器具有限公司，江苏前锦炉业有限公司等。

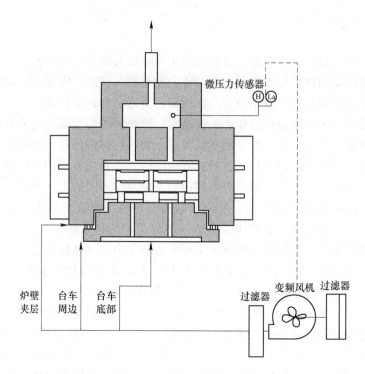

微压力传感器

H La

炉壁夹层　台车周边　台车底部　　　　　　　　过滤器　变频风机　过滤器

图 2-15　钟罩炉气路原理简图

2.1.5　粉碎设备

粉碎设备常采用高速机械冲击磨、胶体磨和气流磨等。高速机械冲击磨是一种利用围绕水平或竖直轴高速旋转的回转体对物料以剧烈的冲击,使其与固定体碰撞或颗粒之间冲击碰撞从而使物料粉碎的超细粉碎设备。其主要类型有高速冲击锤式粉碎机、高速冲击板式粉碎机、高速棒销式磨机;按转子的布置方式可分为立式和卧式;按锤子的排数可分为单排、双排和多排。冲击磨自身在破碎物料过程中存在磨损,因此其不适宜粉碎硬度较大或粒度过细的物料。图 2-16 为ACM 型机械冲击式粉碎机原理示意图。胶体磨的基本原理是流体或半流体物料通过高速相对连动的定齿与动齿之间,使物料受到强大的剪切力、摩擦力及高频振动等作用,有效地被粉碎、乳化、均质、混合,从而获得终产品。胶体磨强度弱于机械磨,因此其也不能用于粉碎硬度较大的三元正极材料。

气流磨也称为气流粉碎机,是最常用的超细粉体粉碎设备。流化床气流粉碎机和扁平式气流粉碎机是当前锂离子电池正极材料常用破碎设备。流化床气流粉碎机粉碎产品粒度均匀;内置涡轮式超细分级机,分级精度高,产品粒度分布范围窄;以压缩空气为动力,气体在喷嘴处膨胀造成低温,操作过程产热量低。扁

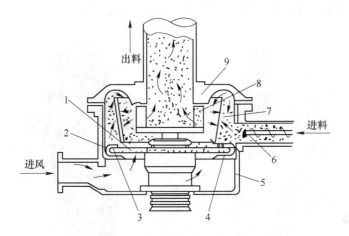

图 2-16　ACM 型机械冲击式粉碎机原理示意图

1—粉碎盘；2—齿圈；3—锤头；4—挡风盘；5—机壳；6—加料螺旋；
7—导向圈；8—分级叶轮；9—机盖

平式气流粉碎机也称圆盘式气流磨，其结构简单，操作方便，易拆卸清洗。气流经过拉瓦尔喷嘴加速成超音速气流后进入粉碎磨腔，同时物料经文丘里喷嘴加速导入粉碎磨腔内进行同步粉碎。由于拉瓦尔喷嘴与粉碎腔安装成一锐角，因此该高速喷射流在粉碎腔内带动物料做循环运动，颗粒之间以及颗粒与固定靶板壁面产生相互冲击、碰撞、摩擦而粉碎。微细颗粒在向心气流带动下被导入粉碎机中心出口管道进入旋风分离器进行收集，粗粉在离心力的作用下被甩向粉碎腔周壁做循环运动并继续粉碎[14]。

2.1.6　合批与除铁设备

三元材料合批意义在于将不同批次生产的产品进行合成一个大批次，使同一个大批次的产品质量均匀化。常用设备有双螺旋锥形混合机（见图 2-17），该机器主要由传动系统、倾斜螺杆、转臂、筒体、出料阀等组成。工作螺杆平行于锥形筒体母线，对称分布于锥体中心线两侧，并且交汇于锥底，与中心拉杆相连。两螺杆上部分别与从中心伸向两边的横臂相连，形成力学上对称平衡的倒三角形结构。双螺旋锥形混合机两非对称螺旋的快速运动将物料向上提升，形成两股非对称的沿筒壁自下向上的螺柱形物料流。转臂带动的螺旋公转运动，使螺旋外的物料不同程度进入螺柱包络线内，一部分物料被错位提升，另一部分物料被抛出螺柱，从而达到全圆周方位物料的不断更新扩散。被提到上部的两股物料再向中心凹穴汇合，形成一股向下的物料流，补充了底部的空穴，从而形成对流循环。由于上述运动的复合，物料在较短时间内获得了均匀混合。根据工艺要求在混合机筒体外增加夹套，通过向夹套内注入冷热介质来实现对物料的冷却或加热；冷却一般泵入工业用水，加热可通入蒸汽或电加热导热油。

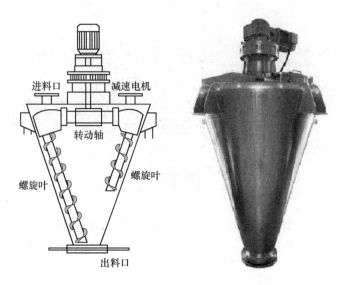

图 2-17 双螺旋锥形混合机示意图和实物图

经历了一系列的前驱体合成、干燥、混料、烧结以及合批过程之后，三元成品材料中夹杂的金属异物越来越多，这主要来自设备磨损。三元正极材料整个生产过程要严格防止物料与金属设备或部件的接触。由于微量单质铁在正极材料中的分布是极不均匀的，有时带有很大的偶然性。为了确保产品的品质，产品在进入包装工序之前要加一道除铁工序。当前最为常用的除铁设备为电磁除铁器，由于成品材料中铁含量很低，所要求磁场强度非常大。电磁除铁器利用电磁感应产生强磁场，物料从上方投料口进入磁场后，夹杂的磁性杂质被清除，除铁后物料从下方出料口排出。机器使用一段时间后，需要进行弃铁处理以保证其正常工作。此外，由于温度升高会降低磁场强度，因此需要对机器进行降温处理。

2.2 电化学分析方法

2.2.1 循环伏安法

循环伏安法是一种电化学活性物质通用的电分析方法[15]。它的通用性与易于测量使得其在电化学、无机化学、有机化学和生物化学等领域得到了广泛的应用。循环伏安法是对化合物、生物材料或电极表面进行电化学研究的第一项测试，它的实用性在于通过在恒定扫描速率下施加电压观察电流变化，且能够在宽泛的电位范围内快速观察到氧化还原行为。图 2-18 为典型循环伏安曲线。阴极峰值电位和阳极峰值电位分别对应还原峰和氧化峰，b 点处开始出现还原峰，在 d 点达最大值，反向扫描时，j 点处氧化峰达最大值。

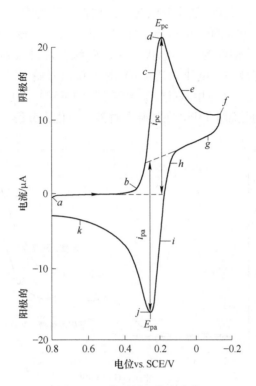

图 2-18　典型循环伏安曲线

通过循环伏安测试可计算离子扩散系数。基本测试过程如下：

（1）获得电极材料在不同扫描速率下的循环伏安曲线；

（2）以不同扫描速率下的峰值电流对扫速的平方根作图；

（3）对峰值电流进行积分，测量材料中锂离子浓度变化；

（4）将相关参数代入式（2-1），即可求得扩散系数。

$$i_p = (2.69 \times 10^5) A n^{3/2} C v^{1/2} D_{Li^+}^{1/2} \qquad (2-1)$$

式中，i_p 为氧化峰或还原峰值电流；A 为活性物质实际反应面积；n 为电化学反应电子转移数目；C 为反应锂离子浓度；v 则为循环伏安扫描速率。

2.2.2　线性扫描伏安法

　　线性扫描伏安法在给定电压范围内以一定速率对电池电压进行扫描分析，谱图以电流-电压曲线形式表示。若电池体系中发生了氧化还原反应，在谱图中可观察到明显的电流变化。根据电流发生明显变化位置和电压值可以推断电池内部所发生的具体反应。在三元正极材料中，通常采用线性扫描伏安法来评价材料与电解液的相容性或者电解液的稳定性等性质。

图2-19为线性扫描伏安法研究电解液添加剂性质的实例[16]。图谱中显示了在两种电解液体系中电流随着电压值增加的变化趋势。在该测试中，金属锂片为对电极和参比电极，铂丝为工作电极。在以碳酸亚乙酯（EC）与碳酸甲乙酯（EMC）为基础电解液中，电压到达4.6V时电流值开始上升，表明基础电解液开始分解。而在加入三（三甲基硅烷）磷酸酯（TMSP）添加剂后，电流值出现位置前移至4V，由此说明TMSP在基础电解液之前优先分解。

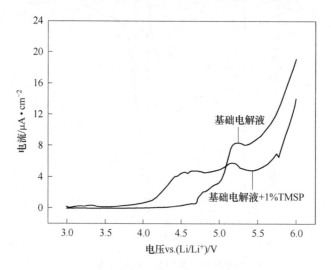

图2-19　Li／（1mol／L LiPF$_6$／EC＋EMC）／Pt 与 Li／（1mol／L LiPF$_6$／EC＋
EMC＋1% TMSP）／Pt 体系线性扫描伏安曲线

2.2.3 恒电流法

恒电流法是在固定电流值的情况下，测试电压随着时间的变化进而获得电池相关性能的一种测试方法。在对电池材料进行电化学性能测试时，通常需要设置工步条件使电池按照特定程序充放电，从而得到包括充放电容量、扩散速率以及反应可逆性等信息。电压截止控制法一般是指分别设定上限及下限电压，在恒电流条件下，测定电压随着时间的变化。除了可以测试某一个充放电循环下的电压变化情况，还可以检测电池材料在长周期情况下的充放电情况。图2-20为NCM111／锂二次电池的前五次恒电流充放电曲线。由图可知，上限和下限电压分别为4.2V和3.0V。首次循环充放电时间最长，这与首次充放电时设置的电流值较小有关。后续充放电循环一次的时间缩短，这是较大充放电电流所致。值得注意的是，在充电后期区曲线出现平台区域，此为恒压充电过程。恒压充电可以克服纯粹使用恒流充电到额定容量后表面电势超过额定电压引发的材料损坏问题，同时还可以最大化电池的储能性能[17]。

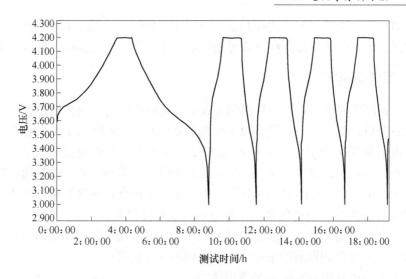

图 2-20　NCM111/锂二次电池恒电流充放电曲线

基于恒电流测试得到的时间电压曲线可绘制 dQ/dV 与电压关系图，此即为微分容量曲线，如图 2-21 所示[18]。从微分容量曲线图中可以读取电化学反应的电压值，同时还可以监控长周期循环过程中氧化还原电位变化趋势。从图中可知 Ni^{2+}/Ni^{4+} 氧化还原电对的氧化峰随着循环的进行逐渐往高电位移动，Co^{4+}/Co^{3+} 氧化还原电对的还原峰则不断降低，氧化峰值与还原峰值差不断增大意味着 NCM/锂二次电池极化现象随着循环次数的增加愈发严重。另外，Ni^{4+}/Ni^{2+} 氧化

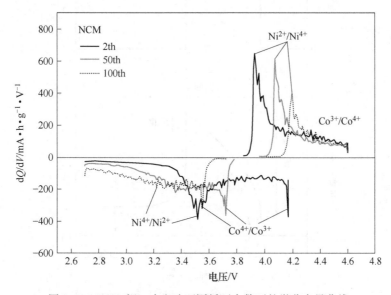

图 2-21　NCM/锂二次电池不同循环次数下的微分容量曲线

还原电对的还原电位在第二次循环时为 3.52V，100 次循环后还原峰逐渐减弱且更加宽泛，表明电解液和活性物质界面严重恶化，非活性的 NiO 不断生成累积。

2.2.4　恒电流间歇滴定法

通过循环伏安测试可以计算得到充放电时材料中锂离子的扩散系数，但此时得到的只是单点扩散值。如需全面掌握整个充放电过程中锂离子扩散系数的详细变化情况，则可采用恒电流间歇滴定方法。本质上恒电流间歇滴定法（GITT）也是一种恒电流测试方法，在每一步阶跃施加恒定电流并持续一段时间后切断该电流，记录由截止电流所引起的开路电压变化以及弛豫后达到平衡的电压。采用 GITT 方法测量电极材料中的锂离子扩散系数基本流程为：

（1）在整个电池充放电过程中施加微小电流并保持一段时间后切断；

（2）记录电流切断后的电极电位随时间的变化情况；

（3）绘制极化电压对时间平方根曲线；

（4）测量库仑滴定曲线；

（5）代入相关参数求解扩散系数。

图 2-22 为在单步 GITT 实验中电流和电压随时间的变换情况。电压的急剧升

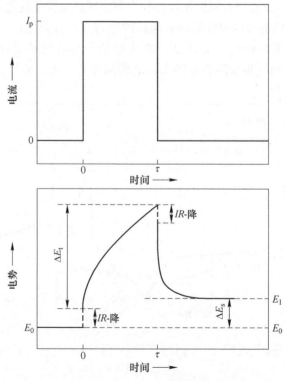

图 2-22　单步 GITT 实验中恒流脉冲和电势响应[19]

高和降低与锂离子扩散相关，其值可使用式（2-2）计算得到：

$$D_{Li^+} = \frac{4}{\pi\tau}\left(\frac{m_B V_M}{M_B S}\right)^2 \left(\frac{\Delta E_S}{\Delta E_t}\right)^2 \tag{2-2}$$

式中，τ 为施加恒定电流的时间；V_M 为电极材料的摩尔体积；m_B、M_B 分别为电极材料质量和摩尔质量；S 为活性物质-电解液界面面积；ΔE_S 是单步阶跃的电压变化；ΔE_t 为恒流条件下总电压变化。

2.2.5 交流阻抗法

交流阻抗法（AC impedance spectroscopy）是一种通过检测交流电压下的电流响应从而获得电阻、电容和电感值大小的电化学方法。电化学阻抗谱（electrochemical impedance spectroscopy，EIS）是在电化学电池处于平衡状态下（开路状态）或者在某一稳定的直流极化条件下，按照正弦规律施加小幅交流激励信号，研究电化学的交流阻抗随频率的变化关系，称之为频率域阻抗分析方法[20,21]。其基本原理是当电极系统受到一个正弦波形电压（电流）的交流讯号的扰动时，会产生一个相应的电流（电压）响应信号，由这些信号可以得到电极的阻抗或导纳。

电化学阻抗谱存在多种表示方法，常见的有阻抗波特图和复数阻抗谱。阻抗波特图由两条曲线组成，其中一条曲线描述阻抗模量随频率的变化关系，此为 Bode 模量图，另外一条描述阻抗的相位角随频率的变换关系的曲线为 Bode 相位图。一般测试时同时给出模量图和相位图，统称为阻抗 Bode 图。复数阻抗图是以阻抗实部为横轴，负的虚部为纵轴的曲线，称为 Nyquist 图[20,22]。图 2-23a 为锂离子在嵌合物电极中脱嵌过程的典型电化学阻抗谱。总的动力学过程包括电子在活性物质颗粒中的传导和锂离子在相邻颗粒空隙间电解液中的输运；电荷转移阻抗包括绝缘层电阻和电子/离子在导电结合处的电荷传输电阻；锂离子在颗粒

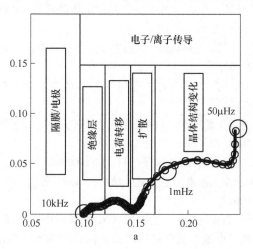

a

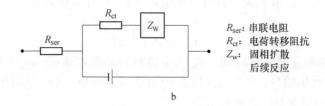

图 2-23　典型交流阻抗图谱（a）和等效电路（b）

内部的固体扩散过程。在频率小于 1mHz 时，新相的产生也可能成为动力学过程控制步骤。在得到相应电化学阻抗谱后，还需要借助等效电路（见图 2-23b）对其具体阻抗值进行拟合分析。

参 考 文 献

［1］宋顺林，刘亚飞，陈彦彬．三元材料及其前驱体产业化关键设备的应用［J］．储能科学与技术，2017，（6）：1352～1359.

［2］KIM Y，KIM D．Synthesis of High-Density Nickel Cobalt Aluminum Hydroxide by Continuous Coprecipitation Method［J］．ACS applied materials & interfaces，2012，4（2）：586～589.

［3］曲景奎，马飞，魏广叶，等．一种三元材料前驱体反应釜，CN207153703U［P/OL］. 2017 – 08 – 23.

［4］程磊，贺振江．一种合成三元材料前驱体的反应釜，CN203816613U［P/OL］. 2013 – 12 – 10.

［5］温伟城，杨志，晁锋刚，等．用于 Ni、Mn、Co 三元素系列前驱体合成的反应釜，CN205761157U［P/OL］. 2016 – 06 – 17.

［6］王一乔，涂勇，尹桂珍，等．一种生产三元前驱体的设备，CN207507477U［P/OL］. 2017 – 11 – 16.

［7］徐宝和，方琪，舒双，等．一种合成三元材料前驱体的双搅拌轴反应釜，CN206746537U［P/OL］. 2017 – 03 – 07.

［8］徐宝和，方琪，舒双，等．一种合成三元材料前驱体的斜桨反应釜，CN206746539U［P/OL］. 2017 – 03 – 09.

［9］吴玉蕾，于洋，董少云．盘式连续干燥机在三元材料生产中的应用［J］．精细与专用化学品，2012，20（10）：22～24.

［10］谢洪清，查协芳．电热板式真空带式干燥机，CN206008057U［P/OL］. 2016 – 08 – 30.

［11］胡国荣，杜柯，彭忠东．锂离子电池正极材料：原理、性能与生产工艺［M］．北京：化学工业出版社，2017.

［12］黄兵．锂离子电池正负极材料斜式混料机，CN204768460U［P/OL］. 2015 – 05 – 25.

［13］刘林盛．一种锂离子电池正负极材料斜式混料机，CN205760893U［P/OL］. 2016 –

05 – 18.

［14］韩跃新. 粉体工程 ［M］. 长沙：中南大学出版社，2011.

［15］KISSINGER P T，HEINEMAN W R. Cyclic voltammetry ［J］. Journal of Chemical Education，1983，60 （9）：702 ~ 706.

［16］YAN G，LI X，WANG Z，et al. Tris （trimethylsilyl） phosphate：A film-forming additive for high voltage cathode material in lithium-ion batteries ［J］. Journal of Power Sources，2014，248：1306 ~ 1311.

［17］PARK J-K. 锂二次电池原理与应用 ［M］. 北京：机械工业出版社，2014.

［18］LI L，CHEN Z，ZHANG Q，et al. A hydrolysis-hydrothermal route for the synthesis of ultrathin $LiAlO_2$-inlaid $LiNi_{0.5} Co_{0.2} Mn_{0.3} O_2$ as a high-performance cathode material for lithium ion batteries ［J］. Journal of Materials Chemistry A，2015，3 （2）：894 ~ 904.

［19］DEISS E. Spurious chemical diffusion coefficients of Li^+ in electrode materials evaluated with GITT ［J］. Electrochimica Acta，2005，50 （14）：2927 ~ 2932.

［20］凌仕刚，吴娇杨，张舒，等. 锂离子电池基础科学问题 （XIII）——电化学测量方法 ［J］. 储能科学与技术，2015，4 （1）：83 ~ 103.

［21］贾铮，戴长松，陈玲. 电化学测量方法 ［M］. 北京：化学工业出版社，2006.

［22］凌仕刚，许洁茹，李泓. 锂电池研究中的 EIS 实验测量和分析方法 ［J］. 储能科学与技术，2018，7 （4）：732 ~ 749.

3 材料高温固相烧结及高电压性能恶化机理

三元过渡金属氧化物正极材料 $LiNi_{1-x-y}Co_xMn_yO_2$ 通常采用共沉淀/高温固相烧结方法制备。该方法首先通过控制合适的沉淀条件，多种过渡金属离子在沉淀剂作用下同时发生溶解平衡，得到具有球形形貌的多金属氢氧化物或碳酸盐前驱体。在此基础上，将前驱体和锂盐均匀混合，然后经高温固相烧结即可得到三元材料。高温固相反应泛指有固相物质参加的化学反应，通常包括固相物质在内的反应物在一定的温度下经过一段时间的反应，通过各种元素之间的相互扩散从而发生化学反应，最终生成结构最稳定的化合物的过程。固相物质键合作用较强，低温下反应较难进行，为加快反应，一般采取提高温度方法促进反应的进行。高温固相反应是否发生由热力学决定，反应进行快慢则受动力学控制。尽管热力学和动力学问题研究对于材料高温固相烧结具有重要意义，但目前有关三元材料制备文献中对于详细机理的报道少之又少。研究表明，固相烧结参数对正极材料最终晶体结构、颗粒形貌及电化学性能有重要影响。提高烧结温度和时间可以保证材料锂化过程中离子间的相互迁移渗透和晶格重组所需的活化能及时间。但温度过高，锂盐挥发严重，材料中易形成锂缺陷；烧结时间不足，Ni^{2+} 氧化不完全，材料中阳离子混排严重[1,2]。超过 1000℃ 高温烧结将导致 $LiNi_{1/3}Co_{1/3}Mn_{1/3}O_2$ 过渡金属层中形成类似尖晶石相排列的空位[3]。

此外，为满足 3C 电子产品和新能源电动汽车对高能量密度及高功率锂离子电池的要求，通常可提高 $LiNi_{1-x-y}Co_xMn_yO_2$ 的充电截止电压获得更高的放电比容量及能量密度，但随之而来的电化学性能衰减较为严重。H. Zheng 等人指出高充电截止电压下 $LiNi_{1/3}Co_{1/3}Mn_{1/3}O_2$ 中间相碳微球全电池中过渡金属元素溶解量显著增加，溶解的过渡金属元素通过隔膜附着在负极表面导致阻抗急剧增加，全电池容量严重衰减[4]。L. Nazar 等人采用中子衍射对不同脱嵌锂状态下的 $LiNi_{1/3}Co_{1/3}Mn_{1/3}O_2$ 材料晶体结构进行详细表征。研究表明高充电态度下的容量衰减主要原因为材料发生由 O3 相到层错结构最后到 O1 相的转变[5]。因此，明确 $LiNi_{0.5}Co_{0.2}Mn_{0.3}O_2$ 材料在不同电压范围下电化学性能衰减的具体原因，对制备高电压 $LiNi_{0.5}Co_{0.2}Mn_{0.3}O_2$ 材料以及后续改性研究具有重要的指导意义。

本章对高温固相反应所涉及的热力学基本概念进行简要梳理，并以 $LiNi_{0.5}Co_{0.2}Mn_{0.3}O_2$ 为例，明确固相烧结温度及烧结时间对材料晶体结构及电化学性能的作用规律，探讨三元 $LiNi_{0.5}Co_{0.2}Mn_{0.3}O_2$ 材料在不同电压范围下电化学性能差异原因，阐明 $LiNi_{0.5}Co_{0.2}Mn_{0.3}O_2$ 在高电压下电化学性能恶化原因。

3.1 高温固相反应涉及的热力学和动力学基本概念

3.1.1 热力学第一定律和第二定律

热力学（thermodynamics）是一门从宏观角度研究物质的热运动性质及其规律的学科，从属于物理学，其与统计物理学分别构成了热学理论的宏观和微观两个方面。从能量转化的观点来研究物质的热性质是热力学的重点特征。热力学揭示了能量从一种形式转换为另一种形式时所遵循的宏观规律，其可通过宏观状态量，如温度、浓度、压强、体积等描述和确定系统所处的状态。大量观测和实验证明宏观状态量之间存在诸多联系，并且它们之间的变化互相制约。制约关系与物质的性质相关，除此之外，还必须遵循一些对任何物质都适用的基本的热学规律，如热力学第一定律和热力学第二定律等。

热力学第一定律是能量守恒定律的一种表述，即不同形式的能量在传递和转换过程中守恒的定律，适用于热力学体系。1842 年，迈尔（J. R. Mayer）提出了能量守恒理论，认为热只是能量的一种形式，可与机械能互相转化，并且从空气的比定压热容与比定容热容之差计算出热功当量。英国物理学家焦耳（J. P. Joule）采用多种方法求解热功当量，所得结果一致，并将其多年实验结果写成论文发表在《哲学学报》1850 年第 140 卷上，使科学界彻底抛弃了"热质说"。热和功之间存在一定的转换关系，后经精确实验测定得出 1cal = 4.184J。能量守恒定律表明孤立系统的总能量是恒定的，能量可以从一种形式转换到另一种形式，但既不能创造也不能毁灭。热力学第一定律表达式为：

$$\Delta U = Q - W \tag{3-1}$$

式中，ΔU 为封闭系统的内能变化；Q 为系统与环境之间交换的热量（吸热为正，放热为负）；W 为系统对外所做的功（外界对系统做功为正，系统对外做功为负）。

热力学第二定律是在有限空间和时间内，一切和热运动有关的物理和化学过程具有不可逆性的经验总结，它阐述了热力学第一定律未能解决的能量转换过程中的方向、条件和限度问题。没有某种动力的消耗或其他变化，不可能使热从低温转移到高温，这是热力学第二定律的克劳修斯表述。不可能从单一热源取热使之完全转换为有用的功而不产生其他影响，这是热力学第二定律的开尔文表述。上述两种表述本质是一致的，不可逆热力过程中熵的微增量总是大于零，表明在自然过程中，一个孤立系统的总混乱度（即"熵"）不会减小，因此热力学第二定律又称"熵增定律"，表达式为：

$$dS \geqslant \frac{\delta Q_r}{T} \tag{3-2}$$

式中对不可逆过程应取用不等号，对可逆过程应取用等号。

3.1.2 固相化学反应动力学模型

热力学主要研究反应进行的方向和可能性，其主要关注能量、平衡态和最终转化率。动力学则主要研究反应速率和反应机理。反应速率指的是参与反应的物质的量随时间变化量的绝对值，分为平均速率与瞬时速率两种。某些在热力学上可以进行的化学反应因为其动力学反应速率太慢而失去了实际应用可能。平均速率是反应进程中某时间间隔（dt）内参与反应的物质的量的变化量，可用单位时间内反应物的减少量或生成物的增加量来表示。

$$\nu = -\frac{dn_R}{dt} = \frac{dn_p}{dt} \tag{3-3}$$

对于有气体或者液体参与的反应，其浓度对反应速率有影响时，通常采用单位浓度下的反应速率。

$$\nu = -\frac{d[R]}{dt} = \frac{d[P]}{dt} \tag{3-4}$$

式中，$d[R]$ 和 $d[P]$ 分别代表在时间间隔 dt 内，反应物浓度的减少量和产物浓度的增加量。瞬时速率是浓度随时间的变化率，即浓度-时间图像上函数在某一特定时间的切线斜率[6]。

固相烧结过程中反应物均为固体，目标产物也为固体，因此需借助反应动力学模型来分析实验数据，同时结合晶体结构、微观形貌表征来指导烧结过程中参数的精确控制。通常固相反应速率可表示为：

$$\frac{d\alpha}{dt} = Ae^{-\frac{E_a}{RT}}f(\alpha) \tag{3-5}$$

式中，A 为指前因子；E_a 为活化能；T 为反应温度；R 为气体常数；$f(\alpha)$ 是由反应模型决定的函数。转化率 α 可由下式求得：

$$\alpha = \frac{m_0 - m_t}{m_0 - m_1} \tag{3-6}$$

式中，m_0 和 m_1 分别代表反应物初始和最终质量；m_t 则为反应进行至时间 t 时质量。动力学参数（A、E_a）可基于等温动力学数据求得，或者也可以将式（3-5）转换为非等温速率表达式，将反应速率描述为恒定升温速率下温度的函数：

$$\frac{d\alpha}{dT} = \frac{d\alpha}{dt}\frac{dt}{dT} \tag{3-7}$$

式中，$d\alpha/dT$ 为非等温反应速率；$d\alpha/dt$ 为等温反应速率；dt/dT 为升温速率

（β）。将式（3-5）代入式（3-7），则得到了非等温过程动力学方程的微分形式：

$$\frac{d\alpha}{dT} = \frac{A}{\beta} e^{-\frac{E_a}{RT}} f(\alpha)$$ (3-8)

变量分离后积分，等温和非等温过程动力学方程的积分形式则分别为式（3-9）和式（3-10）：

$$g(\alpha) = A e^{-E_a/RT} t$$ (3-9)

$$g(\alpha) = \frac{A}{\beta} \int_0^T e^{-E_a/RT} dT$$ (3-10)

固相反应动力学通常采用热重分析方法进行研究，除此之外，还可采用差示扫描量热、粉末 X 射线衍射、核磁共振等分析方法。但不管使用何种方法，被测参数都必须能够转换成可用于动力学方程的转化率 α。

模型是对实际化学反应的数学理论描述。在固相反应中，一个模型可以描述一个特定的反应类型，并将其从数学上转换成速率方程。目前在固态动力学中已经提出了许多模型，这些模型是建立在某些力学假设的基础上的。值得注意的是这些模型拥有不同的速率表达式。根据等温曲线图形形状动力学模型可以分为加速模型、减速模型、线性模型和 S 型模型（见图 3-1）[7]。根据反应机理的假设，固相反应模型可分为成核模型、几何收缩模型、扩散模型和反应级数模型。

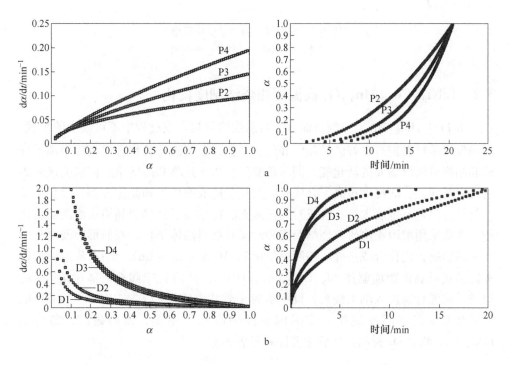

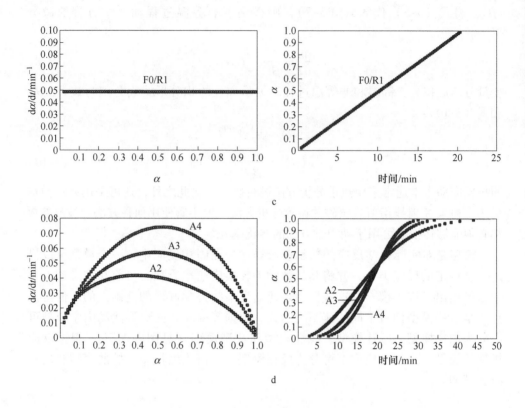

图 3-1 等温过程动力学反应模型

a—加速；b—减速；c—线性；d—S 型

3.2 LiNi$_{0.5}$Co$_{0.2}$Mn$_{0.3}$O$_2$ 高温固相烧结制度优化

对 LiNi$_{0.5}$Co$_{0.2}$Mn$_{0.3}$O$_2$ 制备而言，高温烧结是其合成过程中不可缺少的步骤。要确保成品材料拥有良好的结晶度和层状结构，必须满足材料合成过程中离子迁移和晶格重组所需要的活化能，同时还要保证离子迁移和晶格重组彻底完成所需的反应时间。合成温度过高、合成时间太长会造成锂挥发和晶体分解，易生成缺锂材料；但合成温度太低、合成时间过短无法提供离子迁移和晶格重组所需活化能。本章采用单因素法研究烧结温度和时间对材料晶体结构、表面形貌及电化学性能的影响，优化合成条件。按照摩尔比 Li/M(Ni + Co + Mn) = 1.05 称取碳酸锂和镍钴锰氢氧化物前驱体 Ni$_{0.5}$Co$_{0.2}$Mn$_{0.3}$(OH)$_2$，然后置于陶瓷研钵中混合 1h。取适量该混合物放入刚玉烧舟，铺平后置于管式电阻炉中首先以 500℃预烧 5h，然后升温至指定温度烧结一定时间后随炉冷却至室温，研磨破碎，即得到 LiNi$_{0.5}$Co$_{0.2}$Mn$_{0.3}$O$_2$ 样品。实验主要原料见表 3-1。

表 3-1 实验原料

原料名称	化 学 式	规格型号
三元前驱体	$Ni_{0.5}Co_{0.2}Mn_{0.3}(OH)_2$	电池级
碳酸锂	Li_2CO_3	电池级
导电炭黑	C	电池级
聚偏氟乙烯	PVDF	Kynar Flex
N-甲基吡咯烷酮	NMP	分析纯
电解液	$LiPF_6/EC$：DMC：EMC	电池级
锂片	Li	电池级

前驱体和三元材料中过渡金属总含量采用化学滴定法测定，具体过程如下：称取一定量样品置于烧杯中，加入适量盐酸后在低温电炉上加热溶解，并蒸发至余液体积约 $2 \sim 3mL$，冷却后用去离子水稀释并定容至 $100mL$。然后准确量取 $10mL$ 母液置于锥形瓶中，加入 $0.1g$ 抗坏血酸，再加入适量水加热溶解。在上述溶液中滴加氨水（浓氨水与水体积比为 $1:1$ 的混合溶液），并以紫脲酸胺为指示剂，用 EDTA 标准溶液滴定，溶液由酒红色变为紫色为终点。最后根据所消耗的 EDTA 标准溶液体积计算可得样品中总的过渡金属含量：

$$b = C \times V \times 10 / (1000m) \tag{3-11}$$

式中　C——EDTA 标准溶液的浓度，mol/L；

　　　V——所消耗的 EDTA 标准溶液的体积，mL；

　　　m——前驱体或成品质量，g。

$Ni_{0.5}Co_{0.2}Mn_{0.3}(OH)_2$ 前驱体 XRD 图谱及 SEM 图如图 3-2 所示。从图 3-2a 中可知前驱体结晶度良好，衍射特征峰与 $Ni(OH)_2$ 基本一致（JCPDS 03—0177）。

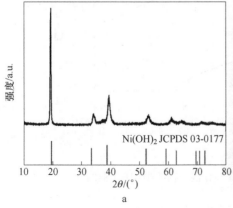
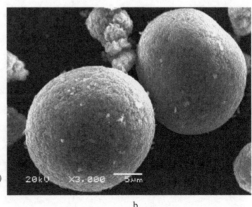

a

b

图 3-2　前驱体 $Ni_{0.5}Co_{0.2}Mn_{0.3}(OH)_2$

a—XRD 图谱；b—SEM 图

从图 3-2b 可知，类球形大颗粒前驱体由细小一次颗粒团聚而成，这为后续混锂烧结合成球形 $LiNi_{0.5}Co_{0.2}Mn_{0.3}O_2$ 打下良好基础。

采用热重差热联用分析仪（TA-Instruments，SDT Q600）对混锂样品进行热分析测试，其运行条件为：升温速度 5℃/min，温度范围 25～1000℃，空气气氛。图 3-3 为 $Ni_{0.5}Co_{0.2}Mn_{0.3}(OH)_2$ 与 Li_2CO_3 混合物的 TG-DTA 曲线。反应历程大致可分为两步：第一步温度区间为室温至 350℃，体系质量损失为 8.62%。这阶段主要为混合物料中吸附水的挥发以及前驱体氧化脱水过程，反应方程式为式（3-12）和式（3-13），对应 DTA 曲线在 237.07℃ 和 331.24℃ 存在两处吸热峰。第二步温度区间为 350～750℃，实际质量损失为 16.70%，与理论失重 16.69% 几乎一致。其中 350～525℃ 失重较快，主要归因于 Li_2CO_3 分解过程中 CO_2 的释放，分解产生的 Li_2O 渗入前驱体氧化产物中完成晶格重组生成 $LiNi_{0.5}Co_{0.2}Mn_{0.3}O_2$，反应按方程式（3-14）进行。温度高于 750℃，体系无质量损失，DTA 曲线中未见明显吸热及放热峰，这对应 $LiNi_{0.5}Co_{0.2}Mn_{0.3}O_2$ 晶体结构完善过程。从 TG-DTA 曲线分析结果可知，材料合成过程中反应分步进行。Li_2CO_3 分解在 525℃ 基本完成且 $LiNi_{0.5}Co_{0.2}Mn_{0.3}O_2$ 也开始形成，但要获得结晶度好的成品材料，则必须保证反应在更高温度下进行。因此采用分段烧结方式合成 $LiNi_{0.5}Co_{0.2}Mn_{0.3}O_2$ 材料，先将混合物在 500℃ 下预烧 5h，然后再升温至不同温度继续反应。

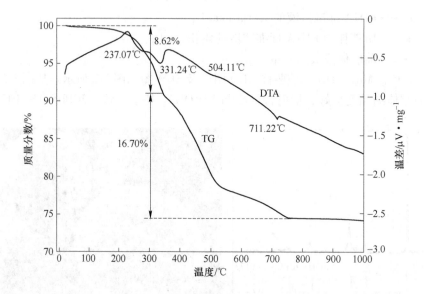

图 3-3　$Ni_{0.5}Co_{0.2}Mn_{0.3}(OH)_2$ 与 Li_2CO_3 混合物的 TG-DTA 曲线

$$Ni_{0.5}Co_{0.2}Mn_{0.3}(OH)_2 + O_2 \Longrightarrow Ni_{0.5}Co_{0.2}Mn_{0.3}OOH + H_2O \qquad (3\text{-}12)$$

$$Ni_{0.5}Co_{0.2}Mn_{0.3}OOH \Longrightarrow 1/3(Ni_{0.5}Co_{0.2}Mn_{0.3})_3O_4 + 1/2H_2O + 1/12O_2 \qquad (3\text{-}13)$$

$$(Ni_{0.5}Co_{0.2}Mn_{0.3})_3O_4 + 3/2LiCO_3 + O_2 =\!=\!= 3LiNi_{0.5}Co_{0.2}Mn_{0.3}O_2 + 3/2CO_2$$

$$(3-14)$$

3.2.1　烧结温度对 $LiNi_{0.5}Co_{0.2}Mn_{0.3}O_2$ 材料的影响

3.2.1.1　XRD 分析

采用日本理学公司生产的 Rint-2000 型 X 射线衍射仪对各样品进行结构表征。测试条件：Cu K_α 辐射源（$\lambda = 0.154056nm$），工作电压为 40kV，工作电流为 300mA。常规物相表征扫描范围 2θ 为 10° ~ 80°，扫描速度 10°/min，扫描步长为 0.02°。Rietveld 结构精修数据采集扫描范围 2θ 为 10° ~ 90°，扫描速度 2°/min，扫描步长为 0.01°。采用 GSAS 软件对所得 $LiNi_{0.5}Co_{0.2}Mn_{0.3}O_2$ 样品的 XRD 数据进行 Rietveld 全谱拟合结构精修[8~10]。

图 3-4 是不同烧结温度下制备的 $LiNi_{0.5}Co_{0.2}Mn_{0.3}O_2$ 材料 XRD 图谱。表 3-2 为相应的晶格参数。在镍基正极材料制备过程中，由于 Ni^{2+} 半径与 Li^+ 半径接近，两者在晶格结构中易发生互相占位情况，这种互相占位即为锂镍混排。层状材料 XRD 图谱中（003）峰代表层状岩盐结构，而（104）峰则对应立方岩盐结构和层状岩盐结构的混合衍射总和。一般采用（003）峰与（104）峰的强度比 $I_{(003)}/I_{(104)}$ 来衡量材料中锂镍混排程度，通常认为 $I_{(003)}/I_{(104)} > 1.2$ 时，锂镍混排较小，材料层状结构良好。从图 3-4 中可看出，不同温度下合成材料的衍射峰峰型及位置基本一致，均具有 α-$NaFeO_2$ 层状结构，属六方晶系，空间点群为 $R\bar{3}m$。随着

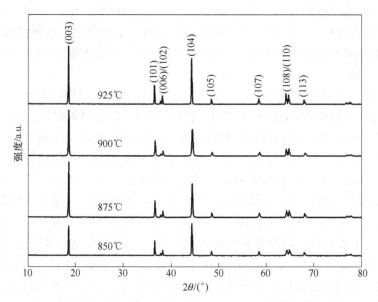

图 3-4　不同烧结温度合成 $LiNi_{0.5}Co_{0.2}Mn_{0.3}O_2$ 材料 XRD 图谱

烧结温度的增加，材料中(006)/(102)与(108)/(110)两对衍射峰分裂越来越明显，衍射峰峰型也越发尖锐，表明材料层状结构完整。从表3-2中可知，烧结温度增加，晶格参数 a、c 值及晶胞体积逐渐增大。温度为850℃时，材料中 $I_{(003)}/I_{(104)}$ 值为0.98，材料中锂镍混排严重，将导致较差的电化学性能。烧结温度为900℃时 $I_{(003)}/I_{(104)}$ 值最大，在此温度下合成的材料层状结构最为完整，同时锂镍混排最小，表明烧结温度选择900℃为宜。

表3-2　不同烧结温度下合成样品的晶格参数

温度/℃	a/nm	c/nm	c/a	V/nm³	$I_{(003)}/I_{(104)}$
850	0.28729	1.42306	4.9534	0.10178	0.98
875	0.28735	1.42425	4.9565	0.10189	1.41
900	0.28742	1.42535	4.9591	0.10227	1.53
925	0.28768	1.42539	4.9548	0.10250	1.27

进一步考察 $LiNi_{0.5}Co_{0.2}Mn_{0.3}O_2$ 材料中锂镍混排及相关结构参数变化规律，建立材料结构变化与电化学性能之间的内在联系。本书采用 GSAS 软件对不同烧结温度下 $LiNi_{0.5}Co_{0.2}Mn_{0.3}O_2$ 材料的 XRD 结果进行了 Rietveld 结构精修。理想的镍酸锂($LiNiO_2$)晶体为 α-NaFeO₂ 层状结构，六方晶系，空间点群为 $R\bar{3}m$。晶胞中不同离子分别占据 3a(0,0,0)、3b(0,0,0.5)和6c(0,0,0.25)位置，而 Li 和 Ni 则存在两种不同的占位方式：第一种为 Li 在 3b(0,0,0.5)，Ni 占据 3a(0,0,0)位置，中子衍射 Rietveld 结构精修表明 3b 位置存在少量 Ni，同时少量的 Li 也会占据 3a 位置；第二种则为 Li 在 3a(0,0,0)，Ni 占据 3b(0,0,0.5)位置。杨勇对上述两种不同占位模式下 $LiNiO_2$ 进行精修计算发现，采用第二种模型得到的(003)与(104)衍射峰强度比值符合实际情况，而采用第一种模型则得到与实际情况相悖的计算结果[11]。

基于此，此处精修时采用 $[Li_{1-x}Ni_x]_{3a}[M]_{3b}[O_2]_{6c}$ 结构模型。图3-5为900℃下合成材料的 Rietveld 精修图谱，精修误差及相关结构参数见表3-3。从图中可看出，900℃下合成材料精修图谱与实测图谱吻合较好，差谱较为平稳。此外从表中精修误差 R_{wp} 与 R_p 值可知，不同温度下的 Rietveld 结构精修结果可信。纯相 $LiNi_{0.5}Co_{0.2}Mn_{0.3}O_2$ 材料中锂镍混排随烧结温度的增加逐渐下降，在温度为900℃时达到最小值，温度继续升高，锂镍混排反而增大。这是由于烧结温度较低，无法提供足够的 Ni^{2+} 转化成 Ni^{3+} 所需能量，残余 Ni^{2+} 占据锂层位置。温度过高，锂盐挥发加剧，导致材料中锂缺陷形成，而尚未氧化的 Ni^{2+} 进入 3a 位置导致锂镍混排增大。$LiNi_{0.5}Co_{0.2}Mn_{0.3}O_2$ 材料晶体结构中 6c 位置上的氧原子呈立方密堆积，而锂和过渡金属原子则分别占据八面体空位。若将锂及过渡金属原子周围紧邻的六个氧原子看作 $[LiO_6]$ 八面体和 $[MO_6]$ 八面体，$LiNi_{0.5}Co_{0.2}Mn_{0.3}O_2$

材料层状结构则由上述两种八面体结构相互交错堆叠而成。C. Delmas 将[LiO_6]和[MO_6]八面体层分别称之为间晶片及主晶片。$S(MO_2)$ 和 $I(LiO_2)$ 分别代表主晶片间距和间晶片间距，若所合成的材料组成为理想化学计量比，上述两参数值分别为 0.2123nm 和 0.2606nm[12]。

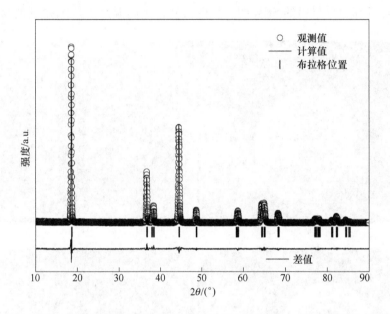

图 3-5　900℃下所得 $LiNi_{0.5}Co_{0.2}Mn_{0.3}O_2$ 材料的 Rietveld 精修图谱

表 3-3　不同烧结温度下合成 $LiNi_{0.5}Co_{0.2}Mn_{0.3}O_2$ 材料的 Rietveld 精修结果

温度/℃	R_{wp}/%	R_p/%	锂镍混排	$S(MO_2)$[①]/nm	$I(LiO_2)$[②]/nm
850	11.37	9.93	0.0681	0.21399	0.26036
875	11.32	9.87	0.0551	0.21396	0.26079
900	11.24	9.54	0.0536	0.21390	0.26122
925	11.25	9.67	0.0578	0.21395	0.26118

① 主晶片间距：$S(MO_2) = (2/3 - 2z_o)c$，式中 c 为晶胞参数，z_o 为氧原子坐标；
② 间晶片间距：$I(LiO_2) = c/3 - S(MO_2)$。

从表 3-3 中精修参数值可知，随着烧结温度增加，主晶片间距先增大后减小，在 900℃时间距最小；间晶片间距变化情况则相反，在 900℃时出现最大值。间晶片间距增大降低了锂离子迁移活化能，有利于锂离子在材料中的脱嵌，主晶片间距收缩则有助于维持稳定的晶体结构。因此，从晶体结构角度分析 900℃下合成的材料将表现出最优的电化学性能。

3.2.1.2 表面形貌分析

采用日本 JEOL 公司 JSM-6380LV 型扫描电子显微镜观察材料表面形貌，元素分布采用配套的 X 射线能谱仪（EDS）分析。图 3-6 是不同烧结温度下制备的 $LiNi_{0.5}Co_{0.2}Mn_{0.3}O_2$ 材料的 SEM 图。从图可知，不同温度下烧结得到的材料均继

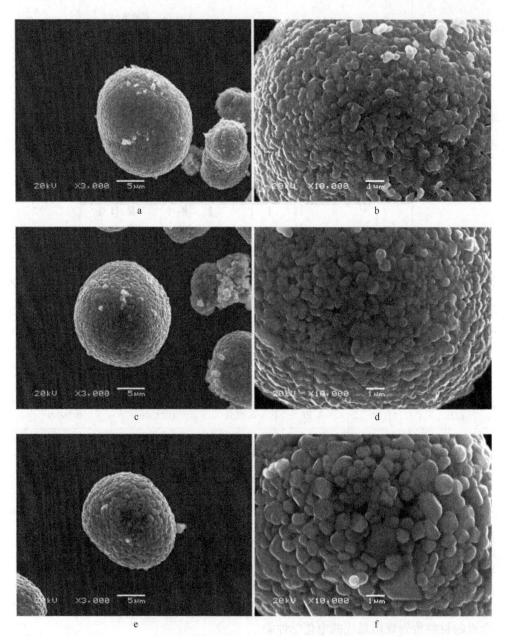

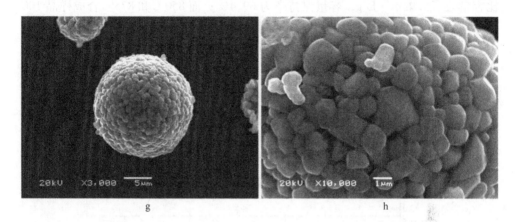

图 3-6 不同烧结温度合成 LiNi$_{0.5}$Co$_{0.2}$Mn$_{0.3}$O$_2$ 材料的 SEM 图

a, b—850℃；c, d—875℃；e, f—900℃；g, h—925℃

承了前驱体良好的球形形貌。各样品均由细小的一次颗粒团聚而成。合成温度较低时，一次颗粒较小，材料与电解液之间的接触面积增加，副反应也较为剧烈；温度上升，一次颗粒粒径逐渐增大，锂离子在一次颗粒内部的扩散距离增加。合适的颗粒粒径有利于材料电化学性能的发挥。

3.2.1.3 电化学性能分析

将备好的正极材料粉末、导电炭黑和粘结剂聚偏氟乙烯（PVDF）按质量比8:1:1 置于玛瑙研钵中研磨均匀，再加入适量的 NMP 继续研磨至浆状，将其均匀涂布于平整铝箔上，然后置于鼓风干燥箱中 120℃下干燥 12h，最后制成直径为 12mm 的圆片状正极。电池装配前将正极片置于 60℃真空干燥箱中干燥 6h。将干燥好的正极片、直径为 15mm、厚度为 0.3mm 的锂片、Celgard2400 微孔聚丙烯膜、电解液（LiPF$_6$，EC/DMC/EMC 体积比 1:1:1）以及泡沫镍网在氩气保护下的手套箱中组装成 CR2025 型扣式半电池。将半电池在 3.0 ~ 4.6V 电压范围内，温度为 25℃下进行电化学性能测试。图 3-7 为各样品 0.1C 首次充放电曲线和 1C 循环性能，表 3-4 给出了电化学测试结果。从图 3-7a 可知各样品首次充放电曲线形状一致，曲线均比较平滑。850℃合成样品的首次放电比容量最小，仅为 190.2mA·h/g，这与晶体结构分析所得结果一致。随着烧结温度的增加，材料晶体结构逐渐完整，首次放电比容量大幅增加，875℃和 900℃烧结样品的首次放电比容量分别为 199.3mA·h/g 和 205.4mA·h/g。但当烧结温度进一步升高至 925℃时，材料中锂镍混排加剧，间晶片间距减少，材料的首次放电比容量下降至 197.2mA·h/g。通过对比图 3-7b 中不同烧结温度下样品 1C 循环曲线和表 3-4 中电化学数据发现，900℃合成样品循环性能最优，其 100 次循环后放电比容量为 129.9mA·h/g，容量保持率为 69.4%；而 850℃和 875℃合成样品 100 次循环后放电比容量分别为 96.0mA·h/g 和 121.4mA·h/g，容量保持率则分别为 54.7% 和 66.4%；925℃合成样品 100 次循环后放电比容量为 113.6mA·h/g，容量保持率为 63.0%。综上所述，材料最佳烧结温度为 900℃。

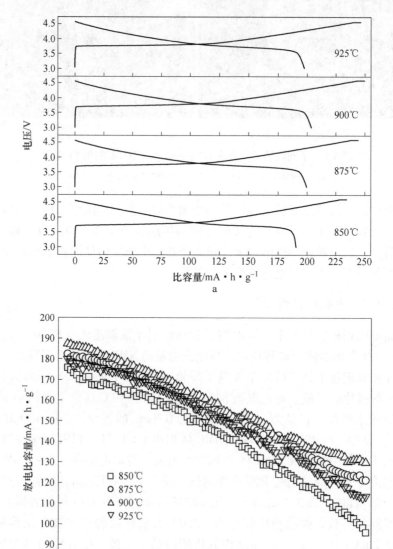

图 3-7 不同烧结温度合成 LiNi$_{0.5}$Co$_{0.2}$Mn$_{0.3}$O$_2$ 材料的电化学性能

a—0.1C 首次充放电曲线；b—1C 循环性能

表 3-4 不同烧结温度合成样品的电化学测试数据

温度/℃	放电比容量/mA·h·g^{-1}			容量保持率/%
	0.1C 首次	1C 首次	1C 第 100 次	
850	190.1	175.2	96.0	54.7
875	199.3	182.7	121.4	66.4
900	205.4	187.3	129.9	69.4
925	197.2	180.2	113.6	63.0

3.2.2 烧结时间对 LiNi$_{0.5}$Co$_{0.2}$Mn$_{0.3}$O$_2$ 材料的影响

上一节确定 LiNi$_{0.5}$Co$_{0.2}$Mn$_{0.3}$O$_2$ 最佳合成温度为 900℃。在此基础上，本节继续探讨烧结时间对材料晶体结构、表面形貌及电化学性能的影响。

3.2.2.1 XRD 分析

图 3-8 是 900℃下不同烧结时间合成样品的 XRD 图谱，表 3-5 为各样品的晶格参数。从图中可看出，不同烧结时间合成样品的衍射峰峰型及位置基本一致，均具有 α-NaFeO$_2$ 层状结构。所合成材料中(006)/(102)与(108)/(110)两对衍射峰分裂均较为明显，衍射峰峰型尖锐，表明材料结晶度较好。从表 3-5 中可知，随着烧结时间的延长，晶格参数 a、c 值及晶胞体积逐渐增大。各样品的 c/a 值均大于 4.9，材料层状结构良好。烧结时间大于 9h，所合成材料的 $I_{(003)}/I_{(104)}$ 值均大于 1.2，其

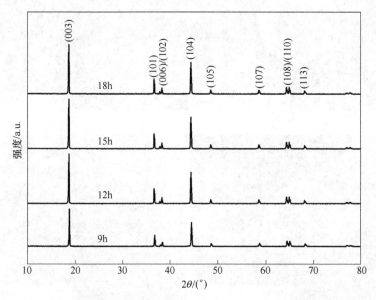

图 3-8 不同烧结时间合成的 LiNi$_{0.5}$Co$_{0.2}$Mn$_{0.3}$O$_2$ 材料 XRD 图谱

中烧结时间为 15h 的样品 $I_{(003)}/I_{(104)}$ 值最大（1.53），表明此温度下合成的材料层状结构最完整，锂镍混排最小，同时也将表现出较为优异的电化学性能。

表 3-5 不同烧结时间合成样品的晶格参数

时间/h	a/nm	c/nm	c/a	V/nm³	$I_{(003)}/I_{(104)}$
9	0.28695	1.42235	4.9569	0.10142	1.17
12	0.28734	1.42467	4.9581	0.10194	1.37
15	0.28742	1.42535	4.9591	0.10227	1.53
18	0.28752	1.42571	4.9586	0.10230	1.41

3.2.2.2 表面形貌分析

图 3-9 是 900℃ 下不同烧结时间合成 $LiNi_{0.5}Co_{0.2}Mn_{0.3}O_2$ 材料的 SEM 图。从图中可明显看出，不同烧结时间得到的成品材料均继承了氢氧化物前驱体良好的球形形貌。烧结时间为 9h 时，样品一次颗粒粒径较小，材料晶体生长不完全。一次颗粒较小，材料与电解液之间的接触面积增加，副反应也较为剧烈。随着烧结时间延长至 12h 和 15h，样品一次颗粒粒径增大，形成晶体较为完整。烧结时间继续增加至 18h，可见部分一次颗粒粒径增大十分明显，粒径尺寸分布不均。

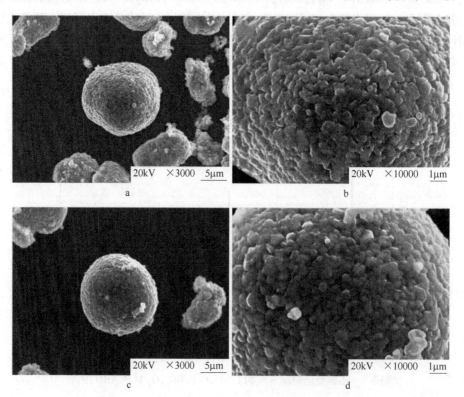

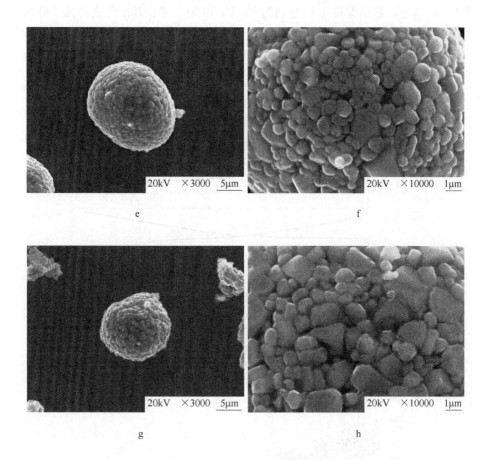

图3-9　不同烧结时间合成 LiNi$_{0.5}$Co$_{0.2}$Mn$_{0.3}$O$_2$ 材料的 SEM 图

a, b—9h; c, d—12h; e, f—15h; g, h—18h

3.2.2.3　电化学性能分析

图 3-10 为各样品 0.1C 首次充放电曲线和 1C 循环性能，表 3-6 为电化学测试结果。结合图 3-10a 和表中数据可知，烧结时间为 9h 时，由于烧结时间较短材料晶体结构尚不完整，样品首次放电比容量仅为 191.7mA·h/g。随着烧结时间的延长，样品晶体结构趋于完整，首次放电比容量大幅增加，12h 和 15h 烧结样品的首次放电比容量分别为 199.1mA·h/g 和 205.4mA·h/g。当烧结时间进一步延长至 18h 时，材料的首次放电比容量下降至 201.4mA·h/g。通过对比图 3-10b 中不同烧结温度下样品 1C 循环曲线和表中电化学数据发现，15h 合成样品循环性能最优，其 100 次循环后放电比容量为 129.9mA·h/g，容量保持率为 69.4%；而 9h 和 12h 合成样品 100 次循环后放电比容量分别为 105.5mA·h/g 和

117.0mA·h/g，容量保持率则分别为 59.5% 和 63.5%；18h 合成样品 100 次循环后放电比容量为 122.2mA·h/g，容量保持率为 66.1%。综上所述，材料较优烧结时间为 15h。

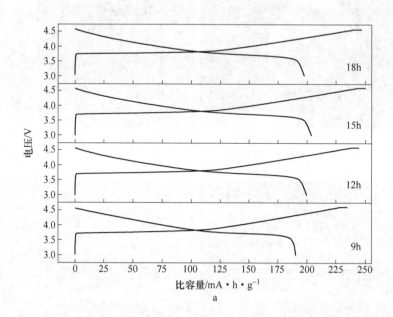

a

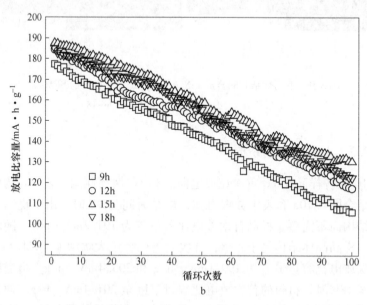

b

图 3-10 不同烧结时间合成 LiNi$_{0.5}$Co$_{0.2}$Mn$_{0.3}$O$_2$ 材料的电化学性能

a—0.1C 首次充放电曲线；b—1C 循环性能

表3-6 不同烧结时间合成样品的电化学测试数据

时间/h	放电比容量/mA·h·g^{-1}			容量保持率/%
	0.1C 首次	1C 首次	1C 第 100 次	
9	191.7	177.2	105.5	59.5
12	199.1	184.2	117.0	63.5
15	205.4	187.3	129.9	69.4
18	201.4	184.8	122.2	66.1

综合烧结温度和烧结时间对 $LiNi_{0.5}Co_{0.2}Mn_{0.3}O_2$ 材料晶体结构、表面形貌及高截止充电电压下的电化学性能影响规律可知：材料较优烧结条件为500℃预烧5h，然后升温至900℃继续烧结15h；所合成样品在 3.0～4.6V 电压下，0.1C（16mA/g）首次放电比容量为205.4mA·h/g；1C（160mA/g）首次放电比容量为187.3mA·h/g，循环100次后的容量保持率为69.4%。

3.3 不同电压范围内 $LiNi_{0.5}Co_{0.2}Mn_{0.3}O_2$ 材料的电化学性能

为适应新能源汽车及大规模储能装置的发展要求，开发高能量密度锂离子电池将成为各国科研工作者竞相争夺的制高点。对于 $LiNi_{0.5}Co_{0.2}Mn_{0.3}O_2$ 而言，提高充电截止电压可以增加放电比容量，但同时伴随着材料在充电过程中深度脱锂，易造成材料晶体结构坍塌；同时界面副反应加剧，电池电化学性能急剧恶化。因此，系统研究和掌握不同电压范围下材料结构变化与电化学性能的对应关系，可以为 $LiNi_{0.5}Co_{0.2}Mn_{0.3}O_2$ 材料在高电压下的应用提供重要指导。

3.3.1 循环伏安曲线

循环伏安测试在上海辰华 CHI660D 型电化学工作站上进行。循环伏安扫描速度为 0.1mV/s，电压扫描区间为 3.0～4.4V、3.0～4.6V 和 3.0～4.8V。图3-11 为纯相 $LiNi_{0.5}Co_{0.2}Mn_{0.3}O_2$ 材料在不同电压范围下的首次循环伏安曲线。不同电压下的循环伏安曲线在 3.0～3.9V 处均存在一对可逆的氧化还原峰，对应 Ni^{2+}/Ni^{4+} 间的氧化还原反应；截止电压升高至 4.6V 后，在 4.5V 处开始出现较为宽泛的氧化还原峰，此时 Co^{3+}/Co^{4+} 电对参与电化学反应并提供容量；电压继续增大至 4.8V，曲线 4.55V 处 Co^{4+} 至 Co^{3+} 的还原峰十分明显，此时 $LiNi_{0.5}Co_{0.2}Mn_{0.3}O_2$ 材料中参与电化学反应的 Co 显著增加。由此可知，提高充电截止电压材料增加的放电容量主要来自 Co 的氧化还原反应。

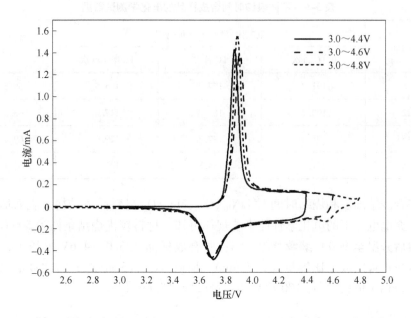

图 3-11　纯相 $LiNi_{0.5}Co_{0.2}Mn_{0.3}O_2$ 材料不同电压范围下首次循环伏安曲线

3.3.2　首次充放电曲线

图 3-12 所示为 $LiNi_{0.5}Co_{0.2}Mn_{0.3}O_2$ 材料在不同电压范围内 0.1C 和 1C 倍率下的首次充放电曲线，对应电化学测试数据见表 3-7。从图中可知，$LiNi_{0.5}Co_{0.2}Mn_{0.3}O_2$ 材料在不同电压范围内的充放电曲线平滑，未出现新的充放电平台，表明首次充放电过程中材料晶体结构保持较好。样品在 3.0 ~ 4.4V 电压范围下 0.1C 首次放电比容量为 188.6mA·h/g，充电截止电压增加至 4.6V 和 4.8V，材料首次放电比容量分别为 205.4mA·h/g 和 213.8mA·h/g，增加幅度则分别为 8.91% 和 13.36%。由此可见，提高充电电压能显著增加材料的放电容量。从 0.1C 首次放电比容量角度分析，电压范围为 3.0 ~ 4.8V 时样品放电容量最大；但比较 1C 充放电曲线和相关电化学数据发现，3.0 ~ 4.6V 电压范围下材料放电比容量为 187.3mA·h/g，高于 3.0 ~ 4.8V 下的放电比容量（183.1mA·h/g），两电压范围下容量分别增加 10.83% 和 8.46%。此外，随着充电电压的不断提高，样品的首次库仑效率明显下降，意味着材料的不可逆容量逐渐增加。纯相 $LiNi_{0.5}Co_{0.2}Mn_{0.3}O_2$ 材料在经过小倍率下的活化过程后（0.1C、0.2C 和 0.5C 各一次），其在 3.0 ~ 4.8V 电压范围下 1C 放电比容量急剧降低，一方面由于在 4.8V 高电压下电池活性物质与电解液之间的副反应加剧，另外材料在充电过程中过度脱锂造成的结构塌陷导致大量锂离子难以回嵌。

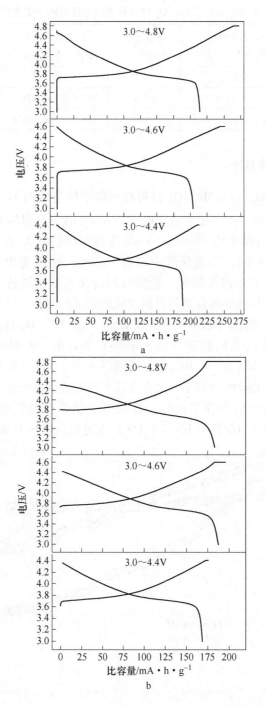

图 3-12 LiNi$_{0.5}$Co$_{0.2}$Mn$_{0.3}$O$_2$ 材料不同电压范围下首次充放电曲线

a—0.1C；b—1C

表 3-7　$LiNi_{0.5}Co_{0.2}Mn_{0.3}O_2$ 材料在不同电压范围下的电性能数据

电压范围 vs. (Li/Li$^+$)/V	0.1C 首次放电比容量/mA·h·g^{-1}	库仑效率/%	1C 首次放电比容量/mA·h·g^{-1}	1C100 次循环后容量保持率/%
3.0 ~ 4.4	188.6	88.7	169.0	94.8
3.0 ~ 4.6	205.4 (+8.91%)	83.6	187.3 (+10.83%)	69.4
3.0 ~ 4.8	213.8 (+13.36%)	73.8	183.1 (+8.46%)	50.3

3.3.3　循环及倍率性能

图 3-13 为 $LiNi_{0.5}Co_{0.2}Mn_{0.3}O_2$ 材料在不同电压范围内 1C 倍率下循环曲线, 相关电化学数据见表 3-7。充电截止电压为 4.4V 时, 材料拥有较好的循环稳定性, 100 周后容量保持率为 94.8%; 4.6V 下容量保持率为 69.4%, 而当充电截止电压升高至 4.8V 时, 容量保持率仅有 50.3%。随着充电截止电压的升高, $LiNi_{0.5}Co_{0.2}Mn_{0.3}O_2$ 材料过度脱锂, 造成材料内部不可逆的晶体结构破坏; 同时高电压下电解液自身的分解以及与材料之间的副反应加剧, 界面阻抗激增, 导致材料循环性能严重恶化。图 3-14 为纯相 $LiNi_{0.5}Co_{0.2}Mn_{0.3}O_2$ 材料在不同电压范围内倍率曲线, 相关放电比容量数值于表 3-8 中列出。纯相材料分别在 0.1C、0.2C、0.5C、1C、2C、5C 和 10C 倍率下顺序充放电一次。在所研究的三个不同电压范围内, 样品的放电比容量及放电电压平台随着倍率的增大均逐渐下降。电压为 4.4V 时样品的倍率性能最好, 其在 10C 倍率下的放电比容量依然高达 149.2mA·h/g, 为 0.1C 倍率下的 79.1%; 充电截止电压升至 4.6V, 小倍率下

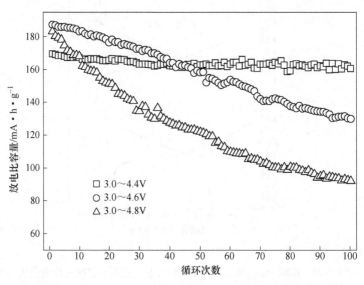

图 3-13　纯相 $LiNi_{0.5}Co_{0.2}Mn_{0.3}O_2$ 材料不同电压范围下 1C 循环性能

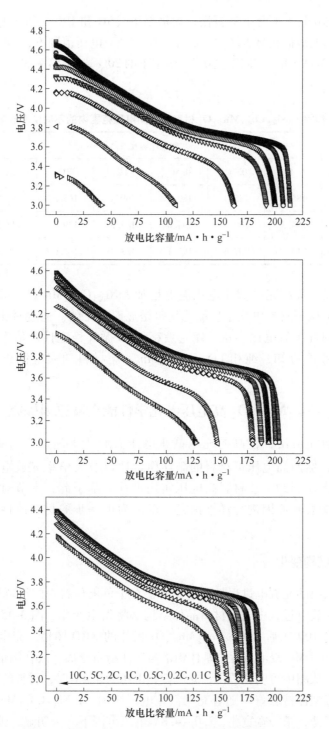

图 3-14 纯相 LiNi$_{0.5}$Co$_{0.2}$Mn$_{0.3}$O$_2$ 材料在不同电压范围内的不同倍率放电曲线

（≤2C）的放电电压平台下降缓慢，大倍率下（5C 和 10C）的放电电压平台下降明显，表明电池极化显著增加；而在 3.0 ~ 4.8V 电压范围下，10C 倍率放电比容量仅有 41.3mA · h/g，尚不足 0.1C 倍率下的 20%，5C 倍率的中值电压平台仅为 3.5V。

表 3-8 纯相 $LiNi_{0.5}Co_{0.2}Mn_{0.3}O_2$ 材料在不同电压范围内的不同倍率放电比容量

电压范围 vs. $(Li/Li^+)/V$	放电比容量/mA · h · g⁻¹						
	0.1C	0.2C	0.5C	1C	2C	5C	10C
3.0 ~ 4.4	188.6	185.4	180.2	169.4	165.5	157.8	149.2
3.0 ~ 4.6	204.5	200.1	194.6	187.5	179.6	147.5	127.6
3.0 ~ 4.8	213.9	207.6	192.1	183.2	162.6	109.1	41.3

综上所述，提高充电截止电压能够增加 $LiNi_{0.5}Co_{0.2}Mn_{0.3}O_2$ 材料的放电比容量，但高电压下材料电化学性能恶化也是显而易见的。通过对比材料在不同电压范围下的首次放电比容量、库仑效率、1C 循环稳定性及倍率性能等基础电化学性能数据可知，纯相 $LiNi_{0.5}Co_{0.2}Mn_{0.3}O_2$ 材料的充电截止电压设定为 4.6V 为宜。

3.4 $LiNi_{0.5}Co_{0.2}Mn_{0.3}O_2$ 高电压电化学性能衰减原因探究

上一节研究指出，较高的充电截止电压有利于 $LiNi_{0.5}Co_{0.2}Mn_{0.3}O_2$ 材料的容量发挥，然而高电压下材料的循环稳定性以及大倍率充放电能力不够理想，这也极大地制约了该材料高电压实用进程。基于此，本节对材料高电压下电化学性能衰减原因进行详细探究，以期为进一步的材料改性研究提供理论依据。

3.4.1 晶体结构变化

锂离子电池的充放电过程是通过锂离子在正负极材料中的反复脱嵌实现的，而在不断的充放电过程中电极材料晶体结构必将发生变化。图 3-15 为不同电压范围下充放电 100 次后 $LiNi_{0.5}Co_{0.2}Mn_{0.3}O_2$ 极片的 XRD 图谱。充电截止电压为 4.8V 的极片在 DMC 浸泡过程中基体铝箔与活性物质分离，故在图谱中未观察到铝箔衍射峰。从图中可明显看出，充电截止电压为 4.4V 时，材料的 XRD 图谱衍射峰较强，峰型保持较好。随着充电截止电压增加，$LiNi_{0.5}Co_{0.2}Mn_{0.3}O_2$ 的特征峰强度明显降低，半峰宽宽化，3.0 ~ 4.8V 电压范围下尤为明显，纯相材料的晶体结构严重破坏。

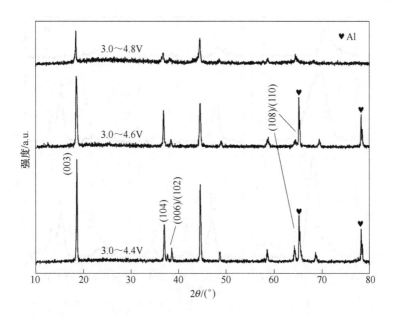

图 3-15　不同电压范围下充放电 100 次后 LiNi$_{0.5}$Co$_{0.2}$Mn$_{0.3}$O$_2$ 极片的 XRD 图谱

图 3-16 为 LiNi$_{0.5}$Co$_{0.2}$Mn$_{0.3}$O$_2$ 材料主要特征峰的 XRD 图谱。由图 3-16 可知，循环后样品 (003) 衍射峰强度随充电截止电压升高著降低，且其向低角度偏移越发明显。进一步对比(006)/(102)与(108)/(110)两对特征衍射峰可知，充电截止电压为 4.4V 时，两对衍射峰分裂明显，表明材料层状结构良好；截止电压升高至 4.6V 和 4.8V，两对分裂的衍射峰逐渐消失，材料层状结构破坏严重。表 3-9 列出了晶格参数 a 和 c 的具体数值。由表可知，随着充电截止电压的增大，a 值逐渐降低而 c 值则逐渐增加。纯相 LiNi$_{0.5}$Co$_{0.2}$Mn$_{0.3}$O$_2$ 材料中锂离子含量随着充电截止电压增加急剧减少，氧化态下的过渡金属离子半径较小导致 a 值降低；相反，c 值增加则归因于充电态下材料严重缺锂，从而导致氧层间存在较强的静电排斥作用[13,14]。

表 3-9　不同电压范围下充放电 100 次后 LiNi$_{0.5}$Co$_{0.2}$Mn$_{0.3}$O$_2$ 材料的晶格参数

电压范围 vs. (Li/Li$^+$)/V	a/nm	c/nm
未循环样品	0.28742	1.42535
3.0 ~ 4.4	0.28581	1.43296
3.0 ~ 4.6	0.28305	1.43871
3.0 ~ 4.8	0.28249	1.44216

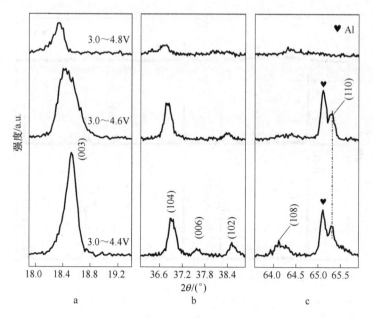

图 3-16　不同电压范围下充放电 100 次后 $LiNi_{0.5}Co_{0.2}Mn_{0.3}O_2$ 极片的 XRD 图谱
a—18°~19°；b—36°~39°；c—63.5°~67°

J. R. Dahn 研究指出高镍 NCM811 材料在 4.2V 电压下的性能恶化主要原因为电解液与高脱锂态下活性物质表面之间的副反应，而非晶格结构的变化。图 3-17

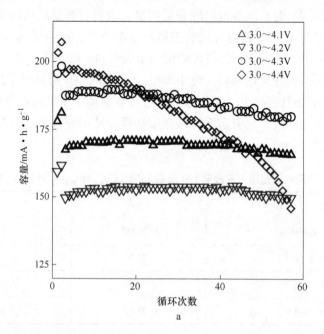

a

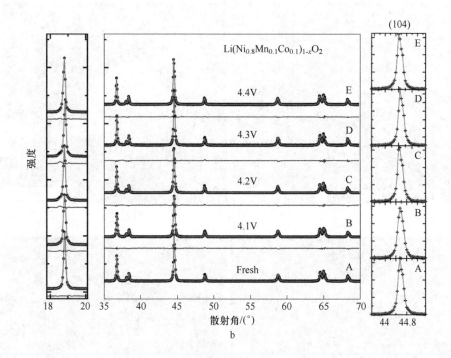

图 3-17 NCM811 材料不同电压下循环 200 次后 XRD 图谱[15]

为新鲜 NCM811 材料和在不同电压下循环 200 次后 XRD 图谱。右边部分为 (104) 峰的对比图。所有谱图中峰位置和峰值均无明显区别，表明 NCM811 材料在较高电压下仍保持良好的晶体结构稳定性。但 J. R. Dahn 等设置的最高上限电压仅为 4.4V，因此研究结果只说明在此电压下性能恶化原因主要为界面副反应，一旦将电压提升至 4.6V 甚至是 4.8V，其晶体结构将遭受较大破坏。

3.4.2 SEM 及 TEM 表征

图 3-18 为不同电压范围下循环 100 次后 LiNi$_{0.5}$Co$_{0.2}$Mn$_{0.3}$O$_2$ 电极的 SEM 图。从图 3-18a，b 中可看出，充电截止电压为 4.4V 时，循环后的 LiNi$_{0.5}$Co$_{0.2}$Mn$_{0.3}$O$_2$ 材料均保持良好的球形形貌，未见有明显的破碎颗粒，一次颗粒结合紧密且清晰可见；当电压升高至 4.6V 后，大部分颗粒依然为球形，图 3-18d 中显示部分颗粒破碎坍塌；电压范围为 3.0 ~ 4.8V 时（图 3-18e，f），仅有小部分 LiNi$_{0.5}$Co$_{0.2}$Mn$_{0.3}$O$_2$ 颗粒形貌良好，绝大部分破碎成细小的一次颗粒，球形形貌完全消失。上述分析表明高电压下强烈的氧化环境导致活性物质与电解液之间的界面副反应加剧，材料球形结构在不断的充放电循环过程中逐渐坍塌，电池高电压电化学性能急剧恶化。

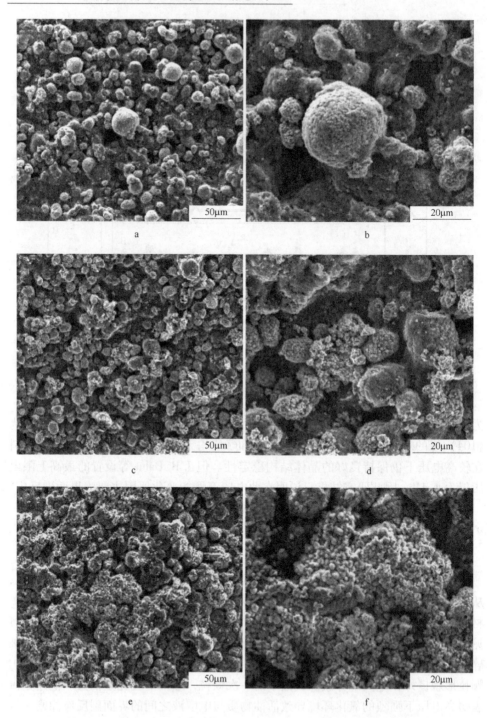

图 3-18 不同电压范围下循环 100 次后 LiNi$_{0.5}$Co$_{0.2}$Mn$_{0.3}$O$_2$ 电极的 SEM 图

a, b—3.0 ~ 4.4V; c, d—3.0 ~ 4.6V; e, f—3.0 ~ 4.8V

SEM 分析显示不同电压范围下 LiNi$_{0.5}$Co$_{0.2}$Mn$_{0.3}$O$_2$ 材料形貌变化存在较大差异，本书在此对不同电压范围下循环后的 LiNi$_{0.5}$Co$_{0.2}$Mn$_{0.3}$O$_2$ 材料进行进一步的 HRTEM 表征。图 3-19 给出了不同电压范围下循环 100 次后电极的 HRTEM 图。右侧小图 1~6 则分别为图 3-19a，b，c 中相应矩形区域的傅里叶变换衍射图。充电截止电压为 4.4V 时，无论在 LiNi$_{0.5}$Co$_{0.2}$Mn$_{0.3}$O$_2$ 材料本体还是边缘部分，傅里叶变换显示材料均为斜方六面体结构，即基体材料晶体结构未发生变化。图 3-19b 为截止电压为 4.6V 时 LiNi$_{0.5}$Co$_{0.2}$Mn$_{0.3}$O$_2$ 材料 TEM 图，白线下方物质为无定形态，此处为材料表面附着的电解液分解产物。小图 4 中衍射花样表明材料部分区域由斜方六面体转变成缺锂尖晶石相。

一般来说，当层状材料中脱出的锂离子超过原始结构的一半以上时，材料从热力学角度上容易由层状结构转变成尖晶石结构[16~18]。LiNi$_{0.5}$Co$_{0.2}$Mn$_{0.3}$O$_2$ 材料表面

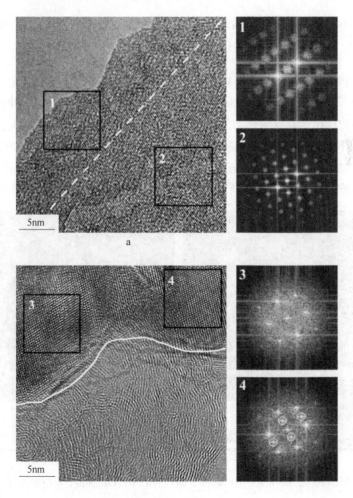

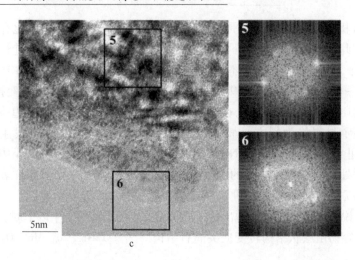

图 3-19　不同电压范围下循环 100 次后 LiNi$_{0.5}$Co$_{0.2}$Mn$_{0.3}$O$_2$ 电极的 HRTEM 图

a—3.0~4.4V；b—3.0~4.6V；c—3.0~4.8V

持续的缺锂状态极易导致部分区域发生相变，该现象同时也出现在其他放电态层状正极材料中[19~21]。充电截止电压进一步升高至 4.8V，小图 6 中傅里叶变换衍射花样显示材料边缘出现高度对称的岩盐相。S. K. Jung 等人也对 LiNi$_{0.5}$Co$_{0.2}$Mn$_{0.3}$O$_2$ 材料在高电压下的电化学性能与局部结构转变进行了关联分析[22]。如图 3-20 所示，材料内部区域为完整的六边形衍射花样，未发现任何杂相。但在表面区域检测到额外的衍射斑点，如图 3-20b 所示。在对峰值强度进行积分处理后得到小插图，

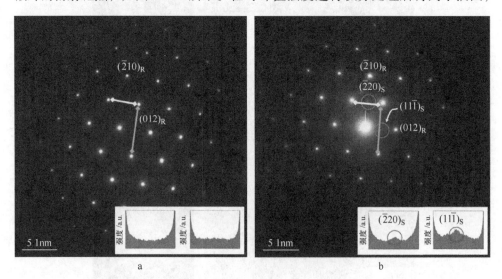

图 3-20　3.0~4.8V 电压范围下循环后 LiNi$_{0.5}$Co$_{0.2}$Mn$_{0.3}$O$_2$ 衍射花样

a—内部；b—表层

由图可知区域中出现额外峰，此处额外的衍射斑点与尖晶石结构相对应。综合分析可知，当充电截止电压由 4.4V 升高至 4.6V 时，材料表面部分转变为缺锂尖晶石相，而当电压增加至 4.8V 时，表面出现了绝缘岩盐相。H. Kuriyama 对 LiNi$_{0.5}$Co$_{0.2}$Mn$_{0.3}$O$_2$/Li$_4$Ti$_5$O$_{12}$ 全电池循环 4000 次后的正极材料进行了 TEM 表征，结果显示表面相变与表面取向密切相关[23]。图 3-21b 中材料内部依然保持着良好的有序结构。在活性物质表面则出现两种情况：在（01$\bar{1}$0）表面区域晶格条纹与首次循环后一致，对应傅里叶变换显示此处为一氧化物型岩盐相结构，在此区域未发现 S. K. Jung 等人观测到的类尖晶石相结构。一氧化物型岩盐相范围从首次循环后的 5nm 增加至 10~15nm。然而，（0001）表面区域的微观结构几乎未

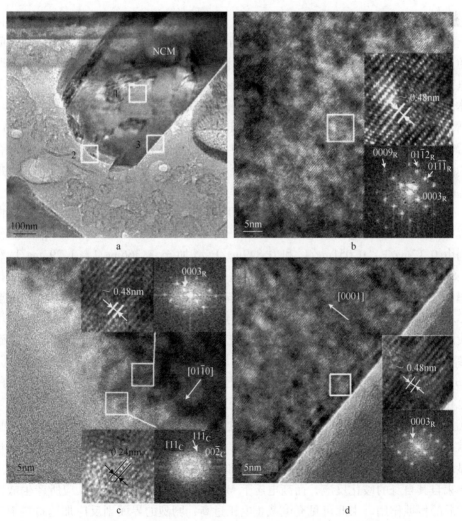

图 3-21　LiNi$_{0.5}$Co$_{0.2}$Mn$_{0.3}$O$_2$ 循环 4000 次后 TEM、HRTEM 图[23]

发生变化。如图 3-21d 所示,在（0001）表面最外层仍可观察到沿 c 轴堆叠的晶格条纹。$LiNi_{0.5}Co_{0.2}Mn_{0.3}O_2$ 材料在高电压下表面部分相变导致电化学性能恶化。

3.4.3　元素溶解测试

扣式半电池组成单元较多,包括正负极、隔膜、镍网、电池壳及电解液。即便在水分控制极为严苛的手套箱中组装而成,也无法避免带入痕量水分。电解液中的电解质盐 $LiPF_6$ 极易与水发生反应生成强腐蚀性的 HF。相关反应如下:

$$LiPF_6 + 4H_2O \longrightarrow PO_4^{3-} + LiF + 3H^+ + 5HF \tag{3-15}$$

上述反应产生的 HF 腐蚀正极活性物质,充电态下更为剧烈。其次随着的充电截止电压的不断增大,电池体系中强氧化性的过渡金属离子激增,其与电解液之间的反应加剧,造成 $LiNi_{0.5}Co_{0.2}Mn_{0.3}O_2$ 材料高电压下严重的容量损失。基于此,电池循环后过渡金属离子溶解量采用 Thermo Electron 公司生产的电感耦合等离子体原子发射光谱仪（ICP-AES, IRIS intrepid XSP）进行测定。详细过程如下:将循环后的扣式电池于手套箱中拆解,取出相应极片,置于 DMC 溶剂中浸泡 5min 后转移至装有 10mL 电解液的氟化瓶中密封,将氟化瓶置于 60℃ 烘箱中保存 7 天。然后取出正极片,将电解液转移至小烧杯中于通风橱内蒸干有机物后再加入少量稀盐酸,最后移至 50mL 容量瓶中定容。

过渡金属元素溶解量及在不同电压下溶出对比分别见表 3-10 和图 3-22。由表中数据可知,充电截止电压由 4.4V 升高至 4.6V 时,Ni、Co 和 Mn 溶解量分别由 0.12mg/L、0.051mg/L 和 0.849mg/L 增加至 3.366mg/L、1.293mg/L 和 1.875mg/L,各元素溶出量增幅较小,这也与 4.6V 电压下材料较好的容量保持率和倍率性能相一致。电压继续升高至 4.8V,三种元素溶解量急剧增加至 13.37mg/L、6.23mg/L 和 7.089mg/L。与 4.4V 相比较,Ni 和 Co 元素溶出量增大超过 100 倍。循环伏安曲线分析显示充电截止电压超过 4.6V 时,部分 Co 元素参与电化学反应,因此其溶出量大幅增加。伴随着参与电化学反应的活性 Ni、Co 元素和稳定材料结构的 Mn 元素的溶出,纯相材料在 3.0 ~ 4.8V 电压范围下的电化学性能急剧恶化。对比不同电压范围下过渡金属元素溶出柱状图发现,Ni 元素溶出量最大,这也是由于材料充放电容量主要由 Ni^{2+}/Ni^{4+} 氧化还原电对贡献所致。H. Zheng 等人[4]测定的 NCM111 材料在不同电压下过渡金属元素溶解量显示,Mn 元素溶出量最大,其次是 Co 和 Ni。他们认为 Mn 在电压较低时溶解主要来自其自身的歧化反应,而高电压下 Mn 溶解则归因于界面副反应所产生酸性物质的侵蚀作用。由此可见充电截止电压过高,剧烈的界面副反应加速材料中过渡金属元素溶出。

表 3-10 不同电压范围下循环 100 次极片在电解液中储存后的过渡金属溶解量

电压范围 vs. (Li/Li$^+$)/V	Ni/mg·L^{-1}	Co/mg·L^{-1}	Mn/mg·L^{-1}
3.0~4.4	0.120	0.051	0.849
3.0~4.6	3.366	1.293	1.875
3.0~4.8	13.37	6.230	7.089

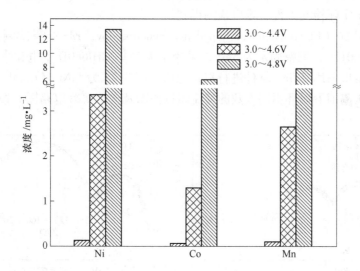

图 3-22 不同电压范围下循环 100 次后极片过渡金属溶解量柱状对比图

3.4.4 交流阻抗分析

三元正极材料中锂离子的脱嵌过程有异于经典的电化学反应体系。经典的电化学反应体系一般通过电子传递来完成,而锂离子二次电池中的电化学反应则依靠锂离子的跃迁同时伴随着电子传递进行,具有较强的特殊性[24]。在前人的研究工作中,存在两种描述锂离子脱嵌过程的主流理论模型,一种为 P. G. Bruce 吸附模型[25,26],另一种则为 M. Thomas 表面层模型[27]。P. G. Bruce 模型忽略了表面 SEI 膜的存在,未能真实反映锂离子在电池体系中的脱嵌过程。M. Thomas 模型认为活性物质与电解液接触之后会优先在电极表面形成 SEI 膜,随后的锂离子脱嵌均会穿过该层 SEI 膜。此后经过 D. Aurbach[28~33]、E. Barsoukov[34,35] 等人的继续发展,锂离子脱嵌过程被归纳为五个主要步骤:锂离子在电解液中的扩散迁移以及电子在导电剂上的传递;待嵌入锂离子在电极表面 SEI 膜中的迁移;通过 SEI 膜的锂离子进入活性物质颗粒并与电子发生电荷传递;锂离子从材料表面晶格向内部的扩散过程;伴随脱嵌锂次数增加发生的晶型转变及新相生成。根据上述步骤,测试获得的交流阻抗谱主要包括五大部分:

（1）超高频区域为锂离子及电子穿过电解液和隔膜等相关的欧姆电阻，以 R_e 表示；

（2）高频区半圆代表锂离子通过电极表面 SEI 膜，以 R_{sf} 表示；

（3）中频区半圆与电荷传递相关，R_{ct}；

（4）低频区斜线对应锂离子在活性电极内部的迁移扩散；

（5）频率在 0.01Hz 以下的半圆及垂线，与材料晶型转变及锂离子累积消耗相关，囿于实际检测条件，难以检测得到。

交流阻抗（Electrochemical Impedance Spectroscopy，EIS）测试频率范围为 100kHz～0.01Hz，振幅固定为 5mV，采用上海辰华 CHI660D 型电化学工作站测试，相关结果采用 ZView 软件进行拟合分析。图 3-23 为 $LiNi_{0.5}Co_{0.2}Mn_{0.3}O_2$ 材料在不同电压范围下循环不同次数的交流阻抗谱图及模拟等效电路图。根据等效电

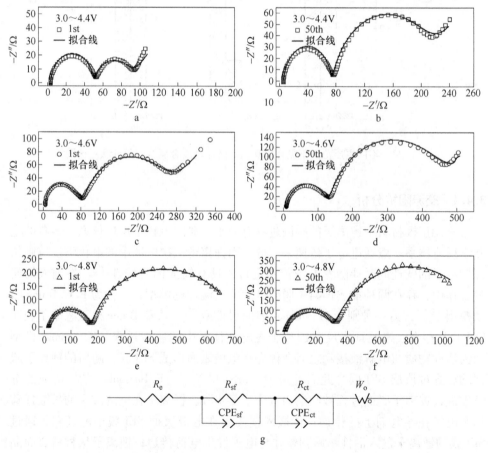

图 3-23 $LiNi_{0.5}Co_{0.2}Mn_{0.3}O_2$ 材料（a～f）在各电压
范围内不同循环次数下的交流阻抗谱图及（g）模拟等效电路图

路图拟合得到各部分阻抗值见表3-11。不同电压下表面膜阻抗 R_{sf} 及电荷转移阻抗 R_{ct} 均随着充放电次数的增加逐渐增大。相较于膜阻抗，电荷转移阻抗增幅更加明显，此过程为电极过程动力学控制步骤。电压范围为3.0~4.4V时，各阻抗值增加缓慢，特别是膜阻抗值基本不变，表明低电压下电极表面形成的SEI膜较为稳定。电压升高至4.6V，活性物质与电解液之间的副反应以及电解液自身的分解加快，表面膜阻抗及电荷转移阻抗随着循环次数迅速增大。而当充电截止电压继续增大至4.8V，首次循环后的膜阻抗及电荷转移阻抗值即大于4.6V截止电压下50次循环后对应阻抗值，表明电压过高导致循环初期电极界面破坏严重，电解液分解剧烈，电化学性能急剧恶化。

表3-11　交流阻抗拟合结果

电压范围 vs. (Li/Li$^+$)/V	第1次		第50次	
	R_{sf}/Ω	R_{ct}/Ω	R_{sf}/Ω	R_{ct}/Ω
3.0~4.4	41.43	49.87	67.89	130.60
3.0~4.6	69.34	164.34	118.53	338.19
3.0~4.8	158.72	521.34	304.47	976.51

本章针对NCM523高温固相烧结和电化学性能恶化原因探究所得结论如下：

（1）烧结温度为900℃反应时间为15h下合成的纯相 LiNi$_{0.5}$Co$_{0.2}$Mn$_{0.3}$O$_2$ 材料间晶片间距最大，有利于锂离子的快速脱嵌；主晶片间距最小，晶体结构稳定；其在3.0~4.6V电压范围下表现出最优的高电压电化学性能。

（2）不同电压范围下纯相 LiNi$_{0.5}$Co$_{0.2}$Mn$_{0.3}$O$_2$ 材料的电化学性能测试结果表明充电截止电压增加，容量增加明显。截止电压由4.4V分别提高至4.6V和4.8V，0.1C倍率下首次放电比容量由188.6mA·h/g增加到205.4mA·h/g和213.8mA·h/g；首次库仑效率明显降低，循环性能显著下降，3.0~4.8V电压范围下1C倍率循环100次后容量保持率仅为50.3%，远低于4.4V和4.6V下的94.8%和69.4%。综合考虑，纯相 LiNi$_{0.5}$Co$_{0.2}$Mn$_{0.3}$O$_2$ 材料的充电截止电压设定为4.6V为宜。

（3）充电截止电压愈高，纯相 LiNi$_{0.5}$Co$_{0.2}$Mn$_{0.3}$O$_2$ 材料晶体结构破坏愈严重。材料逐渐坍塌成细碎的一次颗粒，活性物质颗粒表面区域由斜方六面体相转变成缺锂尖晶石相和绝缘的岩盐相，过渡金属元素的溶出量显著增加，表面膜阻抗和电荷转移阻抗急剧增大。

参 考 文 献

[1] GOVER R K B, KANNO R, MITCHELL B J, et al. Effects of Sintering Temperature on the

Structure of the Layered Phase $Li_x(Ni_{0.8}Co_{0.2})O_2$ [J]. Journal of the Electrochemical Society, 2000, 147 (11): 4045~4051.

[2] LIU H, LI J, ZHANG Z, et al. The effects of sintering temperature and time on the structure and electrochemical performance of $LiNi_{0.8}Co_{0.2}O_2$ cathode materials derived from sol-gel method [J]. Journal of Solid State Electrochemistry, 2003, 7 (8): 456~462.

[3] FUJII Y, MIURA H, SUZUKI N, et al. Structural and electrochemical properties of $LiNi_{1/3}Co_{1/3}Mn_{1/3}O_2$: Calcination temperature dependence [J]. Journal of Power Sources, 2007, 171 (2): 894~903.

[4] ZHENG H, SUN Q, GAO L, et al. Correlation between dissolution behavior and electrochemical cycling performance for $LiNi_{1/3}Co_{1/3}Mn_{1/3}O_2$-based cells [J]. Journal of Power Sources, 2012, 207 (6): 134~140.

[5] YIN S C, RHO Y H, SWAINSON I, et al. X-ray/Neutron Diffraction and Electrochemical Studies of Lithium De/Re-Intercalation in $Li_{1-x}Co_{1/3}Ni_{1/3}Mn_{1/3}O_2(x=0{\rightarrow}1)$ [J]. Chemistry of Materials, 2006, 18 (7): 1901~1910.

[6] 李亚娟, 刘常青. 化学动力学教学探讨 [J]. 广东化工, 2017, 44 (14): 268~270.

[7] KHAWAM A, FLANAGAN D R. Solid-State Kinetic Models: Basics and Mathematical Fundamentals [J]. The Journal of Physical Chemistry B, 2006, 110 (35): 17315~17328.

[8] MCCUSKER L B, DREELE R B V, COX D E, et al. Rietveld refinement guidelines [J]. Journal of Applied Crystallography, 1999, 32 (1): 36~50.

[9] TOBY B. EXPGUI. A graphical user interface for GSAS [J]. Journal of Applied Crystallography, 2001, 34 (2): 210~213.

[10] RIETVELD H M. Line profiles of neutron powder-diffraction peaks for structure refinement [J]. Acta Crystallographica, 2010, 22 (1): 151~152.

[11] 刘汉三, 李劼, 龚正良, 等. Rietveld 方法在锂镍氧化物电极材料研究中的应用 [J]. 电源技术, 2004, 28 (10): 612~617.

[12] CROGUENNEC L, SAADOUNE I, ROUGIER A. An overview of the $Li(Ni,M)O_2$ systems: syntheses, structures and properties [J]. Electrochimica Acta, 1999, 45 (1~2): 243~253.

[13] HONG J, SEO DH, KIM SW, et al. Structural evolution of layered $Li_{1.2}Ni_{0.2}Mn_{0.6}O_2$ upon electrochemical cycling in a Li rechargeable battery [J]. Journal of Materials Chemistry, 2010, 20 (45): 10179~10186.

[14] CHOI J, MANTHIRAM A. Role of Chemical and Structural Stabilities on the Electrochemical Properties of Layered $LiNi_{1/3}Mn_{1/3}Co_{1/3}O_2$ Cathodes [J]. Journal of The Electrochemical Society, 2005, 152 (9): A1714~A1718.

[15] LI J, DOWNIE L E, MA L, et al. Study of the Failure Mechanisms of $LiNi_{0.8}Mn_{0.1}Co_{0.1}O_2$ Cathode Material for Lithium Ion Batteries [J]. Journal of The Electrochemical Society, 2015, 162 (7): A1401~A1408.

[16] CEDER G, VAN DER VEN A. Phase diagrams of lithium transition metal oxides: investigations from first principles [J]. Electrochimica Acta, 1999, 45 (1): 131~150.

[17] REED J, CEDER G. Charge, Potential, and Phase Stability of Layered Li($Ni_{0.5}Mn_{0.5}$)O_2 [J]. Electrochemical and Solid-State Letters, 2002, 5 (7): A145 ~ A148.

[18] ARMSTRONG A R, PATERSON A J, ROBERTSON A D, et al. Nonstoichiometric Layered $Li_xMn_yO_2$ with a High Capacity for Lithium Intercalation/Deintercalation [J]. Chemistry of Materials, 2002, 14 (2): 710 ~ 719.

[19] KOBAYASHI H, SHIKANO M, KOIKE S, et al. Investigation of positive electrodes after cycle testing of high-power Li-ion battery cells: I. An approach to the power fading mechanism using XANES [J]. Journal of Power Sources, 2007, 174 (2): 380 ~ 386.

[20] CHOI S, MANTHIRAM A. Factors Influencing the Layered to Spinel-like Phase Transition in Layered Oxide Cathodes [J]. Journal of the Electrochemical Society, 2002, 149 (9): A1157 ~ A1163.

[21] NANDA J, REMILLARD J, O'NEILL A, et al. Local State-of-Charge Mapping of Lithium-Ion Battery Electrodes [J]. Advanced Functional Materials, 2011, 21 (17): 3282 ~ 3290.

[22] JUNG S K, GWON H, HONG J, et al. Understanding the Degradation Mechanisms of $LiNi_{0.5}Co_{0.2}Mn_{0.3}O_2$ Cathode Material in Lithium Ion Batteries [J]. Advanced Energy Materials, 2014, 4 (1): 1300787.

[23] KURIYAMA H, SARUWATARI H, SATAKE H, et al. Observation of anisotropic microstructural changes during cycling in $LiNi_{0.5}Co_{0.2}Mn_{0.3}O_2$ cathode material [J]. Journal of Power Sources, 2015, 275: 99 ~ 105.

[24] 邱祥云. 锂离子电池正极材料电极界面反应机制研究 [D]. 北京: 中国矿业大学, 2013.

[25] BRUCE P G, SAIDI M Y. The mechanism of electrointercalation [J]. Journal of Electroanalytical Chemistry, 1992, 322 (s 1 ~ 2): 93 ~ 105.

[26] BRUCE P G, SAIDI M Y. A two-step model of intercalation [J]. Solid State Ionics, 1992, 51 (51): 187 ~ 190.

[27] THOMAS M G S R, BRUCE P G, GOODENOUGH J B. AC Impedance Analysis of Polycrystalline Insertion Electrodes: Application to Li_xCoO_2 [J]. Journal of The Electrochemical Society, 1985, 132 (7): 1521 ~ 1528.

[28] ELY Y E, AURBACH D. Identification of surface films formed on active metals and nonactive metal electrodes at low potentials in methyl formate solutions [J]. Langmuir, 1992, 8 (7): 1845 ~ 1850.

[29] AURBACH D, ZABAN A, SCHECHTER A, et al. The Study of Electrolyte Solutions Based on Ethylene and Diethyl Carbonates for Rechargeable Li Batteries: I. Li Metal Anodes [J]. Journal of The Electrochemical Society, 1995, 142 (9): 2873 ~ 2882.

[30] AURBACH D, EIN-ELI Y, MARKOVSKY B, et al. The Study of Electrolyte Solutions Based on Ethylene and Diethyl Carbonates for Rechargeable Li Batteries: II. Graphite Electrodes [J]. Journal of The Electrochemical Society, 1995, 142 (9): 2882 ~ 2890.

[31] ZABAN A, ZINIGRAD E, AURBACH D. Impedance Spectroscopy of Li Electrodes. 4. A General Simple Model of the Li-Solution Interphase in Polar Aprotic Systems [J]. The Journal

of Physical Chemistry, 1996, 100 (8): 3089 ~ 3101.

[32] LEVI M D, AURBACH D. Simultaneous Measurements and Modeling of the Electrochemical Impedance and the Cyclic Voltammetric Characteristics of Graphite Electrodes Doped with Lithium [J]. The Journal of Physical Chemistry B, 1997, 101 (23): 4630 ~ 4640.

[33] LEVI M D, GAMOLSKY K, AURBACH D, et al. On electrochemical impedance measurements of $Li_x Co_{0.2} Ni_{0.8} O_2$ and $Li_x NiO_2$ intercalation electrodes [J]. Electrochimica Acta, 2000, 45 (11): 1781 ~ 1789.

[34] BARSOUKOV E, KIM J H, KIM J H, et al. Kinetics of lithium intercalation into carbon anodes: in situ impedance investigation of thickness and potential dependence [J]. Solid State Ionics, 1999, 116 (3): 249 ~ 261.

[35] BARSOUKOV E, KIM D H, LEE H S, et al. Comparison of kinetic properties of $LiCoO_2$ and $LiTi_{0.05} Mg_{0.05} Ni_{0.7} Co_{0.2} O_2$ by impedance spectroscopy [J]. Solid State Ionics, 2003, 161 (1): 19 ~ 29.

4　三元材料体相掺杂

　　增加充电截止电压可以大幅度地提升 $LiNi_{0.5}Co_{0.2}Mn_{0.3}O_2$ 材料的放电比容量，从而提高电池的能量密度。但材料在高电压下会脱出更多的锂离子，同时伴随着晶体结构转变。此外高电压下强氧化环境会加剧过渡金属元素溶解和电解液自身的分解，导致材料结构破坏，表面阻抗增加，电化学性能急剧恶化。体相掺杂可以增强锂离子电池正极材料的结构稳定性，抑制其在高电压下长周期循环和大电流充放电过程中的晶体结构塌陷。通过在过渡金属位置或者氧位置引入其他的杂原子，使材料的晶体结构发生微变，可以有效改善材料的稳定性和电导率等诸多性质，进而获得更佳的循环性能及倍率性能。

4.1　过渡金属位置高价金属元素掺杂

　　到目前为止，已有文献报道的阳离子掺杂在提高材料结构稳定性和改善电化学性能方面均展现出积极作用。W. Hua 等人采用 Na 取代 $LiNi_{0.5}Co_{0.2}Mn_{0.3}O_2$ 中的部分 Li，结果表明锂位钠掺杂样品拥有更有序的 α-$NaFeO_2$ 结构、较低的阳离子混排度和优异的电化学性能[1]。D. Aurbach 等人对 Al 掺杂 $LiNi_{0.5}Co_{0.2}Mn_{0.3}O_2$ 材料的电化学性能、结构转变及热力学性质进行了详细研究。Al 更趋向于占据 Ni 位置且其取代材料中过渡金属热力学顺序为 Ni > Co > Mn，掺杂后的样品放电过程中的活化能和界面阻抗明显减小，同时材料中的 Ni 溶出得到有效抑制[2]。Z. He 等人发现 Zr 元素掺杂后的富锂锰基正极材料 $Li_{1.2}Mn_{0.54}Ni_{0.13}Co_{0.13}O_2$ 为空心多孔结构，有利于活性物质与导电剂之间的结合和锂离子的快速传输[3]。

　　Al 是目前研究较多的掺杂元素之一，报道显示三元层状正极材料中铝掺杂可以稳定其晶体结构并增强热稳定性。如图 4-1a 所示，Al 掺杂样品首次充电电压比基体材料升高 $50 \sim 75mV$[4]。掺杂后样品微分容量曲线中氧化还原电压逐渐向高电压方向移动，这说明铝完全掺杂进入三元材料晶格之中。样品中存在绝缘的 γ-$LiAlO_2$ 将增大整个体系的阻抗，导致电池拥有较高的充电电位和较低的放电电位。铝元素进入晶格中后将增大部分金属氧键的电离度，氧化还原反应能量降低的同时工作电压升高。镧系元素也常被用作三元材料的掺杂改性，Y. Mo 等对轻稀土元素钕（Nd）掺杂的 $LiNi_{0.5}Co_{0.2}Mn_{0.3}O_2$ 材料在高温和高电压下的循环性能以及结构变化进行研究[5]。图 4-2b 中 3.7V 至 4.02V 间 （003）峰往低角度移动，纯相 NCM523 由 H1 相转变至 H2 相，对应晶参数 c 值逐渐增加（见图 4-2c）。

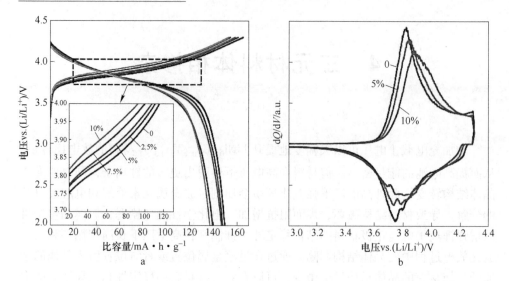

图 4-1　$LiNi_{0.45}Mn_{0.45}Co_{0.1-y}Al_yO_2$ 首次充放电曲线和微分容量曲线

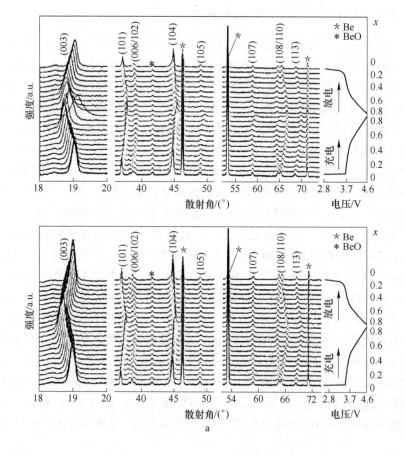

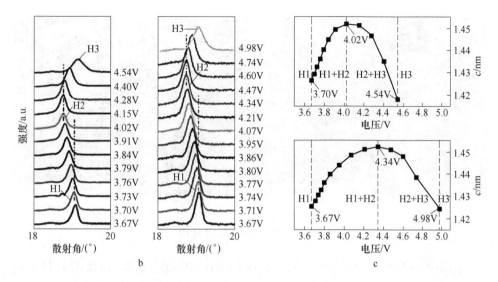

图 4-2 Nd 掺杂前后 $LiNi_{0.5}Co_{0.2}Mn_{0.3}O_2$ 材料原位 XRD 图谱及对应晶格参数值

随着锂离子的持续脱出，H1 相完全转变成 H2 相，此时 c 值达到最大值。电压继续升高至 4.47V，c 值降低同时（003）峰向高角度移动，H3 相开始出现[6]。到达充电末端时（003）峰完全抵达更高角度，H2 相转变成 H3 相[7]。Nd 掺杂材料则表现出截然不同的变化趋势。3.71~4.46V 间对应 H1 相转变成 H2 相，c 值在电压为 4.34V 时达到最大值。充电继续进行，H2 相开始向 H3 相转变，电压达到 4.98V 时，H3 相出现。这意味着 Nd 掺杂将 NCM523 材料 H3 相出现时间推迟至更高电压。如若工作电压不超过 4.6V，掺杂材料中将不会有 H3 相出现，其具有优异的晶格结构稳定性。

本章主要内容包括三元 $LiNi_{0.5}Co_{0.2}Mn_{0.3}O_2$ 材料过渡金属位置超价金属 Zr 元素以及氧位置 F 元素掺杂改性，考察不同掺杂比例对材料晶格参数、表面形貌及高电压电化学性能的影响，并对 Zr、F 元素掺杂改性原因进行详细探讨。

4.1.1 $Li(Ni_{0.5}Co_{0.2}Mn_{0.3})_{1-x}Zr_xO_2$ 材料的晶体结构

按照一定摩尔比例称取镍钴锰氢氧化物前驱体 $Ni_{0.5}Co_{0.2}Mn_{0.3}(OH)_2$、$Li_2CO_3$ 和纳米 ZrO_2，将其置于陶瓷研钵中均匀研磨 1h，然后加入适量无水乙醇继续研磨 30min 得均匀浆料。将浆料置于 80℃鼓风干燥箱内干燥 3h，再将混合料置于管式炉内两段烧结得到 $Li(Ni_{0.5}Co_{0.2}Mn_{0.3})_{1-x}Zr_xO_2$ 样品。各样品首先在 500℃预烧 5h，再在 900℃下烧结 15h 随炉冷却至室温。用于锆掺杂的化合物为纳米 ZrO_2（纯度≥99.9%），其微观形貌如图 4-3 所示。

图 4-3 纳米 ZrO_2 的 SEM 图

图 4-4 为 $Li(Ni_{0.5}Co_{0.2}Mn_{0.3})_{1-x}Zr_xO_2$ ($x = 0$、0.005、0.01 和 0.02）样品的 XRD 衍射图谱，右侧为各样品（003）衍射峰放大图。从图中可明显看出不同 Zr 掺杂样品与纯相 $LiNi_{0.5}Co_{0.2}Mn_{0.3}O_2$ 材料的 XRD 衍射图谱基本一致，各样品均为典型的六方晶系，α-$NaFeO_2$ 型层状结构。所有样品图谱中均未发现杂质相衍射峰，说明 Zr 元素掺杂并未改变基体 $LiNi_{0.5}Co_{0.2}Mn_{0.3}O_2$ 材料的晶体结构。（006）/（102）与（108）/（110）峰分裂明显，表明掺杂前后的材料均具有高度有序的层状结构。此外，随着 Zr 元素掺杂比例的增加，（003）衍射峰逐渐向低角度偏移。根据布拉格方程 $2d\sin\theta = n\lambda$（式中，d 为晶面间距；θ 代表入射 X 射线及反射线与

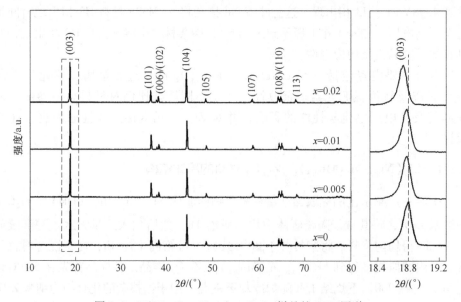

图 4-4 $Li(Ni_{0.5}Co_{0.2}Mn_{0.3})_{1-x}Zr_xO_2$ 样品的 XRD 图谱

晶面夹角，λ 为 X 射线波长，n 代表衍射级数）可知，（003）衍射峰向低角度偏移意味着晶格参数 c 增大[8~10]。由此可知 Zr 元素成功掺杂进入材料晶格结构。

进一步了解 Zr 元素掺杂对 $Li(Ni_{0.5}Co_{0.2}Mn_{0.3})_{1-x}Zr_xO_2$ 样品中原子占位及结构参数的影响，采用 GSAS 软件对各样品进行 Rietveld 全谱拟合结构精修。各样品 Rietveld 精修图谱如图4-5所示，相关原子占位情况及结构参数见表4-1。精修时采用 $[Li_{1-x}Ni_x]_{3a}[M]_{3b}[Zr]_{3b}[O_2]_{6c}$ 结构模型，认为 Zr 元素等量取代过渡金属层中 Ni、Co、Mn 三种元素。从图4-5中可看出，$Li(Ni_{0.5}Co_{0.2}Mn_{0.3})_{1-x}Zr_xO_2$ 样品精修图谱与实测图谱吻合较好，差谱较为平稳。此外从表中精修误差 R_{wp} 与 R_p 值可知，各样品的 Rietveld 结构精修结果可信。纯相 $LiNi_{0.5}Co_{0.2}Mn_{0.3}O_2$ 材料中锂镍混排较大，充电过程中占据锂位的 Ni^{2+} 被氧化成高价态镍离子。由于高价镍离子离子半径较小，造成锂层空间局部塌陷，放电过程中锂离子回嵌难度增大，最终导致材料电化学性能变差。随着 Zr 掺杂量增加，材料中锂镍混排呈先降低后增加的趋势，$x = 0.01$ 样品锂镍混排最低。

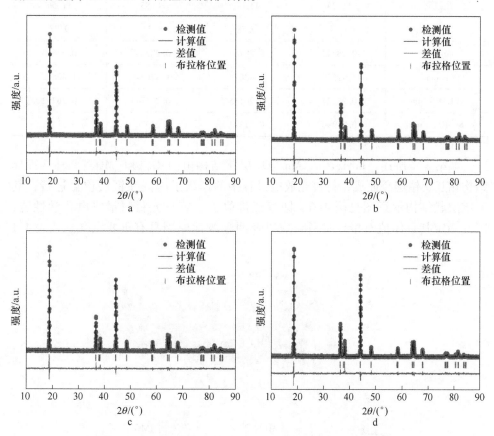

图4-5 $Li(Ni_{0.5}Co_{0.2}Mn_{0.3})_{1-x}Zr_xO_2$ 样品的 Rietveld 精修图谱

a—$x = 0$；b—$x = 0.005$；c—$x = 0.01$；d—$x = 0.02$

表 4-1　$Li(Ni_{0.5}Co_{0.2}Mn_{0.3})_{1-x}Zr_xO_2$ 样品的 Rietveld 精修结果

原子/参数	Zr 掺杂量（x）			
	0	0.005	0.01	0.02
Li 3a	0.9464	0.9665	0.9766	0.9501
Ni 3a	0.0536	0.0335	0.0234	0.0499
Li 3b	0.0536	0.0335	0.0234	0.0499
Ni 3b	0.4464	0.4640	0.4616	0.4401
Co 3b	0.2000	0.1990	0.1980	0.1960
Mn 3b	0.3000	0.2985	0.2970	0.2940
Zr 3b	0	0.0050	0.0100	0.0200
O 6c	1	1	1	1
$R_{wp}/\%$	11.24	11.32	10.85	11.56
$R_p/\%$	9.54	9.78	8.72	9.87
a/nm	0.28742	0.28762	0.28764	0.28830
c/nm	1.42535	1.42615	1.42634	1.42895
$I(LiO_2)/nm$	0.26122	0.26165	0.26174	0.26262
$S(MO_2)/nm$	0.21390	0.21373	0.21370	0.21369

　　如第 3 章所述，$LiNi_{0.5}Co_{0.2}Mn_{0.3}O_2$ 层状结构由 [LiO_6] 和 [MO_6] 两种八面体结构相互交错堆叠而成，材料充放电过程中的锂离子脱嵌在锂层位置进行，其三维层状结构示意图见图 4-6。锂镍混排值决定着三元材料最终电化学性能，因此确定其具体值对指导材料合成以及明晰改性原因具有重要意义。从表 4-1

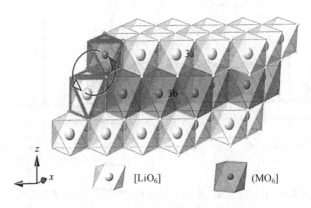

图 4-6　$LiNi_{0.5}Co_{0.2}Mn_{0.3}O_2$ 材料的层状结构示意图

中精修参数值可知，随着 Zr 掺杂量的增大，主晶片间距由基体材料的
0.2139nm 降至掺杂量为 0.02 时的 0.21369nm，过渡金属离子与氧离子结合
能力增强，材料晶体结构更加稳定。锂层间距由基体材料的 0.26122nm 增加
至掺杂量为 0.02 时的 0.26262nm，锂离子脱嵌阻力将显著降低。结合阳离
子混排数据及晶体结构参数分析，Zr 掺杂样品将表现出更佳的高电压电化学
性能。

4.1.2　$Li(Ni_{0.5}Co_{0.2}Mn_{0.3})_{1-x}Zr_xO_2$ 材料的形貌及元素分析

图 4-7 所示为 $Li(Ni_{0.5}Co_{0.2}Mn_{0.3})_{1-x}Zr_xO_2(x = 0、0.005、0.01 和 0.02)$ 样品的
SEM 图。由图可知，Zr 元素掺杂材料的一次颗粒粒径均略大于基体样品，且随
着 Zr 掺杂量的增加，一次颗粒粒径逐渐增大。Zr 元素在高温烧结过程中起助溶剂
作用，降低材料烧结温度，因此掺杂样品颗粒粒径有所增加。$x = 0.01$ 样品中各元
素的分布情况见图 4-8。EDS 能谱显示样品中存在 Zr 元素。元素面分布图表明掺杂

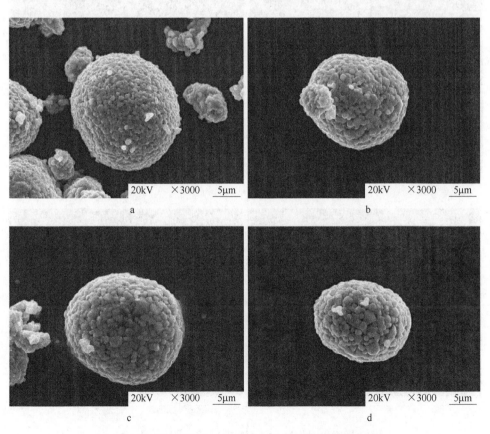

图 4-7　$Li(Ni_{0.5}Co_{0.2}Mn_{0.3})_{1-x}Zr_xO_2$ 样品的 SEM 图

a—$x = 0$；b—$x = 0.005$；c—$x = 0.01$；d—$x = 0.02$

元素 Zr 与材料中的过渡金属元素(Ni、Co 和 Mn)分布均匀一致，无区域差异现象。

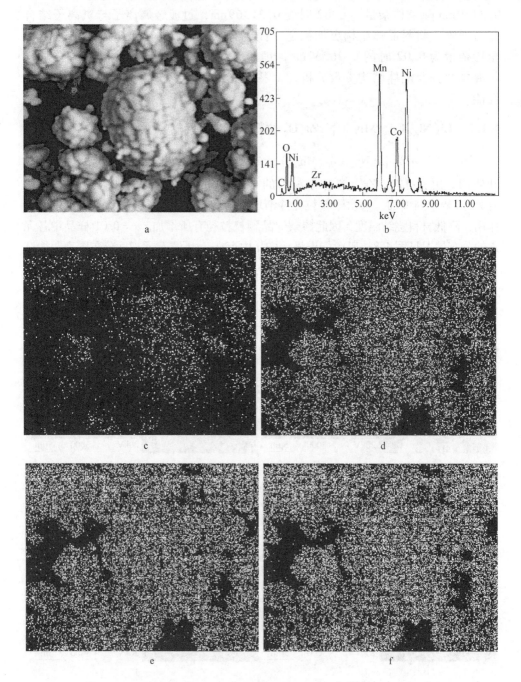

图 4-8 Li(Ni$_{0.5}$Co$_{0.2}$Mn$_{0.3}$)$_{0.99}$Zr$_{0.01}$O$_2$ 样品

a—SEM 图；b—EDS 能谱和元素分布图；c—Zr；d—Ni；e—Co；f—Mn

4.1.3 Li(Ni$_{0.5}$Co$_{0.2}$Mn$_{0.3}$)$_{1-x}$Zr$_x$O$_2$ 材料的 XPS 分析

为了解 Zr 元素掺杂前后 LiNi$_{0.5}$Co$_{0.2}$Mn$_{0.3}$O$_2$ 材料表面元素组成及价态变化情况，本研究对基体 LiNi$_{0.5}$Co$_{0.2}$Mn$_{0.3}$O$_2$ 材料和 Zr 掺杂量 $x=0.01$ 样品表面元素价态进行对比研究。采用 Thermo Fisher Scientific 公司的 K-Alpha1063 型 X-射线光电子能谱仪表征 Li(Ni$_{0.5}$Co$_{0.2}$Mn$_{0.3}$)$_{1-x}$Zr$_x$O$_2$($x=0$ 和 0.01) 样品表面元素组成及价态。图 4-9a 为两样品表面 Ni 元素窄扫描 XPS 图谱。采用 Avantage 软件分峰拟合后发现两样品中 Ni 由 Ni^{2+} 和 Ni^{3+} 混合组成，Zr 掺杂样品中 Ni^{3+} 含量较大，这是 $x=0.01$ 样品中较低的锂镍混排所致。图 4-9b，c 显示 Co 2p 和 Mn 2p 结合能位置分别出现在 780.19eV 和 642.59eV，根据其结合能和元素价态对应关系的相关文献报道，两元素价态分别为 +3 和 +4。此外 $x=0.01$ 样品中检测到 Zr 元素，结合能位置为 182.09eV 和 184.49eV，这与文献报道的 Zr^{4+} 的结合能大小一致[11,12]，据此可判定 Zr 元素成功掺杂进入 LiNi$_{0.5}$Co$_{0.2}$Mn$_{0.3}$O$_2$ 基体材料。

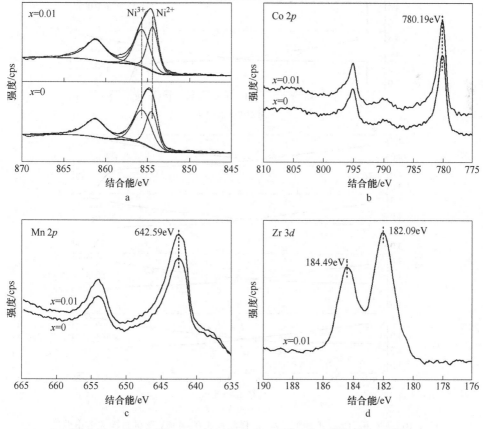

图 4-9 Li(Ni$_{0.5}$Co$_{0.2}$Mn$_{0.3}$)$_{1-x}$Zr$_x$O$_2$($x=0$ 和 0.01) 样品的 XPS 谱图

a—Ni；b—Co；c—Mn；d—Zr

4.1.4 Li(Ni$_{0.5}$Co$_{0.2}$Mn$_{0.3}$)$_{1-x}$Zr$_x$O$_2$ 材料的高电压电化学性能

图 4-10a 为 Li(Ni$_{0.5}$Co$_{0.2}$Mn$_{0.3}$)$_{1-x}$Zr$_x$O$_2$($x=0$、0.005、0.01 和 0.02)样品 0.1C 倍率下首次充放电曲线,相应电化学测试数据见表 4-2。从图中可看出各样品的充放电曲线形状基本一致,表明 Zr 元素掺杂并未破坏 LiNi$_{0.5}$Co$_{0.2}$Mn$_{0.3}$O$_2$ 材料晶体结构,同时也未生成杂相物质,这与 XRD 分析结果一致。$x=0$ 样品 0.1C 倍

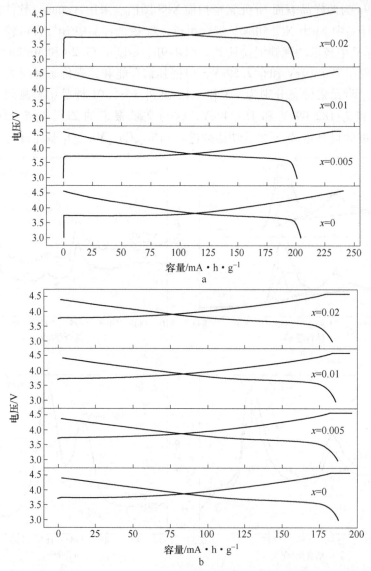

图 4-10 Li(Ni$_{0.5}$Co$_{0.2}$Mn$_{0.3}$)$_{1-x}$Zr$_x$O$_2$ 样品在 3.0~4.6V 下的首次充放电曲线

a—0.1C;b—1C

率下的首次放电比容量为 204.2mA·h/g，而 $x = 0.005$、0.01 和 0.02 样品的首次放电比容量略微降低，分别为 201.6mA·h/g、199.7mA·h/g 和 198.0mA·h/g。所有样品均在 3.8V 左右出现电压平台，对应 Ni^{2+}/Ni^{3+} 氧化还原电对。

图 4-10b 为 $Li(Ni_{0.5}Co_{0.2}Mn_{0.3})_{1-x}Zr_xO_2$（$x = 0$、0.005、0.01 和 0.02）样品在 3.0~4.6V 电压范围内 1C 倍率下首次充放电曲线。各样品的首次放电比容量则分别为 187.3mA·h/g、187.0mA·h/g、185.6mA·h/g 和 183.6mA·h/g。惰性 Zr 元素掺杂进入材料之后，参与电化学反应的活性过渡金属元素含量降低。因此 Zr 掺杂后样品在两不同倍率下的首次放电比容量均略小于未掺杂材料，且随着掺杂量的增加放电比容量逐渐降低。

表 4-2　$Li(Ni_{0.5}Co_{0.2}Mn_{0.3})_{1-x}Zr_xO_2$ 样品的电化学测试数据

样品	放电比容量/mA·g⁻¹			容量保持率 /%
	0.1C 首次	1C 首次	1C 第 100 次	
$x = 0$	204.2	187.3	129.9	69.4
$x = 0.005$	201.6	187.0	143.8	77.1
$x = 0.01$	199.7	185.6	155.5	83.8
$x = 0.02$	198.0	183.6	145.8	79.4

图 4-11 为 $Li(Ni_{0.5}Co_{0.2}Mn_{0.3})_{1-x}Zr_xO_2$（$x = 0$、0.005、0.01 和 0.02）样品在 3.0~4.6V 电压范围内 1C 倍率 100 次循环曲线。由图可知，Zr 元素掺杂样品循环稳定性优于基体 $LiNi_{0.5}Co_{0.2}Mn_{0.3}O_2$ 材料。表 4-2 中数据显示 $x = 0$ 样品 100 次循环后的放电比容量为 129.9mA·h/g，其容量保持率为 69.4%。$x = 0.005$、$x =$

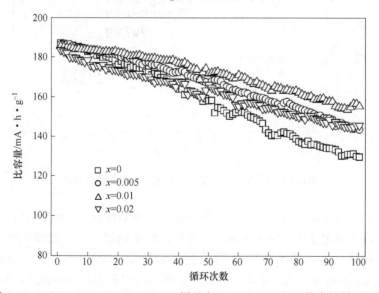

图 4-11　$Li(Ni_{0.5}Co_{0.2}Mn_{0.3})_{1-x}Zr_xO_2$ 样品在 3.0~4.6V 下 1C 倍率的循环性能

0.01 和 $x=0.02$ 的掺杂样品 100 次循环后放电比容量分别为 143.8mA·h/g、155.5mA·h/g 和 145.8mA·h/g，相应容量保持率则分别为 77.1%、83.8% 和 79.4%。循环测试验证了 Zr 掺杂增强材料结构稳定性的有益效果。由 4.1.1 节晶体结构讨论可知，Zr 掺杂 $LiNi_{0.5}Co_{0.2}Mn_{0.3}O_2$ 材料晶体结构更加稳固，使得掺杂样品在高电压下保持较好的充放电循环稳定性。但 $x=0.02$ 样品容量保持率不如 $x=0.01$ 样品。综合考虑首次放电比容量及循环性能，Zr 元素掺杂量控制在 0.01 为宜。

图 4-12 所示为 $Li(Ni_{0.5}Co_{0.2}Mn_{0.3})_{1-x}Zr_xO_2(x=0、0.005、0.01$ 和 $0.02)$ 样品在 3.0~4.6V 电压范围内不同充放电电流密度下的倍率性能。各样品在 0.1C、0.5C、1C、2C、5C 和 8C 倍率下各充放电 5 次后返回 1C 倍率下循环 5 次。小倍率下基体 $LiNi_{0.5}Co_{0.2}Mn_{0.3}O_2$ 材料的放电比容量大于 Zr 掺杂样品；但当倍率增加至 2C 后，$x=0.01$ 样品放电比容量要优于基体 $LiNi_{0.5}Co_{0.2}Mn_{0.3}O_2$ 材料；而当倍率继续增加至 8C，基体材料的放电比容量明显小于 Zr 掺杂材料。Zr 元素掺杂增大了材料中锂层间距，锂离子在层间的脱嵌加快，$Li(Ni_{0.5}Co_{0.2}Mn_{0.3})_{1-x}Zr_xO_2$ 材料的高电压倍率性能显著改善。

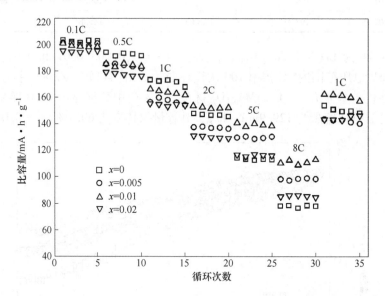

图 4-12 $Li(Ni_{0.5}Co_{0.2}Mn_{0.3})_{1-x}Zr_xO_2$ 样品倍率性能

图 4-13 为 $Li(Ni_{0.5}Co_{0.2}Mn_{0.3})_{1-x}Zr_xO_2(x=0、0.005、0.01$ 和 $0.02)$ 样品在不同倍率下的首次放电曲线。表 4-3 列出了各样品在不同倍率下首次放电比容量。相较于基体材料，$x=0.005$ 和 0.01 样品大倍率下初始放电电压增大，放电比容量更高，容量衰减放缓。倍率由 2C 增加至 5C 时，$x=0$ 样品容量降低 34.2mA·h/g，$x=0.02$ 样品容量下降 15.2mA·h/g，而 $x=0.005$ 和 0.01 样品仅分别降低

7.8mA·h/g 和 7.6mA·h/g。此外 5C 倍率时，$x=0.01$ 样品放电比容量为 140.3mA·h/g，远高于基体材料（114.0mA·h/g）。适量的 Zr 元素掺杂能够有效地抑制三元材料大倍率下的容量损失。

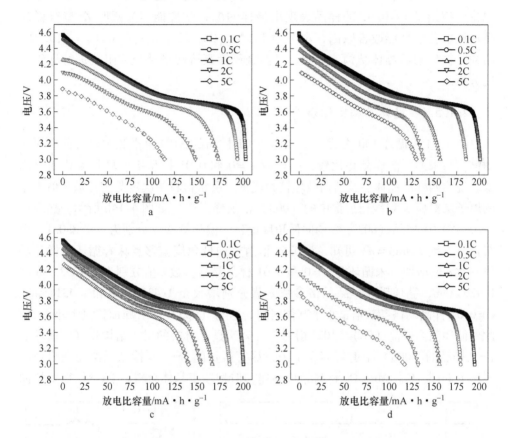

图 4-13 Li($Ni_{0.5}Co_{0.2}Mn_{0.3}$)$_{1-x}$Zr$_x$O$_2$ 样品在 3.0~4.6V 下不同倍率的首次放电曲线

a—$x=0$；b—$x=0.005$；c—$x=0.01$；d—$x=0.02$

表 4-3　Li($Ni_{0.5}Co_{0.2}Mn_{0.3}$)$_{1-x}$Zr$_x$O$_2$ 样品不同倍率下的放电比容量

样品	放电比容量/mA·h·g^{-1}				
	0.1C	0.5C	1C	2C	5C
$x=0$	203.5	188.4	173.4	148.2	114.0
$x=0.005$	201.3	185.2	156.4	137.6	129.8
$x=0.01$	200.8	185.5	166.5	153.9	140.3
$x=0.02$	195.1	179.1	155.6	131.8	116.6

4.1.5　$Li(Ni_{0.5}Co_{0.2}Mn_{0.3})_{1-x}Zr_xO_2$ 高电压电化学性能改善原因探究

晶体结构精修结果表明 Zr 掺杂明显抑制 $LiNi_{0.5}Co_{0.2}Mn_{0.3}O_2$ 材料中的锂镍混排。掺杂量 $x = 0.01$ 的样品表现出最佳的电化学性能。为阐明 Zr 掺杂样品高电压电化学性能改善原因，本节对 $Li(Ni_{0.5}Co_{0.2}Mn_{0.3})_{1-x}Zr_xO_2$（$x = 0, 0.01$）两样品循环前后晶体结构、形貌、过渡金属元素溶解量及交流阻抗进行详细对比分析。

4.1.5.1　晶体结构变化分析

图 4-14 为循环 100 次后的 $x = 0$ 和 0.01 样品的 XRD 全谱和主要特征峰对比图谱。与未循环前样品相比较，循环后 $x = 0$ 和 0.01 样品衍射峰强度均明显降低，说明两样品晶体层状结构破坏较为严重。层状材料中决定晶胞参数 c 值大小的原子层对应 X 射线衍射谱中的（003）衍射峰[13,14]。如图 4-14b 所示，循环后 $x = 0$ 和 0.01 样品（003）峰均向低角度偏移，偏移量 $\Delta 2\theta$ 分别为 0.4 和 0.1。由布拉格方程 $2d\sin\theta = n\lambda$ 可知，（003）衍射峰向低角度偏移意味着循环后样品晶格参数 c 值增加。未循环前 $x = 0$ 和 0.01 样品晶格参数 c 值分别为 1.42535nm 和 1.42634nm，循环后两样品晶格参数 c 值分别增大至 1.43869nm 和 1.43145nm。$x = 0.01$ 样品晶格参数增量小于基体材料，这与（003）衍射峰偏移量大小一致。此外循环前两样品（006）/（102）衍射峰分裂明显，材料的层状结构良好。循环后 $x = 0$ 样品的（006）衍射峰完全消失，尽管适量的 Zr 元素掺杂无法完全阻止高电压下 $LiNi_{0.5}Co_{0.2}Mn_{0.3}O_2$ 材料结构崩塌，但相较于基体材料，（003）衍射峰向

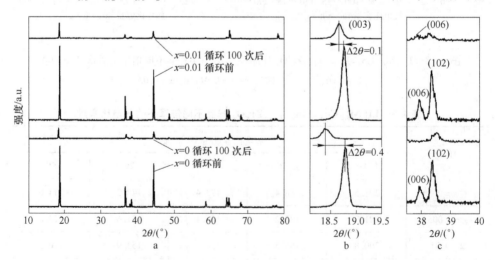

图 4-14　$Li(Ni_{0.5}Co_{0.2}Mn_{0.3})_{1-x}Zr_xO_2$（$x = 0, 0.01$）样品循环前后的 XRD 图谱

a—10°～80°；b—18°～19.5°；c—37.5°～40°

低角度的偏移得到有效抑制，同时还存在较弱的（006）衍射峰，这表明循环后 $x=0.01$ 样品的层状结构保持较好。因此，适量的 Zr 元素掺杂有利于稳定 $LiNi_{0.5}Co_{0.2}Mn_{0.3}O_2$ 材料在高电压下的晶体结构，这也验证 Rietveld 结构精修及充放电循环测试结果。

4.1.5.2 循环后样品形貌对比分析

为直观比较基体 $LiNi_{0.5}Co_{0.2}Mn_{0.3}O_2$ 材料和 Zr 掺杂样品的结构稳定性，本书对循环后极片进行了 SEM 表征。$Li(Ni_{0.5}Co_{0.2}Mn_{0.3})_{1-x}Zr_xO_2(x=0,0.01)$ 样品循环后极片的 SEM 图见图 4-15。图 4-15b，d 分别为图 4-15a，c 虚线圆框放大图。基体 $LiNi_{0.5}Co_{0.2}Mn_{0.3}O_2$ 材料球形颗粒遭受严重破坏，大量一次颗粒脱出掉落。$x=0.01$ 样品材料形貌保持较好，未见明显的结构崩塌。Zr 元素掺杂样品能够在长周期充放电循环过程中保持良好的结构稳定性。

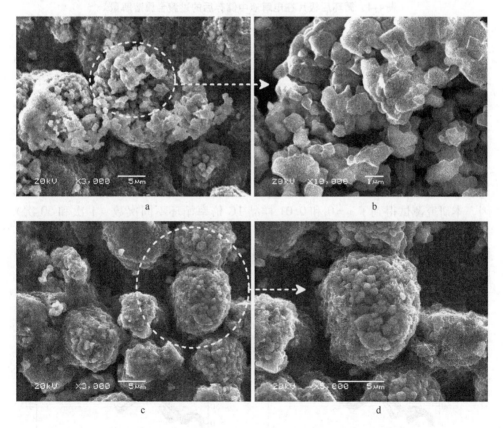

图 4-15　$Li(Ni_{0.5}Co_{0.2}Mn_{0.3})_{1-x}Zr_xO_2$ 样品循环后的 SEM 图

a，b—$x=0$；c，d—$x=0.01$

4.1.5.3 元素溶解测试

本书测试了 $3.0 \sim 4.6V$ 电压范围下 1C 倍率充放电 100 次后 $x=0$ 和 0.01 两样品极片过渡金属溶解量。由表 4-4 可知, $x=0$ 样品中过渡金属 Ni、Co 和 Mn溶解量分别为 $3.366mg/L$、$1.293mg/L$ 和 $1.875mg/L$, $x=0.01$ 样品的过渡金属元素溶解量稍有降低,分别为 $2.601mg/L$、$1.034mg/L$ 和 $1.564mg/L$。两样品中Ni 元素溶解量最大,这也归结于 $LiNi_{0.5}Co_{0.2}Mn_{0.3}O_2$ 材料充放电容量主要由 Ni^{2+}/Ni^{4+} 氧化还原电对贡献所致。Zr 元素掺杂对材料高电压下循环过程中过渡金属元素溶出有一定的抑制作用,这主要来自 Zr 元素掺杂对材料本体晶体结构较好的稳定作用。值得注意的是,Zr 元素掺杂样品活性物质依然直接暴露在电解液中,界面副反应依旧存在,因此两样品中各金属元素溶出量相差较小。

表 4-4 循环后极片在电解液中储存后的过渡金属溶解量

样 品	Ni/mg·L^{-1}	Co/mg·L^{-1}	Mn/mg·L^{-1}
$x=0$	3.366	1.293	1.875
$x=0.01$	2.601	1.034	1.564

4.1.5.4 交流阻抗分析

进一步了解 Zr 元素掺杂 $LiNi_{0.5}Co_{0.2}Mn_{0.3}O_2$ 样品高电压性能提高的具体原因,本研究测试得到了 $x=0$ 和 0.01 样品 1C 倍率循环不同次数(1 次和 50 次)后的交流阻抗图谱。图 4-16a,b 分别为 $x=0$ 和 0.01 样品在 $3.0 \sim 4.6V$ 电压范围下循环不同次数的交流阻抗谱图。图 4-16c 为模拟等效电路图。根据等效电路图拟合得到各部分阻抗值见表 4-5。

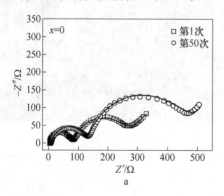
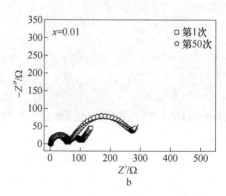

a

b

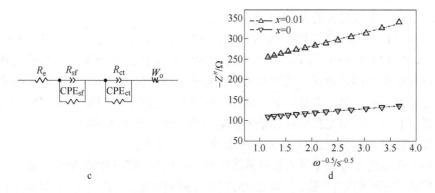

图 4-16 Li(Ni$_{0.5}$Co$_{0.2}$Mn$_{0.3}$)$_{1-x}$Zr$_x$O$_2$ 样品的交流阻抗谱图

a—$x=0$；b—$x=0.01$；c—拟合等效电路图；d—Z'-$\omega^{-0.5}$拟合曲线

表 4-5 交流阻抗参数的拟合结果

样 品	循环次数	R_{sf}/Ω	R_{ct}/Ω
$x=0$	1	69.34	164.3
	50	118.53	338.19
$x=0.01$	1	50.84	44.3
	50	60.13	213.9

结合图 4-16a，b 和表中阻抗值可知，随着充放电次数的增加，两样品的膜阻抗 R_{sf} 及电荷转移阻抗 R_{ct} 均增大。对比 R_{sf} 值变化情况发现，$x=0.01$ 样品的膜阻抗由首次循环后的 50.84Ω 增加至 50 次后的 85.71Ω，远小于基体样品，表明 Zr 掺杂后材料表面 SEI 膜在充放电初期已经形成且十分稳定。此外 $x=0.01$ 材料的电荷转移阻抗增幅小于 $x=0$ 样品，阻抗增加得到有效抑制，掺杂样品表现出较为优异的高电压电化学性能。

由结构精修结果可知，Zr 元素掺杂增大锂层间距，锂离子在固相电极材料中的迁移活化能减少。本文基于交流阻抗计算两样品 1C 首次充放电循环后的锂离子扩散系数，首先根据阻抗和频率间的相互关系式(4-1)作图 4-16d，其中 R_{sf} 和 R_{ct} 为样品的膜阻抗及电荷转移阻抗，ω 为角频率。

$$Z' = R_{sf} + R_{ct} + \sigma\omega^{-0.5} \tag{4-1}$$

对图中各点进行线性拟合即可得到 Warburg 阻抗系数 σ。在此基础上，再通过式 (4-2)$^{[15]}$ 便可计算得到各样品中锂离子的扩散系数 D_{Li^+}。

$$D_{Li^+} = \frac{R^2 T^2}{2A^2 n^4 F^4 C^2 \sigma^2} \tag{4-2}$$

式中，R 和 T 分别代表理想气体常数和绝对温度值；A 为活性电极的实际反应面积，本书中以实际极片面积代替；F 代表法拉第常数；C 为活性物质中锂离子摩尔浓度；σ 为拟合得到的 Warburg 阻抗系数。

根据上述公式计算得到 $x = 0$ 和 0.01 样品的锂离子扩散系数分别为 $1.89 \times 10^{-12} \, \text{cm}^2/\text{s}$ 和 $1.8 \times 10^{-11} \, \text{cm}^2/\text{s}$。电极材料的电化学性能特别是倍率性能与锂离子在固体电极中的扩散速率密切相关。计算表明掺杂样品的锂离子扩散系数明显大于未掺杂样品，进一步证实 Zr 元素掺杂有利于锂离子在 $\text{LiNi}_{0.5}\text{Co}_{0.2}\text{Mn}_{0.3}\text{O}_2$ 中的扩散迁移，同时也是掺杂样品倍率性能得到大幅提升的本质原因。

针对过渡金属位置进行 Zr 元素掺杂改性研究发现：

（1）Zr 元素成功掺杂进入材料晶格结构。Rietveld 结构精修结果显示 Zr 元素掺杂降低材料的锂镍混排程度，层状结构中的锂层间距增加，过渡金属层间距减小；

（2）Zr 元素掺杂样品在 $3.0 \sim 4.6V$ 电压范围下放电比容量略微降低，但其容量保持率及倍率性能均优于基体样品，其中 $\text{Li}(\text{Ni}_{0.5}\text{Co}_{0.2}\text{Mn}_{0.3})_{0.99}\text{Zr}_{0.01}\text{O}_2$ 样品表现出最佳的高电压电化学性能；

（3）Zr 掺杂使得 $\text{LiNi}_{0.5}\text{Co}_{0.2}\text{Mn}_{0.3}\text{O}_2$ 材料的锂层间距增大，锂离子迁移活化能减少，锂离子扩散加快；同时层状结构中过渡金属层间距减少，材料的结构稳定性显著增强，这是掺杂样品拥有更好高电压电化学性能的本质原因。

4.2 氧位阴离子掺杂

相较于阳离子掺杂，阴离子掺杂有如下独到的优势：

（1）液态电解液中存在 HF 和其他酸，阳离子掺杂对三元材料在高温下表面的锂和过渡金属元素溶解抑制作用有限；F 元素掺杂可形成氟氧化物，材料表现出良好的抗氧化性能；

（2）阴离子掺杂不占据锂或过渡金属元素位置，因此阴离子掺杂一般不会造成材料容量损失；

（3）层状材料中过渡金属元素氧化还原电对的活性决定其容量，但在富锂材料中容量有来自氧发生氧化还原的贡献。

因此通过阴离子掺杂调控阴离子氧化还原过程是富锂材料设计的一个重要研究方向。当然，阴离子掺杂也有其局限性，例如 F 掺杂可抑制 Fe_{Li} 反位缺陷的形成，但是因为掺杂量过大材料放电容量下降明显[16,17]。经 S 掺杂后的尖晶石 LiMn_2O_4 倍率性能和热稳定性增强，但是其电子电导率下降[18]。阴离子掺杂在 LiNiO_2 及其衍生三元正极材料中同样也表现出一些对立的影响：部分性能提高的同时某些性能则会恶化。LiNiO_2 经 S 掺杂后其容量衰减速率减缓，但是电池电压较低，能量密度下降[19]。K. Cho 等人基于密度泛函理论计算结果总结了 F、S、Cl 三种阴离子掺杂对 LiNiO_2 多种性质的作用效果。如表 4-6 所示，F 离子掺杂在多个方面表现出积极作用，尽管 F 掺杂后会导致锂镍混排增大进而造成锂离子传输受阻。基于此，作者对 $\text{LiNi}_{0.5}\text{Co}_{0.2}\text{Mn}_{0.3}\text{O}_2$ 材料进行了氧位 F 掺杂研究，考察了掺杂量对材料高电压电化学性能以及晶体结构的作用规律。

表4-6 阴离子掺杂对电池性能的作用效果

电池综合性能	材料性质	掺杂影响		
		F	Cl	S
电压	氧化还原电位	正面	负面	负面
倍率性能	离子电导率	正面	正面（低掺杂量）负面（高掺杂量）	正面（低掺杂量）负面（高掺杂量）
	锂镍混排晶格畸变	负面 —	正面 正面	正面
结构稳定性	镍离子迁移	正面	正面（高掺杂量）负面（低掺杂量）	正面（高掺杂量）负面（低掺杂量）

4.2.1 F 掺杂 $LiNi_{0.5}Co_{0.2}Mn_{0.3}O_2$ 材料晶体结构

按照一定摩尔比例称取镍钴锰氢氧化物前驱体 $Ni_{0.5}Co_{0.2}Mn_{0.3}(OH)_2$ 和 Li_2CO_3，将其置于陶瓷研钵中均匀研磨 1h，然后加入适量无水乙醇继续研磨 30min 得均匀浆料。将浆料置于80℃鼓风干燥箱内干燥3h，再将混合料置于管式炉内两段烧结得到 $LiNi_{0.5}Co_{0.2}Mn_{0.3}O_2$ 样品。F 掺杂材料制备方法如下：将成品 $LiNi_{0.5}Co_{0.2}Mn_{0.3}O_2$ 与 NH_4F 按照 1:0.02、1:0.04、1:0.06 比例均匀混合后于空气气氛中450℃烧结即得。$LiNi_{0.5}Co_{0.2}Mn_{0.3}O_{2-z}F_z$ 按照设计掺杂量分别标记为 F0、F2、F4 和 F6。图 4-17 显示了 $LiNi_{0.5}Co_{0.2}Mn_{0.3}O_{2-z}F_z$（$z=0$、0.02、0.04 和

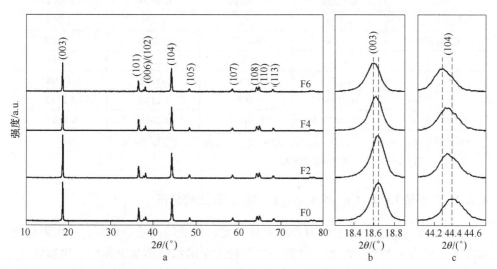

图 4-17 $LiNi_{0.5}Co_{0.2}Mn_{0.3}O_{2-z}F_z$ 样品的 XRD 图谱

0.06）样品的 XRD 衍射图谱，右侧为各样品（003）和（104）衍射峰放大图。所有样品衍射峰峰型和位置一致，与 Zr 元素掺杂一致，（003）衍射峰逐渐向低角度偏移。根据布拉格方程 $2d\sin\theta = n\lambda$ 可知，（003）衍射峰向低角度偏移意味着晶格参数 c 增大。由此可知 F 元素成功掺杂进入材料晶格结构。

表4-7 列出了 $LiNi_{0.5}Co_{0.2}Mn_{0.3}O_{2-z}F_z$ 材料的结构精修参数值。从精修误差 R_{wp} 与 R_p 值可知，所有样品 Rietveld 结构精修结果可信。随着氟掺杂量的增加，晶格参数 a、c 以及晶胞体积逐渐增大。这归因于氟元素替代材料中氧位点产生电荷补偿作用，进而导致过渡金属离子部分还原。$I_{(003)}/I_{(104)}$ 值随氟掺杂量增加逐渐下降，这与精修结果中锂镍混排值的变化趋势一致。K. Cho 等人[20]计算表明 F 掺杂导致锂镍混排增大，活性锂位点被镍离子占据，锂离子传输受阻。（003）晶面间距由两个过渡金属层和一个锂层叠加组成。[LiO_6] 和 [MO_6] 八面体层分别称之为间晶片及主晶片。$S(MO_2)$ 和 $I(LiO_2)$ 分别代表主晶片间距和间晶片间距。从表4-7 中可知，锂层间距随着氟掺杂量增加逐渐增大。研究表明固态物质中锂层间距增加可有效降低锂离子传输活化能[21]。因此，F 掺杂材料充放电过程中锂离子迁移速率更快。

表 4-7 $LiNi_{0.5}Co_{0.2}Mn_{0.3}O_{2-z}F_z$ 结构精修参数

参 数	样 品			
	F0	F2	F4	F6
a/nm	0.28742	0.28752	0.28777	0.28793
c/nm	1.42535	1.42547	1.42610	1.42609
c/a	4.9591	4.9578	4.9557	4.9529
V/nm^3	0.10178	0.10198	0.10207	0.10240
$I_{(003)}/I_{(104)}$	1.530	1.526	1.479	1.235
Li/Ni 混排	0.0536	0.0548	0.0578	0.0602
$R_p/\%$	9.54	9.77	9.85	10.01
$R_{wp}/\%$	11.24	11.43	11.82	11.98
$S(MO_2)$①$/nm$	0.21390	0.21392	0.21401	0.21400
$I(LiO_2)$②$/nm$	0.26122	0.26124	0.26136	0.26137

① 主晶片间距：$S(MO_2) = (2/3 - 2z_0)c$，式中 c 为晶胞参数，z_0 为氧原子坐标；

② 间晶片间距：$I(LiO_2) = c/3 - S(MO_2)$。

4.2.2 F 掺杂 $LiNi_{0.5}Co_{0.2}Mn_{0.3}O_2$ 材料形貌及元素分布

图4-18 为所有样品的 SEM 图，基体三元材料的结晶效果更好，一次颗粒更加细小。随着 F 掺杂量增加，材料一次颗粒边缘形状逐渐从圆角向多边形转变。因此 NH_4F 可作为有效的矿化剂在烧结过程中促进表层晶粒生长。对 F2 样品剖面

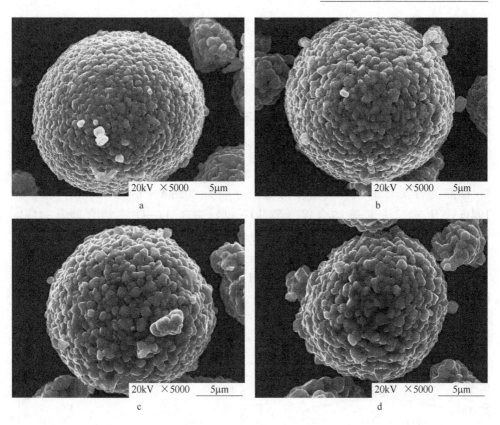

图 4-18 $LiNi_{0.5}Co_{0.2}Mn_{0.3}O_{2-z}F_z$ 样品的 SEM 图

进行 EDS 元素线扫描测试发现（见图 4-19），材料中过渡金属元素 Ni、Co、Mn

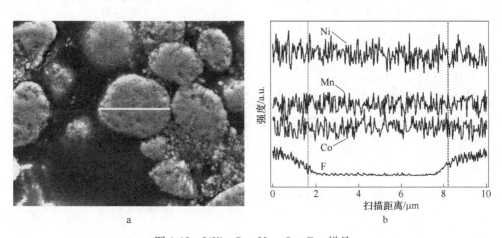

图 4-19 $LiNi_{0.5}Co_{0.2}Mn_{0.3}O_{1.98}F_{0.02}$ 样品

a—SEM 图；b—元素线扫描分布

的分布保持不变，而 F 元素则富集在材料表面处，富集深度约 1.8μm。继续往里，F 元素含量急速下降，由此形成表面 F 掺杂的 $LiNi_{0.5}Co_{0.2}Mn_{0.3}O_2$ 材料。由于煅烧温度较低，大部分氟原子没有进入到球形颗粒中心位置，而是优先掺杂在球形颗粒的表面。

4.2.3 F 掺杂 $LiNi_{0.5}Co_{0.2}Mn_{0.3}O_2$ 材料高电压电化学性能

图 4-20a 为 $LiNi_{0.5}Co_{0.2}Mn_{0.3}O_{2-z}F_z$ 样品 0.1C 倍率下首次充放电曲线。掺杂后材料放电比容量降低，基体样品首次放电容量为 204mA·h/g，而 F2、F4 和 F6 样品的首次放电比容量略微降低，分别为 202mA·h/g、198mA·h/g 和 194mA·h/g。Li—F 键结合能（577kJ/mol）强于 Li—O 键结合能（341kJ/mol）[22]，因此随着 F 掺杂量增加，样品充电平台逐渐升高，放电平台则保持不变。图 4-20b 中 F 掺杂后材料在 1C 倍率下的循环稳定性较明显的提高。尽管掺杂样品首次容量略低于基体材料，但是 F2 样品放电比容量仅从 186mA·h/g 下降至 151mA·h/g，容量保持率可达 81%，高于 F0 样品的 70%。图 4-20c 和 d 为

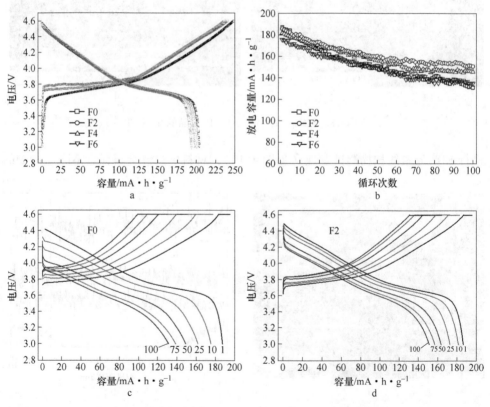

图 4-20 $LiNi_{0.5}Co_{0.2}Mn_{0.3}O_{2-z}F_z$ 材料的高电压电化学性能

a—首次充放电曲线；b—循环性能；c，d—不同循环次数下的充放电曲线

F0 和 F2 样品在不同循环次数下的充放电曲线。充放电曲线间的电压差值反映了电池极化情况，同时也与电化学阻抗相关。如图 4-20 所示，F0 样品电压差值随着循环进行急速上升，表明随着循环进行电池内部阻抗激增。

4.2.4 F 掺杂 $LiNi_{0.5}Co_{0.2}Mn_{0.3}O_2$ 材料交流阻抗及循环后晶体结构

进一步了解 F 元素掺杂 $LiNi_{0.5}Co_{0.2}Mn_{0.3}O_2$ 样品高电压性能提高的具体原因，分别对 F0 和 F2 样品 1C 倍率循环不同次数（1 次、50 次和 100 次）后的交流阻抗进行测试。图 4-21a，b 分别为 F0 和 F2 样品在 3.0 ~ 4.6 V 电压范围下循环不同次数的交流阻抗谱图。结合图 4-21a 和 b 中阻抗值可知，随着充放电次数的增加，两样品的膜阻抗 R_{sf} 及电荷转移阻抗 R_{ct} 均增大。对比 R_{sf} 值变化情况发现，F2 样品的膜阻抗由首次循环后的 40.21Ω 增加至 100 次后的 88.3Ω，小于 F0 样品，

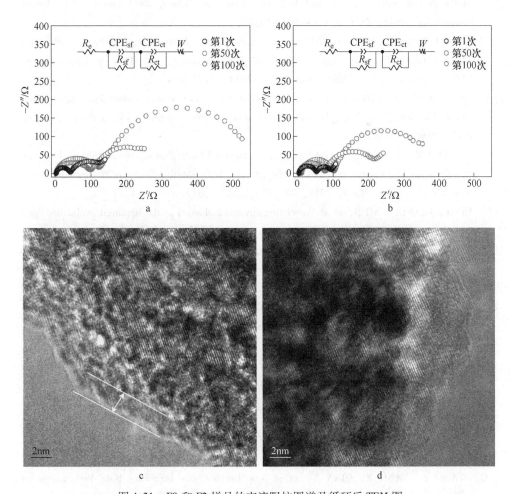

图 4-21　F0 和 F2 样品的交流阻抗图谱及循环后 TEM 图

表明 F 掺杂后材料表面 SEI 膜在充放电初期已经形成且十分稳定。此外 F2 材料的电荷转移阻抗增幅小于 F0 样品，阻抗增加得到有效抑制，F 掺杂样品表现出较为优异的高电压电化学性能。图 4-21c，d 给出了 F0 和 F2 样品循环后活性物质边缘 TEM 对比图。相比之下，F2 样品颗粒边缘晶格衍射保持规整完好，未发现其他缺陷。但 F0 样品边缘处可见少许晶格衍射条纹变化，这是高电压下界面副反应以及所产生的 HF 腐蚀的共同作用结果。

参 考 文 献

[1] HUA W, ZHANG J, ZHENG Z, et al. Na-doped Ni-rich $LiNi_{0.5}Co_{0.2}Mn_{0.3}O_2$ cathode material with both high rate capability and high tap density for lithium ion batteries [J]. Dalton Transactions, 2014, 43 (39): 14824~14832.

[2] AURBACH D, SRUR-LAVI O, GHANTY C, et al. Studies of Aluminum-Doped $LiNi_{0.5}Co_{0.2}Mn_{0.3}O_2$: Electrochemical Behavior, Aging, Structural Transformations, and Thermal Characteristics [J]. J Electrochem Soc, 2015, 162 (6): A1014~A1027.

[3] HE Z, WANG Z, CHEN H, et al. Electrochemical performance of zirconium doped lithium rich layered $Li_{1.2}Mn_{0.54}Ni_{0.13}Co_{0.13}O_2$ oxide with porous hollow structure [J]. J Power Sources, 2015, 299: 334~341.

[4] CONRY T E, MEHTA A, CABANA J, et al. Structural Underpinnings of the Enhanced Cycling Stability upon Al-Substitution in $LiNi_{0.45}Mn_{0.45}Co_{0.1-y}Al_yO_2$ Positive Electrode Materials for Li-ion Batteries [J]. Chem Mater, 2012, 24 (17): 3307~3317.

[5] MO Y, GUO L, CAO B, et al. Correlating structural changes of the improved cyclability upon Nd-substitution in $LiNi_{0.5}Co_{0.2}Mn_{0.3}O_2$ cathode materials [J]. Energy Storage Materials, 2018.

[6] SHU J, MA R, SHAO L, et al. In-situ X-ray diffraction study on the structural evolutions of $LiNi_{0.5}Co_{0.3}Mn_{0.2}O_2$ in different working potential windows [J]. J Power Sources, 2014, 245: 7~18.

[7] YANG X Q, SUN X, MCBREEN J. New findings on the phase transitions in $Li_{1-x}NiO_2$: in situ synchrotron X-ray diffraction studies [J]. Electrochemistry Communications, 1999, 1 (6): 227~232.

[8] JUNG H G, GOPAL N V, PRAKASH J, et al. Improved electrochemical performances of $LiM_{0.05}Co_{0.95}O_{1.95}F_{0.05}$ (M = Mg, Al, Zr) at high voltage [J]. Electrochim Acta, 2012, 68: 153~157.

[9] ZHANG J, LI Z, GAO R, et al. High Rate Capability and Excellent Thermal Stability of Li^+-Conductive Li_2ZrO_3-Coated $LiNi_{1/3}Co_{1/3}Mn_{1/3}O_2$ via a Synchronous Lithiation Strategy [J]. The Journal of Physical Chemistry C, 2015, 119 (35): 20350~20356.

[10] WANG Y, YANG Z, QIAN Y, et al. New Insights into Improving Rate Performance of Lithium-Rich Cathode Material [J]. Adv Mater, 2015, 27 (26): 3915~3920.

[11] LI D, KATO Y, KOBAYAKAWA K, et al. Preparation and electrochemical characteristics of LiNi$_{1/3}$Mn$_{1/3}$Co$_{1/3}$O$_2$ coated with metal oxides coating [J]. J Power Sources, 2006, 160 (2): 1342 ~ 1348.

[12] NI J, ZHOU H, CHEN J, et al. Improved electrochemical performance of layered LiNi$_{0.4}$Co$_{0.2}$Mn$_{0.4}$O$_2$ via Li$_2$ZrO$_3$ coating [J]. Electrochim Acta, 2008, 53 (7): 3075 ~ 3083.

[13] BALASUBRAMANIAN M, SUN X, YANG X, et al. In situ X-ray diffraction and X-ray absorption studies of high-rate lithium-ion batteries [J]. J Power Sources, 2001, 92 (1): 1 ~ 8.

[14] LU Z, DAHN J R. Understanding the anomalous capacity of Li/Li[Ni$_x$Li$_{(1/3 - 2x/3)}$ Mn$_{(2/3 - x/3)}$]O$_2$ cells using in situ X-ray diffraction and electrochemical studies [J]. J Electrochem Soc, 2002, 149 (7): A815 ~ A822.

[15] HO C, RAISTRICK I, HUGGINS R. Application of A-C Techniques to the Study of Lithium Diffusion in Tungsten Trioxide Thin Films [J]. J Electrochem Soc, 1980, 127 (2): 343 ~ 350.

[16] LIAO X Z, H E YS, MA Z F, et al. Effects of fluorine-substitution on the electrochemical behavior of LiFePO$_4$/C cathode materials [J]. J Power Sources, 2007, 174 (2): 720 ~ 725.

[17] RADHAMANI A V, KARTHIK C, UBIC R, et al. Suppression of FeLi · antisite defects in fluorine-doped LiFePO$_4$ [J]. Scripta Mater, 2013, 69 (1): 96 ~ 99.

[18] JIANG Q, LIU D, ZHANG H, et al. Plasma-Assisted Sulfur Doping of LiMn$_2$O$_4$ for High-Performance Lithium-Ion Batteries [J]. J Phys Chem C, 2015, 119 (52): 28776 ~ 28782.

[19] PARK S H, SUN Y K, PARK K S, et al. Synthesis and electrochemical properties of lithium nickel oxysulfide (LiNiS$_y$O$_{2-y}$) material for lithium secondary batteries [J]. Electrochim Acta, 2003, 47 (11): 1721 ~ 1726.

[20] KONG F, LIANG C, LONGO R C, et al. Conflicting roles of anion doping on the electrochemical performance of Li-ion battery cathode materials [J]. Chem Mater, 2016.

[21] KANG K, MENG Y S, BREGER J, et al. Electrodes with high power and high capacity for rechargeable lithium batteries [J]. Science, 2006, 311 (5763): 977 ~ 980.

[22] KIM G H, KIM M H, MYUNG S T, et al. Effect of fluorine on Li[Ni$_{1/3}$Co$_{1/3}$Mn$_{1/3}$]O$_{2-z}$F$_z$ as lithium intercalation material [J]. J Power Sources, 2005, 146 (1 ~ 2): 602 ~ 605.

5　三元材料表面包覆改性

混合动力汽车（HEVs）和电动汽车（EVs）市场需求的不断发展壮大对锂离子电池提出新的更高的要求。锂离子电池远景目标为高能量密度、长循环寿命以及高安全性。实现这些目标方法除了开发新的电池材料之外[1,2]，还可以继续对现有关键正负极材料进行优化。高能量密度和高功率密度锂离子电池正极材料的开发成为目前研究的热点。三元镍钴锰氧化物正极材料由于其较高的比容量、良好的安全性及较低的成本被认为是最具发展优势和应用潜力的锂离子电池正极材料。$LiNi_{0.5}Co_{0.2}Mn_{0.3}O_2$ 便是其中的典型代表。目前，$LiNi_{0.5}Co_{0.2}Mn_{0.3}O_2$ 材料虽已得到了规模化市场应用，但是其在高电压（不低于 4.5V）下的电化学性能依然不够理想。高电压下强烈的氧化环境使得高价态过渡金属离子极易与电解液发生副反应。在不断地充放电循环过程中，三元材料表面生成岩盐相的 NiO 绝缘层，二次粒子内部产生高密度粒间裂纹（见图5-1）[3]，液体电解质沿晶界和二

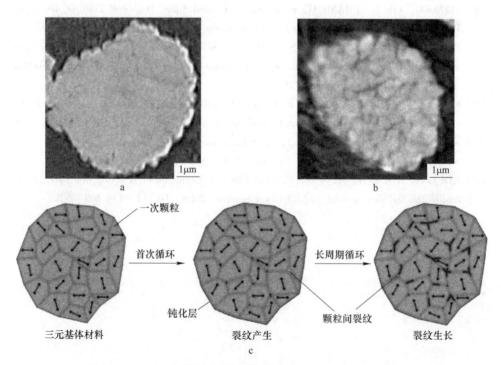

图5-1　三元正极材料透射 X 射线断层照片和裂纹生长示意图

次粒子裂纹的渗透加剧了活性物质与电解液间反应，导致循环稳定性及倍率性能急剧恶化。研究表明通过 Zr 和 F 元素掺杂可以一定程度上增强 LiNi$_{0.5}$Co$_{0.2}$Mn$_{0.3}$O$_2$ 材料结构稳定性，进而改善材料的高电压电化学性能。但是电池充放电循环过程中材料依然直接暴露在电解液中，活性物质与电解液之间的副反应仍旧存在。

通过表面包覆减少材料活性物质与电解液之间的直接接触，抑制界面副反应的发生进而改善材料的电化学性能成为当前研究热点。目前，文献报道的包覆物质主要有氧化物 Al$_2$O$_3$、TiO$_2$、ZrO$_2$ 和 CuO 等，氟化物 LiF、CaF$_2$ 和 AlF$_3$ 等，磷酸盐 AlPO$_4$、FePO$_4$、LaPO$_4$ 和 SiP$_2$O$_7$ 等。W. Liu 等发现 TiO$_2$ 包覆能够大幅提升 LiNi$_{0.5}$Co$_{0.2}$Mn$_{0.3}$O$_2$ 材料高电压及高温下的循环稳定性[4]。研究指出 TiO$_2$ 包覆减少活性物质与电池电解液之间的直接接触，稳定材料表面结构，抑制过渡金属元素的溶解。Y. S. Lee 等人以 LiOH 与 SiP$_2$O$_7$ 包覆的 Ni$_{0.5}$Co$_{0.2}$Mn$_{0.3}$(OH)$_2$ 前驱体为原料，直接一步煅烧合成得到目标产物[5]。改性后材料倍率性能及热稳定性均得到明显改善。上述多数包覆物质均为电化学惰性或锂离子不良导体，易造成材料容量损失，阻碍锂离子在材料表面的自由脱嵌。

本章以 LiNi$_{0.5}$Co$_{0.2}$Mn$_{0.3}$O$_2$ 为基体材料，通过冷冻干燥辅助构筑稀土氧化物 La$_2$O$_3$ 包覆层，详细研究其对高电压电化学性能的影响，此外还通过液相沉淀法在材料表面构筑锂离子导体 Li$_2$ZrO$_3$ 和 Li$_2$O - 2B$_2$O$_3$ 非晶态包覆层，以期在不造成放电容量损失的条件下，同时改善锂离子在 LiNi$_{0.5}$Co$_{0.2}$Mn$_{0.3}$O$_2$ 材料表面的传导，从而大幅度改善 LiNi$_{0.5}$Co$_{0.2}$Mn$_{0.3}$O$_2$ 的高电压电化学性能。

5.1　稀土氧化物 La$_2$O$_3$ 表面包覆

5.1.1　La$_2$O$_3$ 包覆 LiNi$_{0.5}$Co$_{0.2}$Mn$_{0.3}$O$_2$ 样品的晶体结构

La$_2$O$_3$ 是一种热稳定优异的化合物，同时还具有良好的抗氧化性能[6~8]。图 5-2a 为基体 LiNi$_{0.5}$Co$_{0.2}$Mn$_{0.3}$O$_2$ 材料和 La$_2$O$_3$ 包覆样品的 XRD 图谱。从图中可明显看出，La$_2$O$_3$ 包覆后的 LiNi$_{0.5}$Co$_{0.2}$Mn$_{0.3}$O$_2$ 材料与基体样品的 XRD 衍射峰位置与强度一致，均属于 α-NaFeO$_2$ 层状结构，表明 La$_2$O$_3$ 包覆并未改变基体材料的晶体结构。图 5-2b 为六水硝酸镧及其焙烧产物。通过比对发现在与包覆实验相同温度下所得氧化物为 La$_2$O$_3$(JCPDS No. 73 - 2141)[9]，由此可知在基体表面可得到 La$_2$O$_3$ 包覆层。

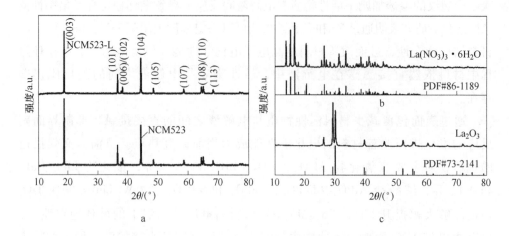

图 5-2 各样品的 XRD 图谱

a—基体材料与 La_2O_3 包覆样品；b—六水硝酸镧；c—La_2O_3 的 XRD 图谱

5.1.2 La_2O_3 包覆 $LiNi_{0.5}Co_{0.2}Mn_{0.3}O_2$ 样品的形貌与元素分布

图 5-3a，b 为基体 $LiNi_{0.5}Co_{0.2}Mn_{0.3}O_2$ 材料与 La_2O_3 包覆样品的 SEM 图。从图中可看出，La_2O_3 包覆后的材料依然保持良好的球形形貌。与基体材料相比较，包覆样品一次颗粒表面模糊不清，颗粒之间不再有明显的界限。继续对比两样品的 HRTEM 图片可知，基体材料表面无附着物，清晰地晶格衍射条纹从基体内部一直延伸至最外层，间距为 0.20nm 的衍射条纹对应 (104) 晶面。经过包覆处理后，在 NCM523 颗粒边缘可见连续均匀的包覆层，包覆层具有良好的结晶度，晶格衍射条纹间距为 0.23nm，对应着包覆层物质 (012) 晶面。

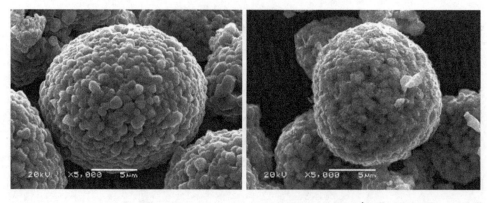

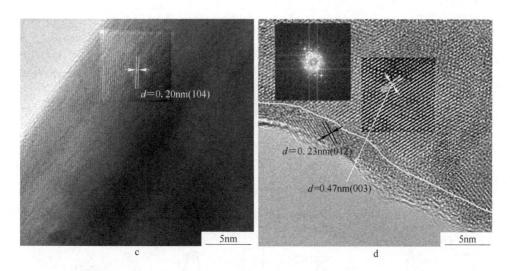

图 5-3　基体 LiNi$_{0.5}$Co$_{0.2}$Mn$_{0.3}$O$_2$ 材料与 La$_2$O$_3$ 包覆样品的 SEM 和 TEM 图

a，c—基体；b，d—La$_2$O$_3$ 包覆样品

5.1.3　基体材料与 La$_2$O$_3$ 包覆样品的 XPS 分析

图 5-4 给出了两样品表面不同元素的 XPS 测试结果。包覆后样品颗粒表面除基体材料表面存在元素之外，还检测到 La 元素。图 5-4b ~ d 显示 La$_2$O$_3$ 修饰前后过渡金属元素结合能峰位置基本一致，Ni 元素为 + 2 和 + 3 混合价态，Co 和 Mn 价态分别为 + 3 和 + 4 价。O1s 峰结合能 529.2eV 处对应基体材料中的过渡金属与氧间化学键（Ni—O，Co—O 和 Mn—O）。包覆样品表面 O 元素在 529.2eV 处的谱峰强度明显减弱，这也间接证明表面存在均匀的包覆层。此外，表面氧化物包覆层的存在导致 O 元素在结合能约为 531.6eV 处的谱峰强度增加。该部分氧来自材料表面吸附的 CO$_2$ 和 H$_2$O，包覆后由于 La$_2$O$_3$ 中含有氧元素，导致谱峰峰值增大。图 5-4f La 3d 光谱中存在四个信号峰，分别位于 861.4eV、854.6eV、837.8eV 和 834.4eV 处。前两处峰对应 La 3$d_{3/2}$，后两处峰则对应 La 3$d_{5/2}$，由此说明 NCM523 材料表面 La 以 La^{3+} 形式存在[10,11]。结合 XRD、SEM 以及 TEM 表征可知表面包覆物质为 La$_2$O$_3$。

5.1.4　La$_2$O$_3$ 包覆 LiNi$_{0.5}$Co$_{0.2}$Mn$_{0.3}$O$_2$ 样品的高电压电化学性能

图 5-5a 为 3.0 ~ 4.6V 电压范围内 0.1C 倍率下的两样品首次充放电曲线。各样品的充放电曲线形状基本一致，说明包覆物质 La$_2$O$_3$ 未参与半电池电化学反应。基体样品 0.1C 倍率下的首次放电比容量为 201mA·h/g，库仑效率为 80.8%，包覆样品首次放电比容量（202.9mA·h/g）和首次库仑效率（83.9%）

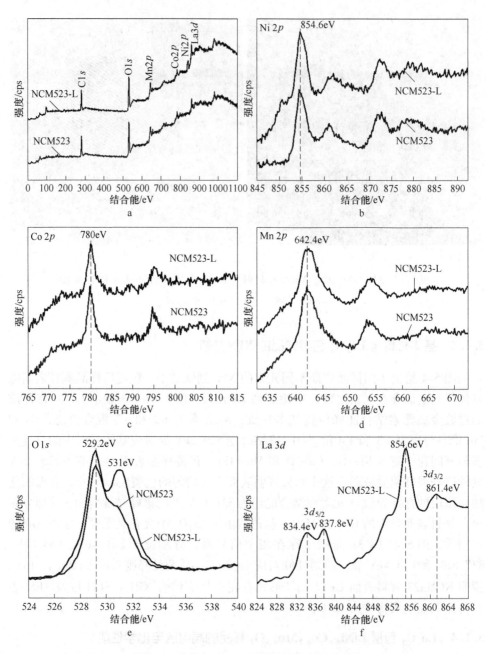

图 5-4 基体与 La₂O₃ 包覆样品的 XPS 谱图

a—全谱；b—Ni；c—Co；d—Mn；e—O；f—La

略有增加。这与半电池极化值相关，将在循环伏安曲线加以讨论。基体样品的较低的放电比容量与库仑效率与其在 4.6V 电压下活性物质与电解液间的界面结构

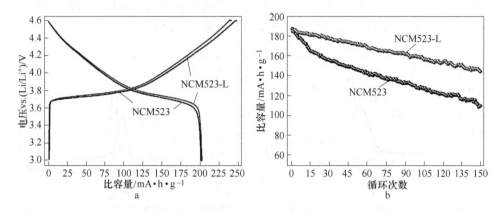

图 5-5 基体材料与 La₂O₃ 包覆样品首次充放电曲线 （a） 及循环性能 （b）

恶化有关。La₂O₃ 包覆层的优点在于其可作为物理屏障阻止电解液与正极材料的直接接触，促进界面锂离子的穿梭传输。两样品 1C 倍率下循环性能见图 5-5b。尽管基体材料 1C 首次放电容量略高于修饰后样品，但其循环稳定性欠佳。经过150 次循环后，两样品放电比容量分别为 109.7mA·h/g 和 144.3mA·h/g。基体材料对应的容量保持率仅为 58%，而 La₂O₃ 包覆样品可达 80%。得益于表面 La₂O₃ 氧化物层良好的抗氧化性能，活性物质 LiNi₀.₅Co₀.₂Mn₀.₃O₂ 在其保护下可免受长周期循环过程中所产生 HF 的攻击腐蚀，界面反应显著减少。

5.1.5 循环伏安和交流阻抗分析

图 5-6 为基体材料与 La₂O₃ 包覆样品前四次循环伏安曲线。两样品循环伏安曲线中只存在过渡金属元素氧化还原峰。通常，循环伏安曲线中氧化峰峰值电压与还原峰峰值电压之间的差值 ΔE_p 可以反映半电池中所发生电化学反应的可逆程度。基体材料与包覆样品首次循环伏安曲线中氧化峰峰值电压与还原峰峰值电压分别为 3.888/3.682V 和 3.832/3.7V，对应 ΔE_p 值则分别为 0.206V 和 0.132V。由此可知基体样品首次充放电过程可逆性较差，电化学极化较大，这与 0.1C 倍率下首次充放电结果一致。

图 5-7a，b 给出了两样品第 10 次和第 150 次循环后满充状态下的交流阻抗图谱。经过 10 次和 150 次循环后，包覆样品在高频区的膜阻抗值均小于基体材料，表明经过 La₂O₃ 修饰后活性物质与电解液间的界面更加稳定。此外，基体材料电荷转移阻抗由第 10 次循环后的 72.6Ω 迅速增加至 150 次循环后的 318.7Ω，对应包覆样品阻抗值仅由 32.5Ω 增长至 89.3Ω。基于低频区域的 Warburg 阻抗值，通过式 （4-1） 和式 （4-2） 可计算相应样品的锂离子扩散系数。图 5-7d 为阻抗和频率间的相互关系式。计算得到基体材料与包覆样品的锂离子扩散系数分别为 1.14×10^{-11} cm²/s

和 $4.91 \times 10^{-11} \mathrm{cm}^2/\mathrm{s}$，证明 $\mathrm{La_2O_3}$ 包覆有利于锂离子在界面和本体内的扩散迁移，同时这也是包覆样品的高电压电化学性能得以大幅度改善的重要原因。

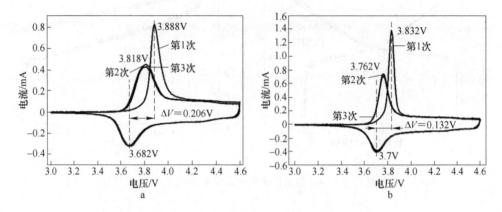

图 5-6　基体材料与 $\mathrm{La_2O_3}$ 包覆样品循环伏安曲线

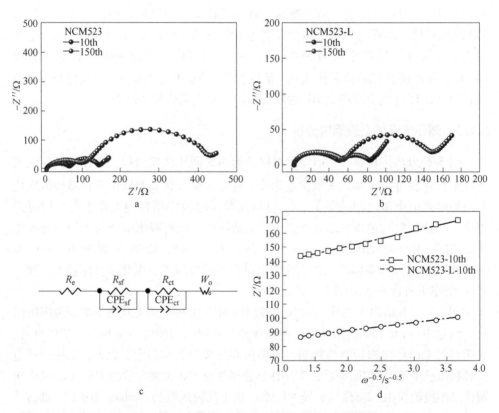

图 5-7　基体材料与 $\mathrm{La_2O_3}$ 包覆样品交流阻抗图谱

a，b—基体材料与 $\mathrm{La_2O_3}$ 包覆样品交流阻抗图谱；c—等效电路图；d—Z'-$\omega^{-0.5}$拟合曲线

5.2 锂离子导体 Li$_2$ZrO$_3$ 包覆

Li$_2$ZrO$_3$ 是一种优良的锂离子导体材料，与目前广泛研究报道的另外一种锂离子导体化合物 Li$_4$Ti$_5$O$_{12}$ 相比较，其锂离子扩散系数更大（约 $10^{-6} \sim 10^{-8}$ cm^2/s）[12]。此外其热力学稳定性好，高电位下化学稳定性强，是一种十分理想的正极材料表面包覆材料。通过液相沉淀法可制备得到 Li$_2$ZrO$_3$ 包覆的 LiNi$_{0.5}$Co$_{0.2}$Mn$_{0.3}$O$_2$ 材料，在此基础之上探讨不同包覆量对正极材料晶体结构及高电压电化学性能的影响，同时通过循环伏安曲线测试、交流阻抗、循环前后形貌变化和过渡金属元素溶解情况揭示 Li$_2$ZrO$_3$ 包覆 LiNi$_{0.5}$Co$_{0.2}$Mn$_{0.3}$O$_2$ 材料高电压电化学性能改善的根本原因。

纯相 Li$_2$ZrO$_3$ 合成对温度极其敏感，制备过程中容易生成 ZrO$_2$。因此在对基体 LiNi$_{0.5}$Co$_{0.2}$Mn$_{0.3}$O$_2$ 材料表面进行 Li$_2$ZrO$_3$ 包覆改性前，研究 Li$_2$ZrO$_3$ 的最佳合成温度十分重要。按照生成 Li$_2$ZrO$_3$ 所需比例称取 Zr(NO$_3$)$_4$·5H$_2$O 和 CH$_3$COOLi·2H$_2$O 置于 50mL 烧杯中，加入乙醇将其溶解成均一溶液。然后将烧杯置于磁力搅拌器中搅拌 4h 后转移至恒温水浴锅中 80℃ 下搅拌蒸干，将所得粉末在管式炉中分别于 600℃、650℃、700℃ 和 800℃ 下煅烧 4h 得到 Li$_2$ZrO$_3$ 样品。Li$_2$ZrO$_3$ 包覆 LiNi$_{0.5}$Co$_{0.2}$Mn$_{0.3}$O$_2$ 材料制备方法与纯相 Li$_2$ZrO$_3$ 类似。按照生成 Li$_2$ZrO$_3$ 所需比例称取 Zr(NO$_3$)$_4$·5H$_2$O 和 CH$_3$COOLi·2H$_2$O 置于 50mL 烧杯中，加入适量无水乙醇将其溶解成均一溶液。然后按照实验设计包覆量称取基体 LiNi$_{0.5}$Co$_{0.2}$Mn$_{0.3}$O$_2$ 材料分散在上述溶液中后置于磁力搅拌器中搅拌 4h。将得到的混合浆液于水浴锅中 80℃ 下搅拌蒸干。最后将所得粉末装入烧舟置于管式炉中在 Li$_2$ZrO$_3$ 最佳合成温度下焙烧 4h 随炉冷却得到改性样品。Li$_2$ZrO$_3$ 包覆量（质量分数）分别为 0.5%、1%、2% 和 3%。

5.2.1 Li$_2$ZrO$_3$ 合成温度探究

图 5-8 为不同温度下合成的 Li$_2$ZrO$_3$ 样品的 XRD 图谱。由图可知，在所研究温度范围内样品主物相均为 Li$_2$ZrO$_3$。温度为 600℃ 和 650℃ 时，样品在 30.4° 和 50.2° 存在 ZrO$_2$ 特征衍射峰，表明样品中 ZrO$_2$ 杂质含量较多，同时其结晶度良好；而当烧结温度为 700℃ 和 800℃ 时，ZrO$_2$ 在 50.2° 处的衍射峰强度减弱，30.4° 处较强衍射峰消失，取而代之的是在 27° ~ 34° 之间的三个较弱衍射峰。比较 700℃ 和 800℃ 下 Li$_2$ZrO$_3$ 样品的图谱发现，700℃ 下 27° ~ 34° 间 ZrO$_2$ 杂相衍射峰强度较弱，考虑到 800℃ 下高温处理容易造成锂损失，因此将 Li$_2$ZrO$_3$ 包覆 LiNi$_{0.5}$Co$_{0.2}$Mn$_{0.3}$O$_2$ 材料烧结温度设定为 700℃。

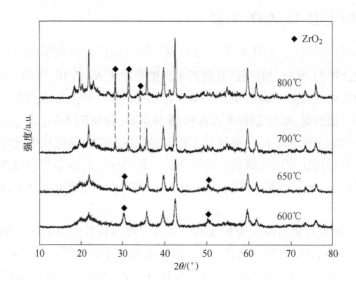

图 5-8   不同温度下合成的 Li_2ZrO_3 样品 XRD 图谱

5.2.2 Li_2ZrO_3 包覆 $LiNi_{0.5}Co_{0.2}Mn_{0.3}O_2$ 样品的晶体结构

图 5-9a 为基体 $LiNi_{0.5}Co_{0.2}Mn_{0.3}O_2$ 材料和 Li_2ZrO_3 包覆样品的 XRD 图谱。从图中可明显看出，Li_2ZrO_3 包覆后的 $LiNi_{0.5}Co_{0.2}Mn_{0.3}O_2$ 材料与基体样品的 XRD 图谱保持一致，均属于典型的六方晶系、α-$NaFeO_2$ 层状结构，表明 Li_2ZrO_3 包覆并未改变基体材料的晶体结构。当 Li_2ZrO_3 包覆量（质量分数）为 0.5%、1% 和 2% 时，在相应样品的 XRD 图谱上并未观察到 Li_2ZrO_3 的特征衍射峰，这可能是由于 Li_2ZrO_3 包覆量太少所致。而当包覆量（质量分数）增加至 3% 时，在 35°~45°范围内出现不属于基体材料的衍射峰。

图 5-9b 为基体材料和包覆量（质量分数）为 3% 样品 XRD 局部放大图。与基体材料相比较，Li_2ZrO_3 包覆样品在 35.8°、39.9°和 42.5°处均出现明显的衍射峰，其衍射角与 Li_2ZrO_3 标准 PDF 卡片（JCPDS No. 41-0324）一致。由此说明，700℃下烧结可以在基体材料表面形成结晶度良好的 Li_2ZrO_3 包覆层。表 5-1 列出了根据 XRD 图谱计算得到的各样品晶格参数。从参数变化情况可知，表面 Li_2ZrO_3 包覆并未对基体材料的晶格参数产生显著影响。随着 Li_2ZrO_3 包覆量的增加，晶格参数 a 与 c 值略微增加。J. Zhang 等研究发现，采用同时锂化方法在 $LiNi_{1/3}Co_{1/3}Mn_{1/3}O_2$ 表面形成 Li_2ZrO_3 包覆层的过程中，部分 Zr^{4+} 烧结进入了材料表面晶格中，导致晶格参数增加[13]。此外，各样品的 c/a 值均大于 4.9，表明样品层状结构良好。

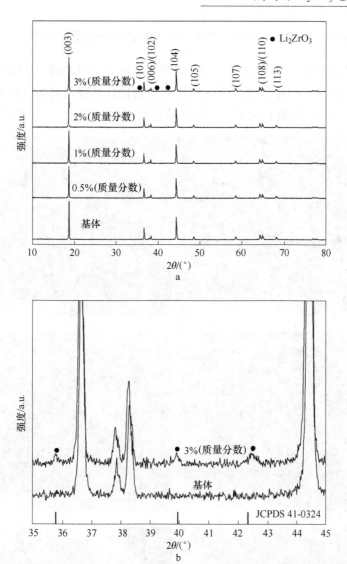

图 5-9 基体 $LiNi_{0.5}Co_{0.2}Mn_{0.3}O_2$ 与 Li_2ZrO_3 包覆样品的 XRD 图谱

表 5-1 基体材料与不同 Li_2ZrO_3 包覆量样品的晶格参数

样品(质量分数)/%	a/nm	c/nm	c/a
基体	0.28736	1.42530	4.9600
0.5%	0.28740	1.42528	4.9592
1%	0.28743	1.42534	4.9585
2%	0.28745	1.42540	4.9588
3%	0.28750	1.42545	4.9581

5.2.3 Li$_2$ZrO$_3$ 包覆 LiNi$_{0.5}$Co$_{0.2}$Mn$_{0.3}$O$_2$ 样品的形貌与元素分布

图 5-10 为基体 LiNi$_{0.5}$Co$_{0.2}$Mn$_{0.3}$O$_2$ 材料与不同 Li$_2$ZrO$_3$ 包覆量样品的 SEM 图。从图中可看出，Li$_2$ZrO$_3$ 包覆后的材料依然保持良好的球形形貌。相较于基体材料，包覆量（质量分数）为 0.5% 的样品表面无明显变化，一次颗粒清晰可见，

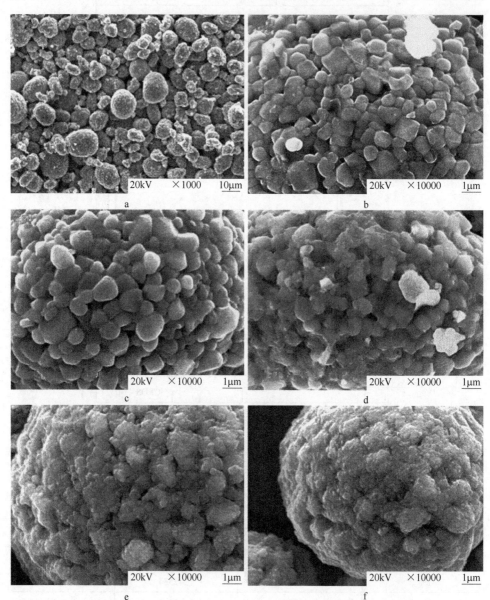

图 5-10 基体 LiNi$_{0.5}$Co$_{0.2}$Mn$_{0.3}$O$_2$ 材料与 Li$_2$ZrO$_3$ 包覆样品的 SEM 图

a, b—基体；c—0.5%（质量分数）；d—1%（质量分数）；e—2%（质量分数）；f—3%（质量分数）

颗粒之间的界限十分明显。随着包覆量（质量分数）增加至1%和2%，颗粒表面轮廓逐渐模糊，颗粒界限愈发难以分辨。当包覆量（质量分数）为3%时，颗粒表面可见明显的包覆层，结合上节 XRD 分析，进一步说明颗粒表面成功包覆了 Li_2ZrO_3。

图 5-11 为 Li_2ZrO_3 包覆量（质量分数）为 1% 的 $LiNi_{0.5}Co_{0.2}Mn_{0.3}O_2$ 样品的

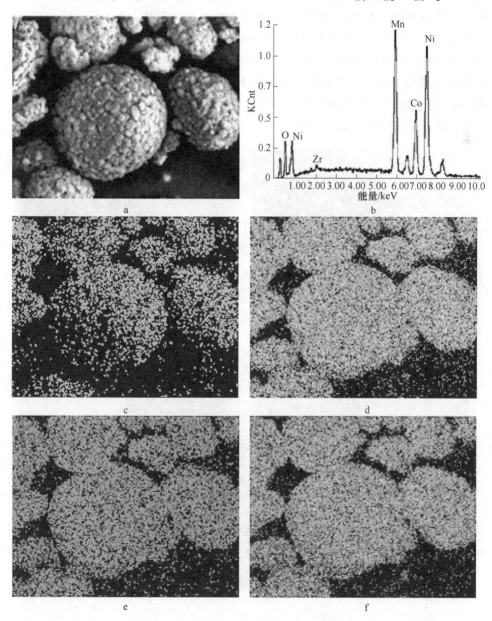

图 5-11 Li_2ZrO_3 包覆样品能谱及元素分布图

a—SEM 图；b—EDS；c—Zr；d—Ni；e—Co；f—Mn

EDS 能谱及各元素的面扫描分布图。从 EDS 能谱中可知，除 Ni、Co 和 Mn 元素之外，还检测到 Zr 元素。观察面扫描分布图发现，Zr 元素与 Ni、Co 和 Mn 元素分布区域一致且十分均匀，由此表明 Li_2ZrO_3 包覆层在基体材料表面分布较为均匀，包覆效果较好。为直观反映 Li_2ZrO_3 在基体材料表面的包覆效果，本文对包覆量（质量分数）为 1% 的样品进行 TEM 测试，并与基体 $LiNi_{0.5}Co_{0.2}Mn_{0.3}O_2$ 材料进行对比。图 5-12a 为基体材料 TEM 图。从图中可看出，材料颗粒表面十分光滑且从颗粒内部直至边缘 TEM 图中色调一致，表面无附着物。图 5-12b，c 为 Li_2ZrO_3 包覆样品不同放大倍数下的 TEM 图。与基体材料相比较，样品颗粒表面可观察到一层颜色较浅的连续包覆物质。边缘包覆层与内部基体材料之间的界限十分明显，包覆层的厚度约为 5nm。

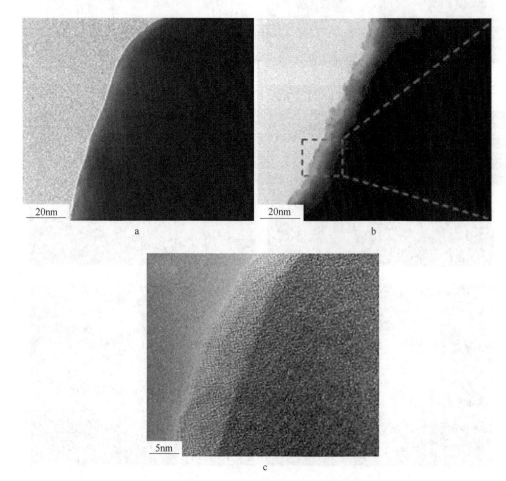

图 5-12 样品的 TEM 图

a—基体材料；b，c—Li_2ZrO_3 包覆量（质量分数）为 1% 的样品的 TEM 图

5.2.4 基体材料与 Li₂ZrO₃ 包覆量（质量分数）为1%样品的 XPS 分析

图 5-13a 为基体材料和 Li₂ZrO₃ 包覆量（质量分数）为 1% 的样品的元素全

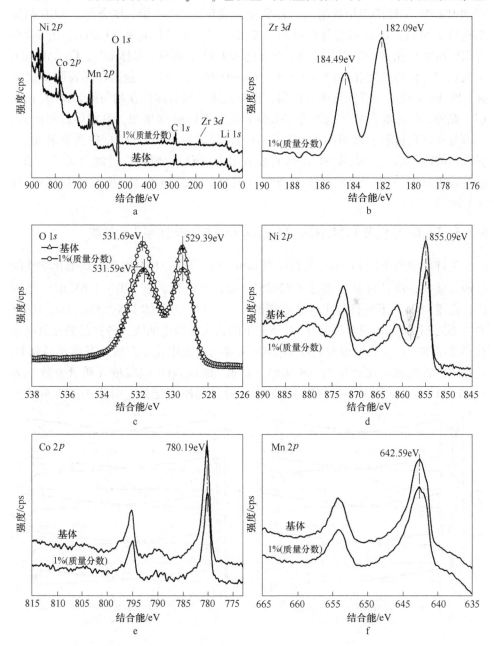

图 5-13 基体与 Li₂ZrO₃ 包覆量（质量分数）为 1% 的样品的 XPS 谱图

a—全谱；b—Zr；c—O；d—Ni；e—Co；f—Mn

分析图谱。基体材料表面组成元素分别为 Li、Ni、Co、Mn、O 和 C，C 元素来自材料表面吸附的 CO_2。包覆后样品颗粒表面除上述元素之外，还存在 Zr 元素。图 5-13b 为包覆样品表面 Zr 元素的 XPS 图谱。Zr $3d$ 特征峰由 182.09eV 处的主峰和 184.49eV 处的卫星峰组成，表明 Zr 元素价态为 +4 价。结合前文 XRD 晶体结构以及 SEM、TEM 形貌分析可知包覆层为锂离子导体物质 Li_2ZrO_3。图 5-13c 为两样品中 O 元素 XPS 对比图谱。结合能 529.39eV 处对应基体 $LiNi_{0.5}Co_{0.2}Mn_{0.3}O_2$ 中的过渡金属与氧间化学键（Ni—O，Co—O 和 Mn—O）。包覆样品表面 O 元素在 529.39eV 处的谱峰强度明显减弱，这也间接证明表面存在均匀的 Li_2ZrO_3 包覆层。此外，O 元素在结合能约为 531.6eV 处的谱峰强度增加。对基体材料而言，这部分氧来自材料表面吸附的 CO_2 和 H_2O，包覆后由于 Li_2ZrO_3 中含有氧元素，导致谱峰峰值增大。从图 5-13d ~ f 可以看出 Li_2ZrO_3 包覆前后过渡金属元素结合能峰位置基本一致，Ni 元素为 +2 和 +3 混合价态，Co 和 Mn 价态分别为 +3 和 +4 价。

5.2.5 Li_2ZrO_3 包覆 $LiNi_{0.5}Co_{0.2}Mn_{0.3}O_2$ 样品的高电压电化学性能

为详细考察不同 Li_2ZrO_3 包覆量对 $LiNi_{0.5}Co_{0.2}Mn_{0.3}O_2$ 材料高电压电化学性能的改善效果，将各样品组装成 CR2025 型扣式半电池，在 3.0 ~ 4.6V 电压范围内，温度为 25℃下进行电化学性能测试。图 5-14a 为基体 $LiNi_{0.5}Co_{0.2}Mn_{0.3}O_2$ 材料与不同 Li_2ZrO_3 包覆量样品 0.1C 倍率下的首次充放电曲线。各样品的充放电曲线形状基本一致，表明包覆物质 Li_2ZrO_3 未参与电池电化学反应。基体样品 0.1C 倍率下的首次放电比容量为 204.9mA·h/g，而 Li_2ZrO_3 包覆量（质量分数）为 0.5%、1%、2% 和 3% 样品的首次放电比容量却略有增加，分别为 207.4mA·

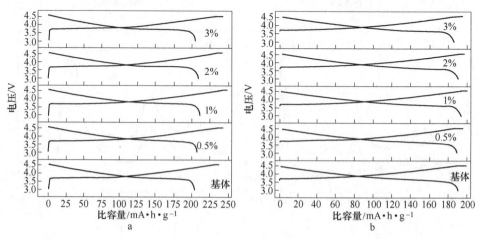

图 5-14 基体材料与不同 Li_2ZrO_3 包覆量（质量分数）样品首次充放电曲线

a—0.1C；b—1C

h/g、209.6mA·h/g、208.6mA·h/g 和 205.0mA·h/g。图 5-14b 为基体 LiNi$_{0.5}$Co$_{0.2}$Mn$_{0.3}$O$_2$ 材料与不同 Li$_2$ZrO$_3$ 包覆量样品 1C 倍率下首次充放电曲线。基体材料与包覆量（质量分数）为 0.5%、1%、2% 和 3% 样品的首次放电比容量则分别为 187.7mA·h/g、189.4mA·h/g、193.6mA·h/g、189.7mA·h/g 和 176.9mA·h/g。

图 5-15 为基体 LiNi$_{0.5}$Co$_{0.2}$Mn$_{0.3}$O$_2$ 材料与不同 Li$_2$ZrO$_3$ 包覆量样品在 3.0 ~ 4.6V 电压范围内 1C 倍率 100 次循环曲线。从图中可明显看出，Li$_2$ZrO$_3$ 包覆样品循环稳定性有明显改善。基体 LiNi$_{0.5}$Co$_{0.2}$Mn$_{0.3}$O$_2$ 材料 100 次循环后的放电比容量为 136.6mA·h/g，其容量保持率为 72.8%。包覆量（质量分数）为 0.5%、1%、2% 和 3% 的样品放电比容量分别为 152.0mA·h/g、164.2mA·h/g、144.9mA·h/g 和 130.7mA·h/g，相应容量保持率则分别为 80.3%、84.8%、76.4% 和 73.9%。值得注意的是随着包覆量（质量分数）增加至 2% 和 3%，包覆样品的循环稳定性开始下降。虽然表面 Li$_2$ZrO$_3$ 包覆层有利于锂离子的快速脱嵌，但是包覆层过厚引起的阻抗增加也不容忽视。因此采取包覆方法对 LiNi$_{0.5}$Co$_{0.2}$Mn$_{0.3}$O$_2$ 材料进行高电压性能改善时应该控制包覆量。综合考虑首次容量及循环稳定性，Li$_2$ZrO$_3$ 包覆量（质量分数）控制为 1% 为宜。

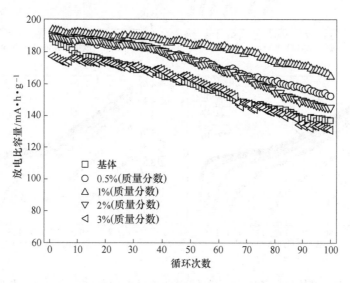

图 5-15　基体与不同 Li$_2$ZrO$_3$ 包覆量样品 1C 倍率下的循环性能

图 5-16a 为基体材料与不同 Li$_2$ZrO$_3$ 包覆量样品在 3.0 ~ 4.6V 电压范围内不同充放电电流密度下的倍率性能。各样品在 0.2C、0.5C、1C、2C、5C 和 10C 倍率下各充放电 5 次后返回 0.5C 倍率循环 5 次。表 5-2 为各样品在不同倍率下的首次放电比容量。结合图 5-16a 和表数据可知，Li$_2$ZrO$_3$ 包覆量（质量分数）为

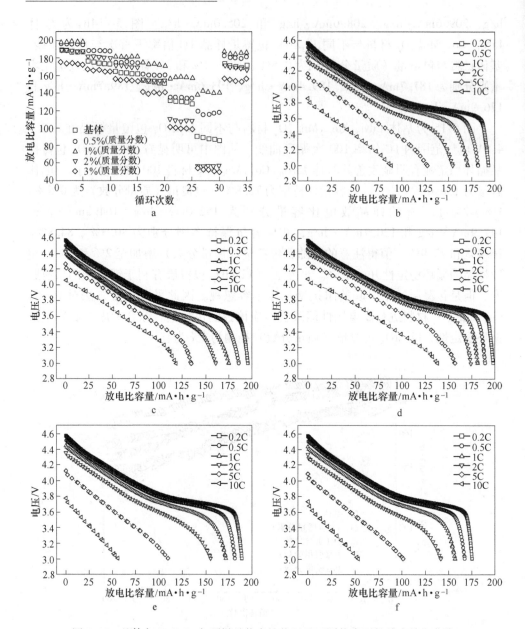

图 5-16 基体与 Li_2ZrO_3 包覆样品倍率性能以及不同倍率下的首次放电曲线

a—基体与 Li_2ZrO_3 包覆样品倍率性能以及不同倍率下的首次放电曲线；

b—基体；c—0.5%（质量分数）；d—1%（质量分数）；e—2%（质量分数）；f—3%（质量分数）

0.5%和1%的样品在不同倍率下的放电比容量均高于基体材料，在高倍率下这一优势更加明显。10C 倍率下包覆量（质量分数）为1%的样品放电比容量为

138.2mA·h/g，而基体材料仅为 90.1mA·h/g。包覆量（质量分数）为 2% 的样品小倍率放电容量与基体材料相当，但高倍率下容量衰减明显加快；包覆量（质量分数）为 3% 的样品倍率性能较差，各倍率下均不及基体材料。图 5-16b ~ f 所示为各样品在不同倍率下的首次放电曲线。Li$_2$ZrO$_3$ 包覆量（质量分数）为 1% 的样品大倍率下（5C 和 10C）的初始放电电压明显高于基体材料和其他包覆样品。以 10C 倍率为例，其初始放电电压为 4.08V，远高于基体材料（3.82V）和包覆量（质量分数）为 3% 的样品（3.79V）。

表 5-2 基体材料与 Li$_2$ZrO$_3$ 包覆样品不同倍率下的首次放电比容量

样品（质量分数）/%	放电比容量/mA·h·g^{-1}					
	0.2C	0.5C	1C	2C	5C	10C
基体	189.5	177.3	165.1	154.8	132.3	90.1
0.5	196.0	189.0	175.4	160.8	134.7	118.7
1	198.1	189.5	181.5	174.4	157.1	138.2
2	189.0	181.6	172.3	155.4	109.8	56.4
3	174.9	166.9	156.6	141.4	100.9	53.3

5.2.6 高电压电化学性能改善原因探究

5.2.6.1 循环伏安曲线

图 5-17 为基体 LiNi$_{0.5}$Co$_{0.2}$Mn$_{0.3}$O$_2$ 材料与 Li$_2$ZrO$_3$ 包覆样品的循环伏安曲线，图中 "1"、"2" 和 "3" 分别代表扫描次数。各样品电压测试范围为 3.0 ~ 4.6V，扫描速度为 0.1mV/s。基体 LiNi$_{0.5}$Co$_{0.2}$Mn$_{0.3}$O$_2$ 材料与包覆样品的循环伏安曲线峰型一致，表明包覆前后 LiNi$_{0.5}$Co$_{0.2}$Mn$_{0.3}$O$_2$ 材料的充放电循环机理不变。各样品前三次循环伏安曲线中在 3.0 ~ 4.0V 范围内均存在一对可逆性较好的氧化还原峰，对应 Ni^{2+}/Ni^{4+} 间的相互转化；在 4.5V 处还可见一对较为宽泛的氧化还原峰，此处为 Co^{3+}/Co^{4+} 的氧化还原反应[14,15]。曲线上 3.0V 附近未出现氧化还原峰，表明材料中的 Mn 并未参与电化学反应[16]。此外，首次充放电过程中材料表面 SEI 成膜及界面副反应消耗部分锂离子，导致锂离子无法完全回嵌从而导致容量损失。因此，各样品循环伏安曲线中氧化峰面积与还原峰面积不相等[17]。

一般而言，循环伏安曲线中氧化峰峰值电压与还原峰峰值电压之间的差值 ΔE_P 可以反映体系中所发生电化学反应的可逆程度。基体 LiNi$_{0.5}$Co$_{0.2}$Mn$_{0.3}$O$_2$ 材料与不同 Li$_2$ZrO$_3$ 包覆量样品前三次循环伏安曲线中氧化峰峰值电压与还原峰峰值电压之间的差值 ΔE_P 值见表 5-3。从表中数据可知，各样品首次 ΔE_P 值均大于第二次和第三次，表明各样品首次充放电过程电极电化学极化较大。第二次和第

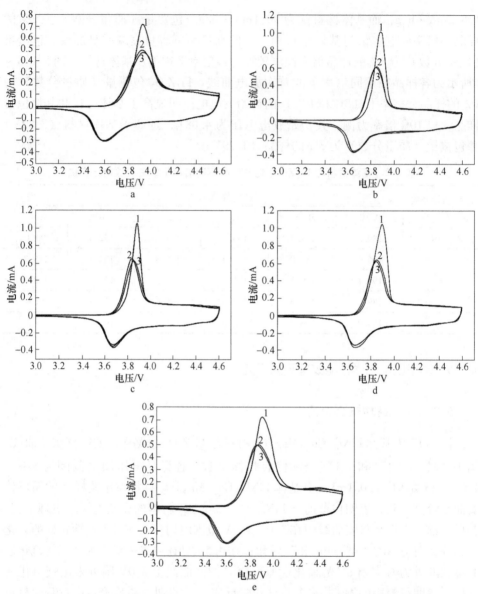

图 5-17 基体材料与 Li_2ZrO_3 包覆样品在 3.0 ~ 4.6V 下前三次循环伏安曲线

a—基体；b—0.5%（质量分数）；c—1%（质量分数）；d—2%（质量分数）；e—3%（质量分数）

三次的 ΔE_P 值基本一致，各样品充放电循环趋于稳定。此外，Li_2ZrO_3 包覆样品不同扫描次数下的 ΔE_P 值均小于基体 $LiNi_{0.5}Co_{0.2}Mn_{0.3}O_2$ 材料。以首次扫描为例，基体材料 ΔE_P 值为 0.332V，而包覆量（质量分数）为 0.5%、1%、2% 和 3% 的样品仅为 0.221V、0.202V、0.248V 和 0.310V，其中包覆量（质量分数）为 1% 的样品的极化程度最低，电化学反应可逆性最好。由此可见，适量的 Li_2ZrO_3 包覆能够降低材料的电化学极化，这也与前文中高电压电化学性能测试结果一致。

表 5-3　基体材料与 Li₂ZrO₃ 包覆样品前三次循环伏安测试的 ΔEₚ 值

样品(质量分数)/%	$\Delta E_{\mathrm{P}}/\mathrm{V}$		
	第 1 次	第 2 次	第 3 次
基体	0.332	0.330	0.335
0.5	0.221	0.187	0.186
1	0.202	0.156	0.175
2	0.248	0.204	0.200
3	0.310	0.261	0.259

5.2.6.2　交流阻抗分析

图 5-18 为基体 $\mathrm{LiNi_{0.5}Co_{0.2}Mn_{0.3}O_2}$ 材料与不同 $\mathrm{Li_2ZrO_3}$ 包覆量样品 1C 循环

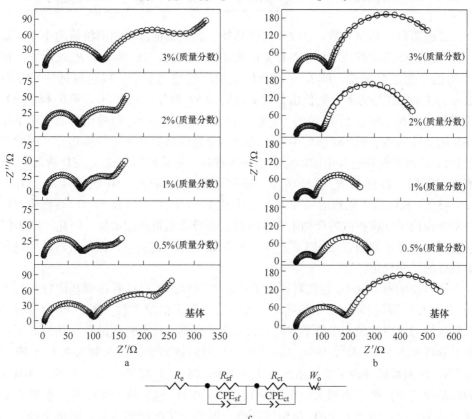

图 5-18　基体与 Li₂ZrO₃ 包覆样品的交流阻抗谱图

a—第 1 次；b—第 50 次；c—拟合等效电路图

1 次和 50 次后的交流阻抗谱图及模拟等效电路图。样品测试状态均为满充电态。根据等效电路图拟合得到各部分阻抗值详见表 5-4。各样品在充电态下的交流阻抗图均由高频及中高频区域的两个半圆和低频区域的斜线组成。高频区半圆对应活性物质-电解液界面膜电阻和膜电容的并联；中高频区域半圆弧代表电荷传递阻抗；低频区斜线反映锂离子在固相电极中的扩散能力，即 Warburg 阻抗。

表 5-4 交流阻抗拟合值及锂离子扩散系数

样品（质量分数）/%	第 1 次		第 50 次		D_{Li^+}/cm$^2 \cdot$ s^{-1}
	R_{sf}/Ω	R_{ct}/Ω	R_{sf}/Ω	R_{ct}/Ω	
基体	92.30	172.70	182.73	426.43	4.11×10^{-12}
0.5	64.86	93.76	81.24	195.45	1.93×10^{-11}
1	59.84	65.74	68.56	164.27	2.12×10^{-11}
2	65.65	99.23	96.79	198.42	1.81×10^{-11}
3	106.7	211.9	148.53	301.22	1.41×10^{-11}

除包覆量（质量分数）为 3% 的样品外，其他包覆样品的阻抗值均小于基体材料。随着循环次数的增加，各样品的膜阻抗 R_{sf} 及电荷转移阻抗 R_{ct} 均增加。比较 R_{sf} 值变化情况发现，Li$_2$ZrO$_3$ 包覆样品膜阻抗变化较小。以包覆量（质量分数）为 1% 的样品为例，R_{sf} 值由首次循环后的 59.84Ω 增加至 50 次后的 68.56Ω。反观基体材料，50 次后 R_{sf} 值约为首次循环后两倍。Li$_2$ZrO$_3$ 包覆层抑制电化学循环初期活性物质表面 SEI 膜的生成，同时本身为良好的锂离子导体物质，因此包覆材料 R_{sf} 值在循环过程中增幅远小于基体材料。电荷转移阻抗 R_{ct} 变化情况与 R_{sf} 值略有不同。各样品 R_{ct} 明显增加，基体材料增幅最大，50 次循环后上升至 426.43Ω。高电压下剧烈的界面副反应生成 LiF、Li$_x$PF$_y$ 和 Li$_x$PF$_y$O$_z$ 等物质，这些阻碍锂离子迁移扩散的产物附着在材料表面导致阻抗急剧增加。因此，Li$_2$ZrO$_3$ 包覆层作用在于抑制表面 SEI 膜产生，同时减少界面副反应，保证材料循环过程中良好的结构稳定性。

进一步明晰 Li$_2$ZrO$_3$ 包覆对锂离子传输的影响，本书计算得到基体材料与不同 Li$_2$ZrO$_3$ 包覆量样品 1C 倍率循环一次后的锂离子扩散系数。图 5-19 为各样品低频区域阻抗值与角频率负平方根间的对应关系图。计算得到的各样品锂离子扩散系数详见表 5-4。基体 LiNi$_{0.5}$Co$_{0.2}$Mn$_{0.3}$O$_2$ 材料锂离子扩散系数为 4.11×10^{-12} cm^2/s，包覆样品锂离子扩散系数均大于基体材料。包覆量（质量分数）为 1% 的样品锂离子扩散系数最大（2.12×10^{-11} cm^2/s），包覆量继续增加，扩散系数反而减小。这是由于 Li$_2$ZrO$_3$ 包覆层过厚，锂离子扩散距离变长，阻抗增加，同时这也是包覆量（质量分数）为 3% 的样品阻抗比基体材料更大的原因。因此为获得最佳的电化学性能，Li$_2$ZrO$_3$ 包覆量（质量分数）控制在 1% 为宜。

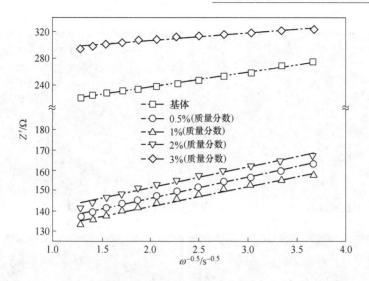

图 5-19　基体与 Li₂ZrO₃ 包覆样品的 $Z' - \omega^{-0.5}$ 拟合曲线

5.2.6.3　循环后极片 SEM

纯相 $LiNi_{0.5}Co_{0.2}Mn_{0.3}O_2$ 材料在高电压下电化学性能急剧恶化。一方面由于材料自身存在较为严重的锂镍混排，导致循环过程中晶体结构不稳定；另一方面则来自高电压下强氧化性的过渡金属离子对电解液的氧化分解，界面副反应加剧，元素溶出激增，活性物质表面发生不可逆相变。针对材料本体，采取 Zr 元素掺杂方法稳定主体晶格结构，材料在高电压电化学性能有明显改善。本章则在活性物质表面构筑锂离子导体 Li₂ZrO₃ 包覆层，通过缓解界面副反应达到高电压性能改善目的。

为探究表面 Li₂ZrO₃ 包覆改性的具体原因，本书选取基体材料与 Li₂ZrO₃ 包覆量（质量分数）为 1% 的样品循环后的极片进行 SEM 表征。相应测试结果见图 5-20。两样品颗粒表面均存在大量的絮状物质，表明高电压下界面副反应和电解液的自身分解极为剧烈。循环前基体 $LiNi_{0.5}Co_{0.2}Mn_{0.3}O_2$ 材料形貌为球形，由大量细小致密一次颗粒组成。高电压循环过后，一次颗粒逐渐松散掉落，球形表面开裂并且出现孔洞。Li₂ZrO₃ 包覆样品大部分颗粒形貌完好，颗粒之间连接较为紧密且未见明显的结构坍塌。由此说明，采取包覆方法也能够达到维持材料高电压下结构稳定的目的。与 Zr 元素掺杂方法不同之处在于，元素掺杂的作用位置在材料本体的晶体结构，本质上是通过微调基体 $LiNi_{0.5}Co_{0.2}Mn_{0.3}O_2$ 材料化学组成进而增强其结构稳定性。Li₂ZrO₃ 包覆则是在其球形颗粒外部构筑物理保护层，作为活性材料与电解液之间的隔离屏障，减少界面副反应，抑制循环初期表面 SEI 膜的产生和循环过程中电解液的分解。

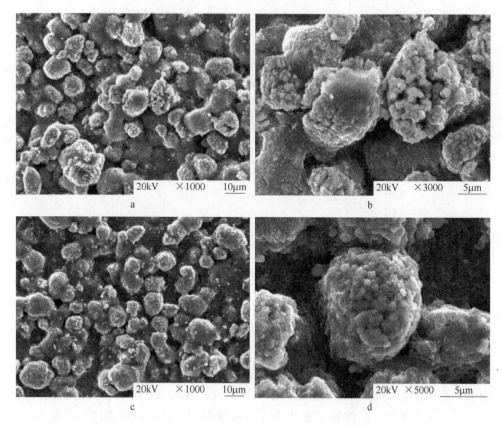

图 5-20 基体材料（a，b）与 Li_2ZrO_3 包覆量（质量分数）
为 1% 的样品（c，d）的 SEM 图

5.2.6.4 元素溶解测试

循环后材料 SEM 表征显示 Li_2ZrO_3 包覆后样品大部分颗粒依然保持较好的球形形貌。为进一步验证 Li_2ZrO_3 包覆在抑制材料过渡金属元素溶解方面的积极效果，本书测定了 3.0 ～ 4.6V 电压范围下 1C 倍率充放电 100 次后基体 $LiNi_{0.5}Co_{0.2}Mn_{0.3}O_2$ 与 Li_2ZrO_3 包覆量（质量分数）为 1% 的样品极片过渡金属溶解量。详细测试步骤为：将 1C 倍率循环 100 次后两样品电池于手套箱中拆解，取出相应极片，置于 DMC 溶剂中浸泡 5min 后转移至装有 10mL 电解液的氟化瓶中密封，将氟化瓶置于 60℃烘箱中保存 7 天。然后取出正极片，将电解液转移至小烧杯中于通风橱内蒸干有机物后再加入少量稀盐酸，最后移至 50mL 容量瓶中定容。

表 5-5 列出了循环后极片在电解液中储存后的过渡金属溶解量。由循环伏安

分析可知 $LiNi_{0.5}Co_{0.2}Mn_{0.3}O_2$ 材料中参与电化学反应主要为 Ni^{2+}/Ni^{4+} 电对，两样品中 Ni 溶解量最大。与 Zr 元素掺杂相比较，表面 Li_2ZrO_3 包覆效果更为明显，过渡元素的溶解量约为基体样品的一半。这归功于材料球形颗粒表面均匀的 Li_2ZrO_3 包覆层，其在活性物质-电解液界面间形成了良好的物理保护层，有效地抵御 HF 对活性物质的腐蚀溶解。

表 5-5 循环后极片在电解液中储存后的过渡金属溶解量

样品（质量分数）/%	$Ni/mg \cdot L^{-1}$	$Co/mg \cdot L^{-1}$	$Mn/mg \cdot L^{-1}$
基体	4.534	1.785	2.762
1	2.001	0.843	1.264

5.3 非晶态 $Li_2O\text{-}2B_2O_3$ 包覆

与 Li_2ZrO_3 相比，$Li_2O\text{-}2B_2O_3$ 合成温度低，同时良好的润湿性和较低的黏度使得其能够在材料表面实现均匀包覆[18]。本节继续采用液相沉淀法在 $LiNi_{0.5}Co_{0.2}Mn_{0.3}O_2$ 材料表面进行锂离子导体材料 $Li_2O\text{-}2B_2O_3$ 包覆实验，探究不同 $Li_2O\text{-}2B_2O_3$ 包覆量对 $LiNi_{0.5}Co_{0.2}Mn_{0.3}O_2$ 材料晶体结构及高电压电化学性能的作用规律，通过循环伏安曲线测试、交流阻抗、循环前后形貌变化和过渡金属元素溶解情况揭示 $Li_2O\text{-}2B_2O_3$ 修饰材料电化学性能改善的根本原因，同时构建 $Li_2O\text{-}2B_2O_3$ 包覆改善高电压电化学性能的机理模型。

$Li_2O\text{-}2B_2O_3$ 是一种无定形玻璃态锂离子导体物质，其合成温度区间较为宽泛。$Li_2O\text{-}2B_2O_3$ 包覆 $LiNi_{0.5}Co_{0.2}Mn_{0.3}O_2$ 材料制备方法如下：按照生成 $Li_2O\text{-}2B_2O_3$ 所需比例称取 H_3BO_3 和 $CH_3COOLi \cdot 2H_2O$ 置于 100mL 烧杯中，加入适量无水乙醇将其溶解成均一溶液。然后按照实验设计包覆量称取基体 $LiNi_{0.5}Co_{0.2}Mn_{0.3}O_2$ 材料分散在上述溶液中置于磁力搅拌器中搅拌 4h。将得到的混合浆液于水浴锅中 80℃下搅拌蒸干。最后将所得粉末在管式炉中 400℃ 焙烧 5h 随炉冷却得到改性样品。$Li_2O\text{-}2B_2O_3$ 包覆量（质量分数）分别为 1%、2% 和 3%。

5.3.1 $Li_2O\text{-}2B_2O_3$ 包覆 $LiNi_{0.5}Co_{0.2}Mn_{0.3}O_2$ 样品的晶体结构

图 5-21 为基体 $LiNi_{0.5}Co_{0.2}Mn_{0.3}O_2$ 材料与 $Li_2O\text{-}2B_2O_3$ 包覆样品的 XRD 图谱。从图中可知，$Li_2O\text{-}2B_2O_3$ 包覆 $LiNi_{0.5}Co_{0.2}Mn_{0.3}O_2$ 样品与基体 $LiNi_{0.5}Co_{0.2}Mn_{0.3}O_2$ 材料 XRD 图谱一致，同属于典型的六方晶系，$\alpha\text{-}NaFeO_2$ 层状结构，说明 $Li_2O\text{-}2B_2O_3$ 包覆并未改变基体材料的晶体结构。此外，不同 $Li_2O\text{-}2B_2O_3$ 包覆量样品相应的 XRD 图谱上并未出现新的杂峰，这可能是由于烧结温度较低，$Li_2O\text{-}2B_2O_3$

在基体表面以无定型态存在。

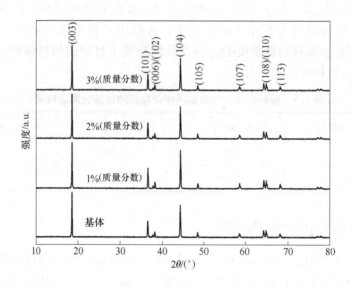

图 5-21 基体与 Li_2O-$2B_2O_3$ 包覆样品的 XRD 图谱

5.3.2 Li_2O-$2B_2O_3$ 包覆 $LiNi_{0.5}Co_{0.2}Mn_{0.3}O_2$ 样品的形貌

图 5-22 为基体 $LiNi_{0.5}Co_{0.2}Mn_{0.3}O_2$ 材料与 Li_2O-$2B_2O_3$ 包覆样品的 SEM 图。从图中可看出，纯相材料一次颗粒棱角清晰，表面光滑，颗粒之间的缝隙十分明显。相较于基体材料，包覆量（质量分数）为 1% 的样品表面无明显变化，一次颗粒依然清晰可见。随着 Li_2O-$2B_2O_3$ 包覆量（质量分数）增加至 2% 和 3%，一次颗粒表面可见点状凸起，表面轮廓模糊，颗粒界限难以分辨，说明在材料一次颗粒表面有包覆物质生成。

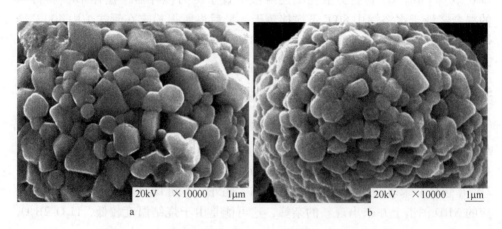

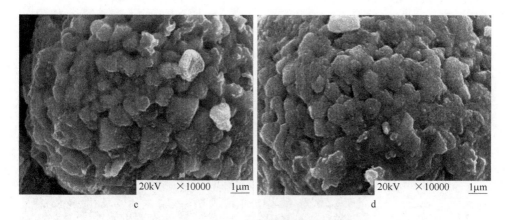

图 5-22　基体与 Li$_2$O-2B$_2$O$_3$ 包覆样品的 SEM 图

a—基体；b—1%；c—2%；d—3%

进一步了解基体 LiNi$_{0.5}$Co$_{0.2}$Mn$_{0.3}$O$_2$ 材料表面 Li$_2$O-2B$_2$O$_3$ 的包覆情况，本文对 Li$_2$O-2B$_2$O$_3$ 包覆量（质量分数）为 2% 的 LiNi$_{0.5}$Co$_{0.2}$Mn$_{0.3}$O$_2$ 样品进行 TEM 表征，并与基体材料进行对比。图 5-23a 为基体 LiNi$_{0.5}$Co$_{0.2}$Mn$_{0.3}$O$_2$ 材料 TEM 图。从图中可知，基体材料颗粒边缘齐整，连续且无局部凹陷。这与 SEM 图中观察到的光滑清晰的一次颗粒相一致。图 5-23b 为基体材料的 HRTEM 图像。图中晶格条纹清晰可见且从材料内部一直延伸至颗粒边缘，表明基体材料结晶度较好。采用快速傅里叶变换得到的晶体衍射斑点显示基体 LiNi$_{0.5}$Co$_{0.2}$Mn$_{0.3}$O$_2$ 材料晶格条纹分别对应（006）和（104）晶面。图 5-23c，d 给出了 Li$_2$O-2B$_2$O$_3$ 包覆量（质量分数）为 2% 的样品的 TEM 图。与基体 LiNi$_{0.5}$Co$_{0.2}$Mn$_{0.3}$O$_2$ 材料相比较，样品颗粒表面可观察到整齐的连续包覆层。内部基体材料晶格条纹明显，边缘包覆层厚度约为 7nm，但未观察到任何晶体衍射条纹。对内部基体材料和表面包覆层的高分辨 TEM 图进行快速傅里叶变换可知，基体材料原子层间距为 0.2379nm，其值与纯相 LiNiO$_2$ 中（006）面的原子层间距 0.2365nm 相近。包覆层傅里叶变换后为模糊斑点，由此说明 Li$_2$O-2B$_2$O$_3$ 包覆层以无定型态存在，这与 XRD 分析结果一致。

5.3.3　Li$_2$O-2B$_2$O$_3$ 包覆 LiNi$_{0.5}$Co$_{0.2}$Mn$_{0.3}$O$_2$ 样品 XPS 图谱

图 5-24a 为基体样品与 Li$_2$O-2B$_2$O$_3$ 包覆量（质量分数）为 2% 样品的元素全分析图谱。包覆后样品颗粒表面除 Li、Ni、Co、Mn、O 和 C 元素之外，还存在 B 元素。图 5-24b 为两样品中 O 元素 XPS 对比图谱。结合能为 529.39eV 处对应于纯相 LiNi$_{0.5}$Co$_{0.2}$Mn$_{0.3}$O$_2$ 中的 Me—O 键（Ni—O，Co—O 和 Mn—O）。此外，从图中可看出包覆后样品表面 O 元素在 529.39eV 处的谱峰强度明显减弱，这是由

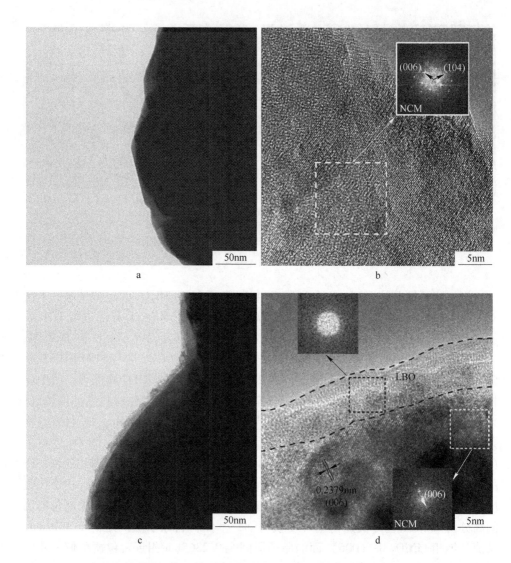

图 5-23　基体（a，b）与 $Li_2O\text{-}2B_2O_3$ 包覆量（质量分数）
为 2% 样品（c，d）的 TEM 图

于基体材料表面形成均匀的 $Li_2O\text{-}2B_2O_3$ 包覆层。O 元素在结合能约为 531.59eV 处的谱峰强度增加，对于基体材料而言，该部分氧来自颗粒表面吸收的 CO_2 和 H_2O，而包覆之后由于 $Li_2O\text{-}2B_2O_3$ 中含有大量氧元素，导致谱峰峰值增加。图 5-24c 为包覆后样品表面 B 元素的 XPS 图谱，其特征峰出现在 192.29eV，表明包覆层中 B 元素价态为 +3 价。从图 5-24d ~ f 可以看出 $Li_2O\text{-}2B_2O_3$ 包覆前后过渡金属元素结合能峰位置基本一致，Ni 元素为 +2 和 +3 混合价态，Co 和 Mn 价态

分别为 +3 价和 +4 价。

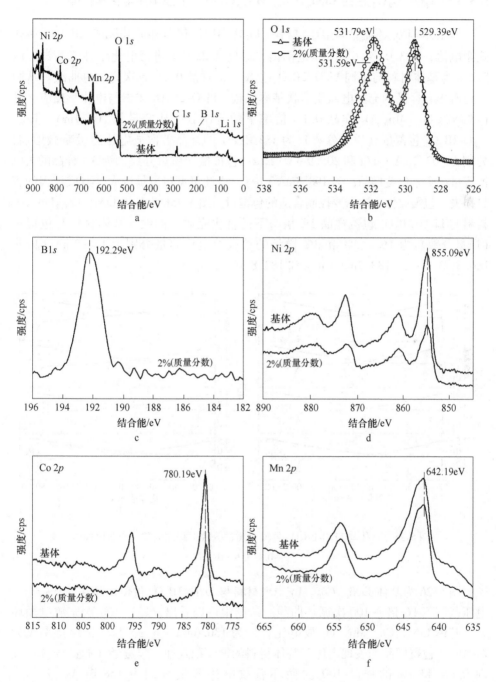

图 5-24 基体与 Li$_2$O-2B$_2$O$_3$ 包覆量（质量分数）为 2% 的样品的 XPS 谱图

a—全谱；b—O；c—B；d—Ni；e—Co；f—Mn

5.3.4 $Li_2O-2B_2O_3$ 包覆 $LiNi_{0.5}Co_{0.2}Mn_{0.3}O_2$ 样品的高电压电化学性能

将基体 $LiNi_{0.5}Co_{0.2}Mn_{0.3}O_2$ 材料与 $Li_2O-2B_2O_3$ 包覆样品装配成 CR2025 型扣式半电池，在 3.0~4.6V 电压范围内，温度为 25℃ 下进行电化学性能测试。图 5-25a 为基体材料与不同 $Li_2O-2B_2O_3$ 包覆量的样品 0.1C 首次充放电曲线。从图中可看出各样品的充放电曲线形状基本一致，$Li_2O-2B_2O_3$ 未参与电化学反应。基体 $LiNi_{0.5}Co_{0.2}Mn_{0.3}O_2$ 样品 0.1C 倍率下的首次放电比容量为 202.4mA·h/g；$Li_2O-2B_2O_3$ 包覆量（质量分数）为 1% 和 2% 的样品首次放电比容量略微增加，分别为 203.2mA·h/g 和 205.9mA·h/g；包覆量（质量分数）为 3% 样品的放电比容量小于未包覆样品，为 198.8mA·h/g。由此可见包覆量过大会造成较大的容量损失，包覆改性方法需要控制合适的包覆量。图 5-25b 为基体 $LiNi_{0.5}Co_{0.2}Mn_{0.3}O_2$ 材料与 $Li_2O-2B_2O_3$ 包覆样品 1C 倍率下的首次充放电曲线。基体材料与包覆量（质量分数）为 1%、2% 和 3% 样品的首次放电比容量分别为 186.2mA·h/g、186.6mA·h/g、188.7mA·h/g 和 183.8mA·h/g。

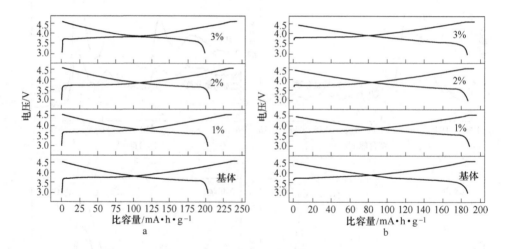

图 5-25   基体与 $Li_2O-2B_2O_3$ 包覆（质量分数）样品的首次充放电曲线

a—0.1C；b—1C

图 5-26 为基体 $LiNi_{0.5}Co_{0.2}Mn_{0.3}O_2$ 材料与 $Li_2O-2B_2O_3$ 包覆样品在 3.0~4.6V 电压范围下 1C 倍率 100 次循环曲线。从图中可以看出，经过 100 次充放电循环后，基体 $LiNi_{0.5}Co_{0.2}Mn_{0.3}O_2$ 放电比容量为 136.6mA·h/g，其容量保持率仅为 73.4%；包覆样品均表现出优于基体材料的循环稳定性，包覆量（质量分数）分别为 1% 和 3% 的样品 100 次循环后放电比容量分别为 158.6mA·h/g 和 143.6mA·h/g，相应容量保持率则分别为 85.1% 和 78.1%；包覆量（质量分数）为 2% 样品循环稳定性最好，100 次循环后容量和容量保持率分别为

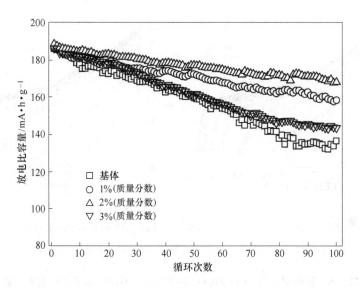

图 5-26 基体与 Li$_2$O-2B$_2$O$_3$ 包覆样品 1C 倍率下的循环性能

163.3mA·h/g 和 86.5%。

图 5-27 为基体 LiNi$_{0.5}$Co$_{0.2}$Mn$_{0.3}$O$_2$ 材料与 Li$_2$O-2B$_2$O$_3$ 包覆样品在 3.0～4.6V 电压范围内不同充放电电流密度下首次放电曲线。各样品分别在 0.2C、0.5C、1C、2C、5C 和 10C 倍率下顺序充放电 5 次。表 5-6 所列为各样品在不同倍率下的首次放电比容量。结合图 5-27 和表 5-6 可知，Li$_2$O-2B$_2$O$_3$ 包覆量（质量分数）为 1% 和 2% 的样品在不同倍率范围下的放电比容量均高于基体 LiNi$_{0.5}$Co$_{0.2}$Mn$_{0.3}$O$_2$ 材料。10C 倍率下包覆量（质量分数）为 1% 的样品放电比容量为 115.4mA·h/g，而基体材料仅为 93.3mA·h/g；包覆量（质量分数）为 2% 样品倍率性能最优，其 10C 倍率下放电比容量为 120.5mA·h/g，包覆量（质量分数）为 3% 样品倍率性能较差，各倍率下放电容量均不如基体 LiNi$_{0.5}$Co$_{0.2}$Mn$_{0.3}$O$_2$ 材料。

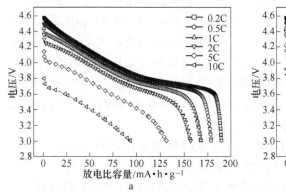
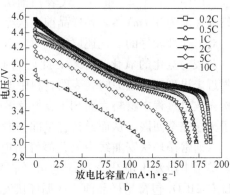

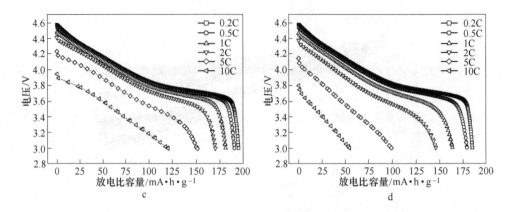

图 5-27　基体与 $Li_2O\text{-}2B_2O_3$ 包覆样品在不同倍率下的首次放电曲线

a—基体；b—1%（质量分数）；c—2%（质量分数）；d—3%（质量分数）

表 5-6　基体材料与 $Li_2O\text{-}2B_2O_3$ 包覆样品在不同倍率下的放电比容量

样品（质量分数）/%	放电比容量/mA·h·g⁻¹					
	0.2C	0.5C	1C	2C	5C	10C
基体	189.7	178.6	167.8	156.9	131.1	93.3
1	189.6	184.9	174.4	166.3	150.2	115.4
2	195.0	190.6	181.3	170.3	151.2	120.5
3	185.1	179.5	163.8	146.4	98.8	54.6

5.3.5　高电压电化学性能改善原因探究

5.3.5.1　循环伏安曲线

图 5-28 为基体 $LiNi_{0.5}Co_{0.2}Mn_{0.3}O_2$ 材料与 $Li_2O\text{-}2B_2O_3$ 包覆样品的循环伏安曲线，图中"1"、"2"和"3"代表扫描次数。各样品电压测试范围为 3.0 ~ 4.6V，扫描速度为 0.1mV/s。各样品前三次循环伏安曲线中在 3.0 ~ 4.0V 范围内均存在一对可逆性较好的氧化还原峰，对应 Ni^{2+}/Ni^{4+} 间的相互转化；在 4.5V 处还可见一对较为宽化的氧化还原峰，此处为 Co^{3+}/Co^{4+} 的氧化还原反应。曲线上 3.0V 附近未出现氧化还原峰，表明材料中的 Mn 并未参与电化学反应。此外电池在首次充放电过程中材料表面 SEI 成膜及界面副化学反应消耗部分锂离子，导致锂离子无法完全回嵌，从而导致容量部分损失。

通常循环伏安曲线中氧化峰峰值电压与还原峰峰值电压之间的差值 ΔE_P 代表体系中所发生电化学反应的可逆程度。基体 $LiNi_{0.5}Co_{0.2}Mn_{0.3}O_2$ 材料与不同 $Li_2O\text{-}2B_2O_3$ 包覆量样品前三次循环伏安曲线中氧化峰峰值电压与还原峰峰值电压

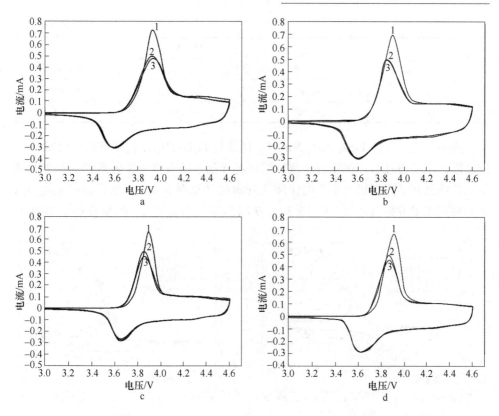

图 5-28 基体与 Li$_2$O-2B$_2$O$_3$ 包覆样品在 3.0~4.6V 下前三次循环伏安曲线

a—基体；b—1%（质量分数）；c—2%（质量分数）；d—3%（质量分数）

之间的差值 ΔE_P 值见表 5-7。从表中数据可知，各样品首次 ΔE_P 值均大于第二次和第三次，表明各样品首次充放电过程电化学极化较大。第二次和第三次的 ΔE_P 值基本一致，各样品充放电循环趋于稳定。此外，包覆后样品不同扫描次数下的 ΔE_P 值均小于基体材料。以首次扫描为例，基体材料 ΔE_P 值为 0.349V，包覆量（质量分数）为 1%、2% 和 3% 样品则分别下降至 0.271V、0.246V 和 0.303V，其中包覆量（质量分数）为 2% 的样品的极化程度最低，电化学反应可逆性最好。由此可见，适量的 Li$_2$O-2B$_2$O$_3$ 包覆能够降低材料的电化学极化，这也与前文中高电压电化学性能测试结果一致。

表 5-7 基体材料与不同包覆量样品前三次循环伏安测试的 ΔE_P 值

样品（质量分数）/%	ΔE_P/V		
	第 1 次	第 2 次	第 3 次
基体	0.349	0.345	0.346
1	0.271	0.234	0.232

样品(质量分数)/%	$\Delta E_P/V$		
	第1次	第2次	第3次
2	0.246	0.207	0.210
3	0.303	0.264	0.262

进一步比较基体 LiNi$_{0.5}$Co$_{0.2}$Mn$_{0.3}$O$_2$ 材料与 Li$_2$O-2B$_2$O$_3$ 包覆样品中锂离子扩散快慢，本书通过循环伏安方法测试得到各样品中的锂离子扩散系数。首先测试得到各样品在不同扫描速率下的循环伏安曲线（见图 5-29），然后以峰电流(i_p)对扫描速率平方根（$v^{1/2}$）作图 5-30。从图 5-30 可知 i_p 与 $v^{1/2}$ 间呈良好的线性关

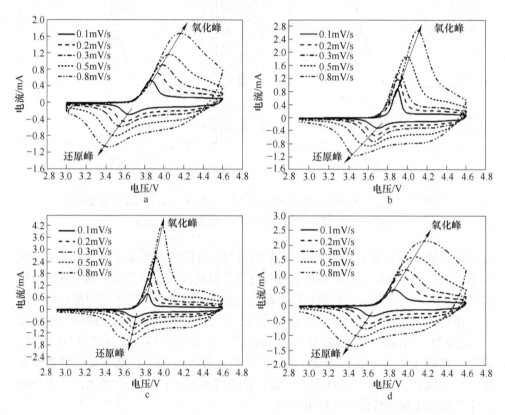

图 5-29 基体材料与 Li$_2$O-2B$_2$O$_3$ 包覆样品在不同扫描速率下的循环伏安曲线
a—基体；b—1%（质量分数）；c—2%（质量分数）；d—3%（质量分数）

系，因此锂离子在材料中的扩散过程为整个电化学反应控制步骤。对于受化学扩散控制的可逆电极反应，符合 Randles-Sevcik 方程[19,20]：

$$i_p = (2.69 \times 10^5) An^{3/2} Cv^{1/2} D_{Li^+}^{1/2}$$ (5-1)

式中，i_p 为氧化峰或还原峰值电流，mA；A 为活性物质实际反应面积，本书直接以极片几何面积代替，1.1310cm^2；n 为电化学反应电子转移数目；C 值为反应锂离子浓度，3.7×10^{-3}mol/cm^3[21]；v 则为循环伏安扫描速率，mV/s。

通过拟合图5-30中曲线可得到其斜率值，然后代入式（5-1）可求得各样品在氧化峰峰值电位以及还原峰峰值电位下的锂离子扩散系数，具体数值见表5-8。各样品氧化反应过程中的锂离子扩散系数均大于还原过程，一定程度上说明材料充放电循环过程中锂离子脱出更为容易。Li$_2$O-2B$_2$O$_3$ 包覆样品的锂离子扩散系数均大于基体材料。具体来说，包覆量（质量分数）为2%的样品在氧化峰及还原峰电位下对应的 D_{Li^+} 分别为 2.59×10^{-11}cm^2/s 和 3.72×10^{-12}cm^2/s，基体材料氧化峰及还原峰电位下对应的 D_{Li^+} 分别为 3.04×10^{-12}cm^2/s 和 1.45×10^{-12}cm^2/s。因此，包覆量（质量分数）为2%的样品表现出更好的高电压倍率性能。

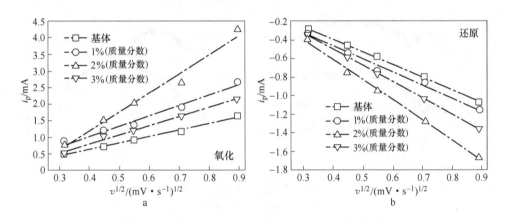

图5-30 基体材料与 Li$_2$O-2B$_2$O$_3$ 包覆样品峰电流与扫速平方根关系曲线

a—氧化峰；b—还原峰

表5-8 基于 Randles-Sevcik 方程计算得到的各样品锂离子扩散系数

样品（质量分数）/%	氧化峰		还原峰	
	斜率 b	$D_{Li^+}/cm^2 \cdot s^{-1}$	斜率 b	$D_{Li^+}/cm^2 \cdot s^{-1}$
基体	1.9615	3.04×10^{-12}	-1.3572	1.45×10^{-12}
1	3.0850	7.51×10^{-12}	-1.4062	1.56×10^{-12}
2	5.7264	2.59×10^{-11}	-2.1697	3.72×10^{-12}
3	2.7331	5.90×10^{-12}	-1.7440	2.40×10^{-12}

5.3.5.2 交流阻抗分析

图5-31 为基体 LiNi$_{0.5}$Co$_{0.2}$Mn$_{0.3}$O$_2$ 材料与 Li$_2$O-2B$_2$O$_3$ 包覆样品1C循环1次

和50次后的交流阻抗谱图及模拟等效电路图。根据等效电路图拟合得到各部分阻抗值详见表5-9。各样品交流阻抗图均由高频及中高频区域的两个半圆组成。高频区半圆为锂离子穿过材料表面多层 SEI 膜的阻抗值；中高频区域半圆弧代表电荷传递阻抗；囿于检测条件，低频区域代表锂离子扩散的斜线并未检出。

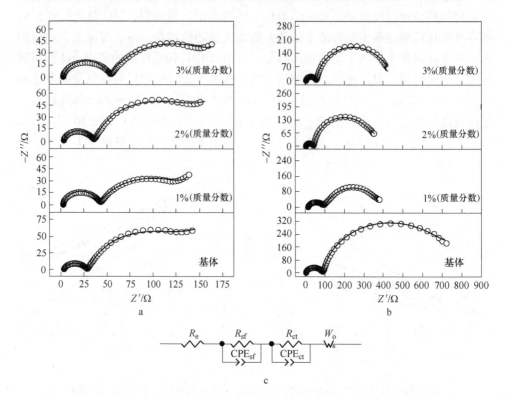

图 5-31　基体 $LiNi_{0.5}Co_{0.2}Mn_{0.3}O_2$ 与 $Li_2O\text{-}2B_2O_3$ 包覆样品的交流阻抗谱图

a—第1次；b—第50次；c—拟合等效电路图

表 5-9　交流阻抗拟合值

样品(质量分数) /%	第1次		第50次	
	R_{sf}/Ω	R_{ct}/Ω	R_{sf}/Ω	R_{ct}/Ω
基体	50.32	126.50	89.54	558.90
1	32.16	89.65	88.73	303.12
2	23.18	73.84	38.01	275.42
3	36.65	107.74	66.33	350.1

结合图 5-31 和表 5-9 中阻抗值可知，$Li_2O\text{-}2B_2O_3$ 包覆样品的阻抗值均小于基体 $LiNi_{0.5}Co_{0.2}Mn_{0.3}O_2$ 材料。随着循环次数的增加，各样品的膜阻抗 R_{sf} 及电荷

转移阻抗 R_{ct} 均增加，基体材料的 R_{sf} 值由首次循环后的 50.32Ω 增加至 50 次后的 89.54Ω，Li$_2$O-2B$_2$O$_3$ 包覆量（质量分数）为 2% 的样品膜阻抗变化最小，R_{sf} 值仅由首次循环后的 23.18Ω 增加至 50 次后的 38.01Ω，表明该样品表面生成的 SEI 较为稳定。相较于 R_{sf}，各样品 R_{ct} 增幅较大，其增加的具体原因为表面生成大量阻碍锂离子迁移的 LiF、Li$_x$PF$_y$ 和 Li$_x$PF$_y$O$_z$ 等物质。包覆量（质量分数）为 2% 的样品 50 次循环后的 R_{ct} 值为 275.42Ω，远小于基体材料（558.90Ω）。Li$_2$O-2B$_2$O$_3$ 包覆层减少了活性物质与电解液间的界面副反应，同时作为锂离子导体材料促进锂离子的可逆脱嵌。这点可以从上节计算得到的各样品锂离子扩散系数大小得到力证。

5.3.5.3 循环后极片 SEM

图 5-32 为基体 LiNi$_{0.5}$Co$_{0.2}$Mn$_{0.3}$O$_2$ 材料与 Li$_2$O-2B$_2$O$_3$ 包覆量（质量分数）为 2% 样品循环后的极片 SEM 图。如图所示，两样品颗粒表面均存在絮状物质，

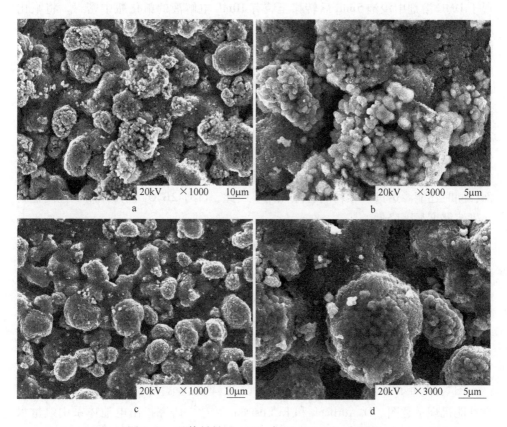

图 5-32 基体材料（a，b）与 Li$_2$O-2B$_2$O$_3$ 包覆量
（质量分数）为 2% 样品（c，d）的 SEM 图

表明高电压下界面副反应和电解液的自身分解极为剧烈。未循环的基体材料球形形貌完整。充放电循环过后，一次颗粒逐渐掉落，球形颗粒瓦解崩塌。反观 $Li_2O-2B_2O_3$ 包覆样品，颗粒形貌完好，颗粒之间连接较为紧密且无明显的结构坍塌。由此说明采取 $Li_2O-2B_2O_3$ 包覆方法能够有效地稳定材料在高电压下的形貌结构。与体相掺杂不同之处在于，Zr 掺杂的作用位置在材料晶格结构，本质上是通过对基体材料化学组成进行微调来增强结构稳定性。$Li_2O-2B_2O_3$ 在高电压下化学稳定性良好，其在活性材料与电解液之间形成的隔离屏障有效抑制高价态的过渡金属离子对电解液的催化分解，同时还能抵御痕量 HF 对材料的溶解腐蚀。

5.3.5.4 元素溶解测试

本书测定了 3.0~4.6V 电压范围下 1C 倍率充放电 100 次后基体 $LiNi_{0.5}Co_{0.2}Mn_{0.3}O_2$ 与 $Li_2O-2B_2O_3$ 包覆量（质量分数）为2%的样品极片中过渡金属溶解量。详细测试步骤为：将 1C 倍率循环 100 次后两样品电池于手套箱中拆解，取出相应极片，置于 DMC 溶剂中浸泡 5min 后转移至装有 10mL 电解液的氟化瓶中密封，将氟化瓶置于 60℃ 烘箱中保存 7 天。然后取出正极片，将电解液转移至小烧杯中于通风橱内蒸干有机物后再加入少量稀盐酸，最后移至 50mL 容量瓶中定容。表 5-10 为两样品循环后极片在电解液中储存后的过渡金属溶解量。基体 $LiNi_{0.5}Co_{0.2}Mn_{0.3}O_2$ 材料的 Ni、Co 和 Mn 元素溶解量分别为 5.028mg/L、1.972mg/L 和 3.062mg/L，而 $Li_2O-2B_2O_3$ 包覆样品中相应过渡金属元素溶解量尚不及基体材料一半。与 Zr 元素掺杂相比较，其效果更佳。Zr 掺杂能够稳定 $LiNi_{0.5}Co_{0.2}Mn_{0.3}O_2$ 材料本体晶格结构，但充放电循环过程中活性物质依旧暴露在电解液中。包覆层 $Li_2O-2B_2O_3$ 为无定型玻璃态物质，其在表面包覆过程中不仅能够覆盖基体材料一次颗粒表面，同时还能渗透进入颗粒间缝隙死角。因此，$Li_2O-2B_2O_3$ 包覆样品中过渡金属元素溶解度显著降低。

表5-10 循环后极片在电解液中储存后的过渡金属溶解量

样品（质量分数）/%	Ni/mg·L^{-1}	Co/mg·L^{-1}	Mn/mg·L^{-1}
基体	5.028	1.972	3.062
2	2.232	0.964	1.446

5.3.5.5 表面包覆改善高电压电化学性能机理模型

图 5-33 所示为 $Li_2O-2B_2O_3$ 表面包覆改善 $LiNi_{0.5}Co_{0.2}Mn_{0.3}O_2$ 材料高电压电化学性能机理示意图。D. Aurbach 和 K. Edström 等[22,23] 研究指出电池体系中痕量水与电解质锂盐 $LiPF_6$ 反应生成 HF 会溶解腐蚀活性物质，造成过渡金属元素大量溶出，破坏表面颗粒。如图 5-33a 所示，在长时间的高电压充放电循环过程中，

基体 LiNi$_{0.5}$Co$_{0.2}$Mn$_{0.3}$O$_2$ 材料颗粒表面被 HF 不断溶解破坏后，一次颗粒之间接触松散，材料球形结构瓦解坍塌（循环后基体材料 SEM 见图 5-32），导致锂离子传输和电子传输受阻。此外充电截止电压较高时，高价态过度金属离子对电解液的氧化分解加剧。分解产物附着在活性物质表面导致界面阻抗不断增大，电化学性能恶化加快。Li$_2$O-2B$_2$O$_3$ 包覆层作用主要体现在两个方面：首先 Li$_2$O-2B$_2$O$_3$ 为玻璃态物质，润湿性较好。这就确保其在包覆过程中不仅能够覆盖一次颗粒裸露表面，而且可以渗透进入颗粒之间的缝隙，实现完全包覆（见图 5-33b）。

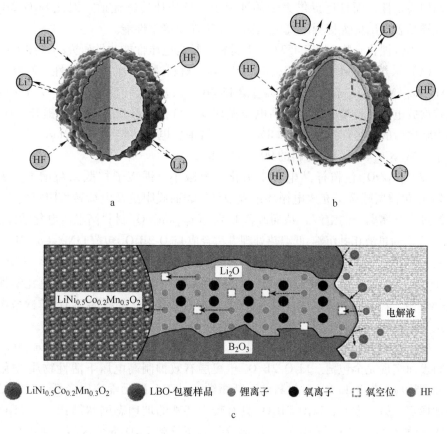

图 5-33 Li$_2$O-2B$_2$O$_3$ 包覆改性机理示意图

a—基体；b—LBO 包覆样品；c—LBO 包覆样品局部

在电池充放电循环过程中，该包覆层能够抑制高电压下活性物质-电解液界面副反应的发生和 HF 对材料的不断腐蚀，过渡金属元素溶出降低，材料结构更加稳定。另一方面，Li$_2$O-2B$_2$O$_3$ 包覆层具有较为特殊的玻璃态网状结构，由 Li$_2$O 和 B$_2$O$_3$ 交替组成，如图 5-33c 所示。O. Anderson 和 D. Stuart 等报道指出，无定形玻璃态物质由两种功能不同的氧化物组成，SiO$_2$ 和 B$_2$O$_3$ 等少数能够以玻璃态稳定存在的氧化物充当结构骨架，而 Na_2O 和 Li_2O 等不能以玻璃态稳定存在的氧化物则扮演着结构修饰剂的角色[24]。本书 Li_2O-$2B_2O_3$ 包覆层中作为结构骨架的 B_2O_3 阴阳离子间键合能较大，结构稳定且不发生位移，Li_2O 与 B_2O_3 共用了部分氧离子，导致 Li_2O 部分区域产生空位。此外 Li^+ 与氧离子间键合能力较弱，Li_2O-$2B_2O_3$ 包覆层中锂离子便可通过所产生的空位实现快速传输，这也是包覆样品具有更高锂离子扩散系数的本质原因。有别于传统的氧化物和氟化物等惰性物质包覆，Li_2O-$2B_2O_3$ 包覆层不仅有效地抑制界面副反应发生，提高材料高电压下的结构稳定性，而且还提供大量的锂离子三维快速传输通道。因此 Li_2O-$2B_2O_3$ 包覆样品表现出更为优异的高电压循环稳定性及倍率性能。

采用含锂化合物对 NCM523 正极材料进行高电压性能改性研究结果如下：

（1）采用 Li_2ZrO_3 对 $LiNi_{0.5}Co_{0.2}Mn_{0.3}O_2$ 材料进行表面包覆改性。研究表明 $LiNi_{0.5}Co_{0.2}Mn_{0.3}O_2$ 材料表面成功包覆 Li_2ZrO_3。包覆量（质量分数）为 1% 的样品首次放电比容量略有增加，高电压循环稳定性及倍率性能有明显提升，1C 循环 100 次后的容量保持率为 84.8%，10C 倍率放电比容量为 138.2mA·h/g，远优于 $LiNi_{0.5}Co_{0.2}Mn_{0.3}O_2$ 材料的 90.1mA·h/g。

（2）Li_2ZrO_3 包覆样品电化学极化明显减小，锂离子扩散系数增大。表面 Li_2ZrO_3 包覆层减缓了充放电循环过程中材料表面膜阻抗及电荷转移阻抗的增加，抑制过度金属离子的溶解，从而改善 $LiNi_{0.5}Co_{0.2}Mn_{0.3}O_2$ 材料高电压电化学性能。

（3）通过液相共沉淀-低温热处理方法合成 Li_2O-$2B_2O_3$ 包覆 $LiNi_{0.5}Co_{0.2}Mn_{0.3}O_2$ 材料。XRD、SEM 和 TEM 分析显示表面 Li_2O-$2B_2O_3$ 为无定形玻璃态，$LiNi_{0.5}Co_{0.2}Mn_{0.3}O_2$ 颗粒被 Li_2O-$2B_2O_3$ 均匀包裹。包覆样品的高电压电化学性能显著改善。其中 Li_2O-$2B_2O_3$ 包覆量（质量分数）为 2% 的样品 0.1C 首次放电比容量为 205.9mA·h/g，1C 循环 100 次后的容量保持率为 86.5%。

（4）Li_2O-$2B_2O_3$ 因其良好的润湿性及较低的黏度，能够在基体 $LiNi_{0.5}Co_{0.2}Mn_{0.3}O_2$ 材料表面实现完全包覆。Li_2O-$2B_2O_3$ 包覆层有效抑制高电压下活性物质-电解液界面副反应的发生和 HF 对材料的不断腐蚀，过渡金属元素溶出降低，材料结构更加稳定。另一方面，Li_2O-$2B_2O_3$ 具有较为特殊的玻璃态网状结构，由 Li_2O 和 B_2O_3 交替组成，Li_2O 与 B_2O_3 共用部分氧离子导致 Li_2O 部分区域产生空位，材料中锂离子扩散速率加快，从而提高 $LiNi_{0.5}Co_{0.2}Mn_{0.3}O_2$ 材料的高电压电化学性能。

参 考 文 献

[1] ZHOU Y N, MA J, HU E, et al. Tuning charge-discharge induced unit cell breathing in layer-

structured cathode materials for lithiumion batteries [J]. Nature Communications, 2014, 5: 5381.

[2] LIN D, LIU Y, CUI Y. Reviving the lithium metal anode for high-energy batteries [J]. Nature Nanotechnology, 2017, 12: 194.

[3] LIU H, WOLF M, KARKI K, et al. Intergranular Cracking as a Major Cause of Long-Term Capacity Fading of Layered Cathodes [J]. Nano Letters, 2017, 17 (6): 3452~3457.

[4] LIU W, WANG M, GAO X L, et al. Improvement of the high-temperature, high-voltage cycling performance of $LiNi_{0.5}Co_{0.2}Mn_{0.3}O_2$ cathode with TiO_2 coating [J]. J Alloys Compd. , 2012, 543: 181 – 188.

[5] LEE YS, AHN D, CHO YH, et al. Improved Rate Capability and Thermal Stability of $LiNi_{0.5}Co_{0.2}Mn_{0.3}O_2$ Cathode Materials via Nanoscale SiP_2O_7 Coating [J]. J Electrochem Soc, 2011, 158 (12): A1354~A1360.

[6] ZHAO S, ZHOU H, ZHOU T, et al. The oxidation resistance and ignition temperature of AZ31 magnesium alloy with additions of La_2O_3 and La [J]. Corros Sci, 2013, 67: 75~81.

[7] FAN H, LI S, ZHAO Z, et al. Improving the formation and protective properties of La-conversion coatings on brass by use of La_2O_3 nanoparticle incorporation with electrodeposition [J]. Corros Sci, 2011, 53 (11): 3821~3831.

[8] FAN HQ, XIA DH, LI MC, et al. Self-assembled (3-mercaptopropyl) trimethoxylsilane film modified with La_2O_3 nanoparticles for brass corrosion protection in NaCl solution [J]. J Alloys Compd, 2017, 702: 60 – 67.

[9] M NDEZ M, CESTEROS Y, MARSAL L F, et al. Polymer composite P3HT: Eu^{3+} doped La_2O_3 nanoparticles as a down-converter material to improve the solar spectrum energy [J]. Opt Mater, 2011, 33 (7): 1120~1123.

[10] TANG H, ZAN L, ZHU J, et al. High rate capacity nanocomposite lanthanum oxide coated lithium zinc titanate anode for rechargeable lithium-ion battery [J]. J Alloys Compd, 2016, 667: 82~90.

[11] FEY T K, MURALIDHARAN P, LU C Z, et al. Enhanced electrochemical performance and thermal stability of La_2O_3-coated $LiCoO_2$ [J]. Electrochim Acta, 2006, 51 (23): 4850~4858.

[12] DONG Y, ZHAO Y, DUAN H, et al. Electrochemical performance and lithium-ion insertion/extraction mechanism studies of the novel Li_2ZrO_3 anode materials [J]. Electrochim Acta, 2015, 161: 219~225.

[13] ZHANG J, LI Z, GAO R, et al. High Rate Capability and Excellent Thermal Stability of Li^+-Conductive Li_2ZrO_3-Coated $LiNi_{1/3}Co_{1/3}Mn_{1/3}O_2$ via a Synchronous Lithiation Strategy [J]. The Journal of Physical Chemistry C, 2015, 119 (35): 20350~20356.

[14] OHZUKU T, MAKIMURA Y. Layered Lithium Insertion Material of $LiCo_{1/3}Ni_{1/3}Mn_{1/3}O_2$ for Lithium-Ion Batteries [J]. Chem Lett, 2001, 7: 642~643.

[15] NOH HJ, YOUN S, YOON C S, et al. Comparison of the structural and electrochemical properties of layered Li [$Ni_xCo_yMn_z$] O_2 (x = 1/3, 0.5, 0.6, 0.7, 0.8 and 0.85) cathode

material for lithium-ion batteries [J]. J Power Sources, 2013, 233: 121 ~ 130.

[16] LI L, CHEN Z, SONG L, et al. Characterization and electrochemical performance of lithium-active titanium dioxide inlaid $LiNi_{0.5}Co_{0.2}Mn_{0.3}O_2$ material prepared by lithium residue-assisted method [J]. J Alloys Compd, 2015, 638: 77 ~ 82.

[17] KANG SH, ABRAHAM D P, YOON WS, et al. First-cycle irreversibility of layered Li-Ni-Co-Mn oxide cathode in Li-ion batteries [J]. Electrochim Acta, 2008, 54 (2): 684 ~ 689.

[18] AMATUCCI G, BLYR A, SIGALA C, et al. Surface treatments of $Li_{1+x}Mn_{2-x}O_4$ spinels for improved elevated temperature performance [J]. Solid State Ionics, 1997, 104 (1): 13 ~ 25.

[19] OLDHAM K B. Analytical expressions for the reversible Randles-Sevcik function [J]. Journal of Electroanalytical Chemistry and Interfacial Electrochemistry, 1979, 105 (2): 373 – 375.

[20] LETHER F, WENSTON P. An algorithm for the numerical evaluation of the reversible Randles-Sevcik function [J]. Computers & Chemistry, 1987, 11 (3): 179 ~ 183.

[21] 杨顺毅. 球形 $Li[Ni_{(1-x-y)}Co_xMn_y]O_2$ 正极材料的制备及性能研究 [D]. 湘潭大学, 2011.

[22] AURBACH D. The Electrochemical Behavior of Lithium Salt Solutions of γ-Butyrolactone with Noble Metal Electrodes [J]. J Electrochem Soc, 1989, 136 (4): 906 ~ 913.

[23] EDSTR M K, GUSTAFSSON T, THOMAS J O. The cathode-electrolyte interface in the Li-ion battery [J]. Electrochim Acta, 2004, 50 (2 ~ 3): 397 ~ 403.

[24] ANDERSON O, STUART D. Calculation of activation energy of ionic conductivity in silica glasses by classical methods [J]. J Am Ceram Soc, 1954, 37 (12): 573 ~ 580.

6　共修饰对 $LiNi_{0.5}Co_{0.2}Mn_{0.3}O_2$ 高电压性能的影响

前两章分别采取本体元素掺杂和表面包覆方法对 $LiNi_{0.5}Co_{0.2}Mn_{0.3}O_2$ 材料进行改性研究。过渡金属位 Zr 掺杂同时改善材料中锂离子扩散能力及结构稳定性，$LiNi_{0.5}Co_{0.2}Mn_{0.3}O_2$ 材料高电压下的电化学性能有较大改善。该方法不足之处在于活性物质与电解液间的界面副反应依然存在，高氧化态环境下的过渡金属离子溶解量较大，同时掺杂后材料的放电容量有所下降。针对界面副反应，第 5 章采取表面包覆方法在材料与电解液界面处构筑物理屏障，减少 HF 对活性物质的侵蚀。此外由于包覆物质为锂离子优良导体，材料电化学性能也有显著提高。若能充分结合元素掺杂及表面包覆各自的优点，即在稳定材料晶格结构，减少充放电过程中界面副反应发生的同时，加快锂离子在界面和材料本体中的扩散速率，能够更进一步改善 $LiNi_{0.5}Co_{0.2}Mn_{0.3}O_2$ 材料高电压电化学性能。

导电聚合物聚吡咯（Polypyrrole，PPy）具有单双键交替的共轭骨架结构，相邻 π 键重叠使得其结构中存在离域电子，由吡咯单体发生氧化聚合得到，通常为菜花状三维结构（见图 6-1）。与上一章锂离子导体材料 Li_2ZrO_3 和 $Li_2O-2B_2O_3$ 相比较，聚吡咯可在材料表面形成柔韧性较强的导电薄膜网络，在促进电子传输的同时，还能有效缓解电极材料在充放电过程中的体积微变。聚吡咯常被用于 $Si^{[1]}$、$Co_3O_4{}^{[2]}$、$LiFePO_4{}^{[3]}$ 和 $Li_{1.2}Mn_{0.54}Co_{0.13}Ni_{0.13}O_2{}^{[4]}$ 等电极材料表面包覆改性，通过抑制材料在电化学循环过程中的体积效应或增强活性物质颗粒间的电导率，最终达到电化学性能改善目的。

本章首先研究聚吡咯包覆对 $LiNi_{0.5}Co_{0.2}Mn_{0.3}O_2$ 材料高电压电化学性能的影响，详细考察不同包覆量对样品晶格结构、表面形貌及高电压电化学性能的作用规律；以 Zr 掺杂优化条件下的 $Li(Ni_{0.5}Co_{0.2}Mn_{0.3})_{0.99}Zr_{0.01}O_2$ 样品为基体，采用化学氧化方法在其表面构筑导电聚吡咯包覆层，通过共修饰策略进一步提高 $LiNi_{0.5}Co_{0.2}Mn_{0.3}O_2$ 材料高电压电化学性能，揭示 Zr 掺杂和表面 PPy 包覆共修饰改善材料高电压电化学性能的根本原因。

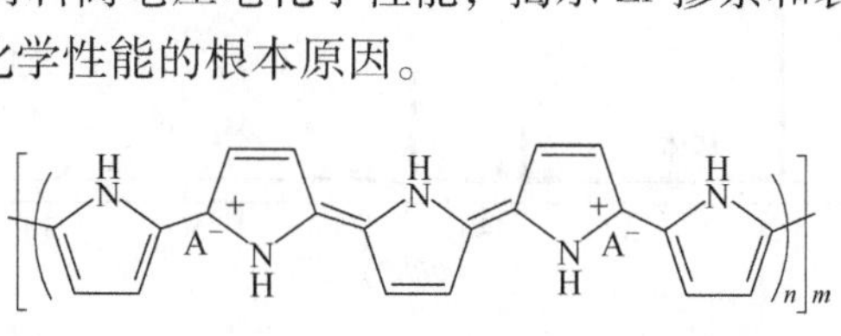

图 6-1　掺杂有 A 离子的聚吡咯结构图

6.1 LiNi$_{0.5}$Co$_{0.2}$Mn$_{0.3}$O$_2$ 材料表面聚吡咯修饰研究

在对 LiNi$_{0.5}$Co$_{0.2}$Mn$_{0.3}$O$_2$ 进行基体 Zr 掺杂及表面 PPy 包覆共修饰之前，本文首先通过化学氧化法在基体材料表面构筑导电聚吡咯包覆层，详细考察不同包覆量对样品晶格结构、表面形貌及高电压电化学性能的作用规律。采用化学氧化法合成 PPy 包覆 LiNi$_{0.5}$Co$_{0.2}$Mn$_{0.3}$O$_2$ 样品，详细步骤如下：按照 PPy 设计包覆量称取一定量的基体材料、对甲苯磺酸钠和吡咯单体置于 50mL 烧杯中，加入适量无水乙醇后搅拌均匀。将上述溶液置于超声波清洗器中超声分散同时逐滴加入 FeCl$_3$ 醇溶液。然后将烧杯转入低温恒温反应浴中反应 24h，取出后在水浴锅中 80℃下搅拌蒸干。所得粉末用乙醇洗涤数次后真空干燥 15h 即得改性样品。PPy 设计包覆量（质量分数）分别为 1%（P1）、2%（P2）和 3%（P3）。

6.1.1 PPy 包覆 LiNi$_{0.5}$Co$_{0.2}$Mn$_{0.3}$O$_2$ 样品的晶体结构

图6-2 为基体材料和 PPy 包覆样品的 XRD 图谱。从图中可看出，PPy 包覆样品与基体材料的衍射峰峰型保持一致，均属于典型的六方晶系。表面 PPy 包覆并未改变基体材料的晶体结构。此外，由于 PPy 包覆量较小且为非晶态，各样品衍射图谱上并未发现 PPy 衍射峰。改性样品依然保持良好的层状结构是其具有较优电化学性能的基本保障。从表 6-1 中各参数变化情况可知表面 PPy 修饰并未对基体晶格参数产生明显的影响。随着 PPy 包覆量的增加，晶格参数 a 与 c 值亦无明显变化。各样品的 c/a 值均大于 4.9，表明各样品的层状结构较好。

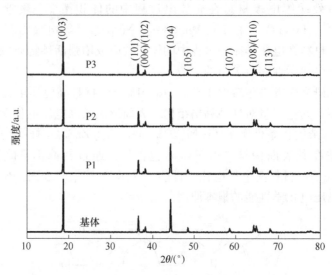

图6-2 基体与 PPy 包覆样品的 XRD 图谱

表 6-1 基体与 PPy 包覆样品的晶格参数

样品	a/nm	c/nm	c/a
基体	0.28740	1.42529	4.959
P1	0.28742	1.42530	4.959
P2	0.28746	1.42533	4.958
P3	0.28739	1.42532	4.960

6.1.2 PPy 包覆 $LiNi_{0.5}Co_{0.2}Mn_{0.3}O_2$ 样品的红外光谱

当红外光照射有机物分子时，分子中化学键或官能团会发生振动吸收。不同的化学键或官能团的吸收频率不尽相同，根据红外光谱中的频率位置即可确定化学键或官能团的具体组成。本书所使用的红外光谱仪器型号为 Vertex-70。为进一步确认表面包覆层成分，本书对基体 $LiNi_{0.5}Co_{0.2}Mn_{0.3}O_2$ 和 P2 样品进行红外光谱分析。图 6-3a 为两样品的红外光谱图。由图可知，基体 $LiNi_{0.5}Co_{0.2}Mn_{0.3}O_2$ 和 P2 样品红外光谱曲线基本一致。相较于基体材料，P2 样品光谱在波数为 1000 ~ 1600cm^{-1} 范围内出现了吸收峰，其中波数为 1003cm^{-1} 对应 C—H 键的弯曲振动[5]；波数为 1190cm^{-1} 和 1311cm^{-1} 处则分别为 C = N 和 C—N 键的吸收峰[6,7]；C = C 双键的伸缩振动对应 1576cm^{-1} 处吸收峰[4,8,9]。聚吡咯的化学氧化合成在乙醇溶剂中进行，同时洗涤过程使用了无水乙醇。吡咯单体易溶于乙醇而聚吡咯则不溶于乙醇。结合红外光谱分析可知，$LiNi_{0.5}Co_{0.2}Mn_{0.3}O_2$ 材料表面有机物为目标产物 PPy。图 6-3b 为基体 $LiNi_{0.5}Co_{0.2}Mn_{0.3}O_2$ 材料和不同 PPy 包覆量样品的热失重曲线。基体材料的失重率（质量分数）仅为 0.07%，主要为材料中少量吸附水的挥发。PPy 包覆样品失重较为明显，P1、P2 和 P3 样品测试结果（质量分数）分别为 0.75%、1.76% 和 2.74%，这是由于 PPy 的热分解所致。温度超过

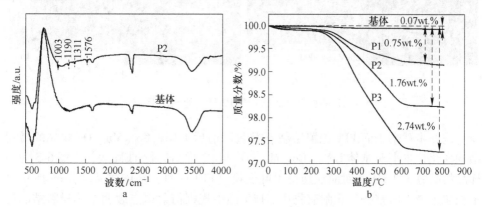

图 6-3 基体及改性样品的红外光谱和热失重曲线
a—基体与 P2 样品的红外光谱；b—各样品的热失重曲线

450℃，PPy 发生开环反应，骨架开始分解。温度达到 600℃，PPy 分解基本完成。

6.1.3　PPy 包覆 $LiNi_{0.5}Co_{0.2}Mn_{0.3}O_2$ 样品的形貌

图 6-4 所示为基体 $LiNi_{0.5}Co_{0.2}Mn_{0.3}O_2$ 材料与 P2 样品的 SEM 图。对比可知，基体材料样品表面一次颗粒轮廓清晰，颗粒间的缝隙明显。PPy 包覆量（质量分数）为 2% 的 P2 样品，颗粒依然保持良好的球形形貌，一次颗粒间已无明显界限，表面存在明显的包覆物质。

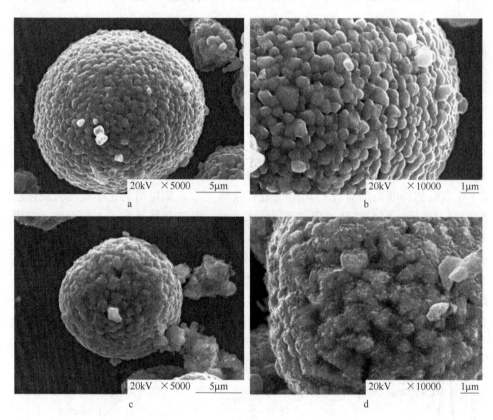

图 6-4　基体材料（a，b）与 P2 样品的 SEM 图（c，d）

进一步观察表面 PPy 包覆层状态及包覆前后 $LiNi_{0.5}Co_{0.2}Mn_{0.3}O_2$ 样品的微观结构变化，本书对基体 $LiNi_{0.5}Co_{0.2}Mn_{0.3}O_2$ 与 P2 样品进行 TEM 表征。图 6-5 为两样品的高分辨 TEM 和对应快速傅里叶变换（FFT）图。基体样品高分辨 TEM 显示颗粒边缘光滑整齐，无附着物质。FFT 图中规则衍射斑点表明基体材料结晶度非常好，测量计算晶面间距为 0.2452nm，对应 $LiNiO_2$ 晶格结构中的（101）晶面。图 6-5c 为 PPy 包覆（质量分数）为 2% 的 P2 样品高分辨 TEM 图，图中区域

"1"和"2"对应的 FFT 图见图 6-5d。由图可知，P2 样品边缘存在明显的包覆层，边缘包覆层与基体材料间的界限明显。对应区域的 FFT 图显示"1"区为结晶度良好的基体 LiNi$_{0.5}$Co$_{0.2}$Mn$_{0.3}$O$_2$ 材料，"2"区则为无定形态的 PPy 包覆层物质。

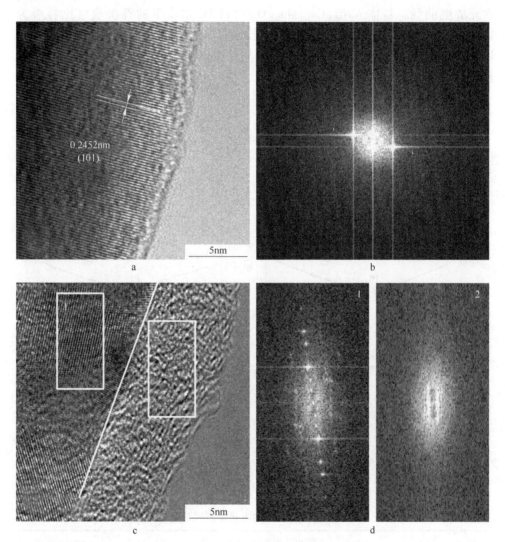

0.2452nm
(101)

5nm

a

b

5nm

c

d

图 6-5　基体材料（a，b）与 P2 样品的 HRTEM 和 FFT 图（c，d）

6.1.4　高电压下 PPy 包覆 LiNi$_{0.5}$Co$_{0.2}$Mn$_{0.3}$O$_2$ 样品的电化学性能

图 6-6a 为基体 LiNi$_{0.5}$Co$_{0.2}$Mn$_{0.3}$O$_2$ 材料与 PPy 包覆样品 0.1C 倍率下首次充放电曲线。各样品相应放电比容量数据见表 6-2。各样品充放电曲线形状一致，未出

现额外的充放电平台，说明聚吡咯 PPy 在所测试的电压范围内不参与电池电化学反应。基体 LiNi$_{0.5}$Co$_{0.2}$Mn$_{0.3}$O$_2$ 材料 0.1C 倍率下的首次放电比容量为 203.6mA · h/g，P1、P2 和 P3 样品首次放电比容量略有降低，分别为 201.6mA · h/g、199.7mA · h/g 和 198.0mA · h/g。图 6-6b 为基体 LiNi$_{0.5}$Co$_{0.2}$Mn$_{0.3}$O$_2$ 与 PPy 包覆样品 1C 倍率下首次充放电曲线。基体 LiNi$_{0.5}$Co$_{0.2}$Mn$_{0.3}$O$_2$ 材料 1C 倍率下的首次放电比容量为 187.8mA · h/g，P1、P2 和 P3 样品首次放电比容量略有降低，分别为 186.5mA · h/g、185.0mA · h/g 和 181.3mA · h/g。P3 样品在两倍率下的首次放电容量下降幅度较大，因此包覆量不宜过高。

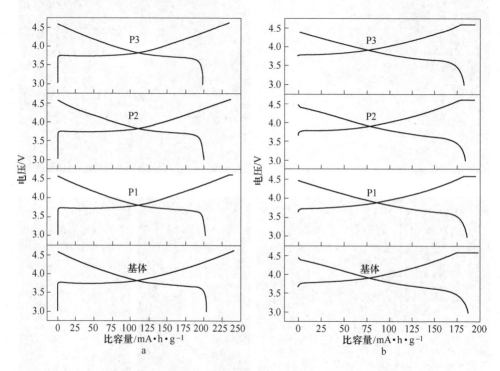

图 6-6 基体材料与 PPy 包覆样品在 3.0~4.6V 下的首次充放电曲线

a—0.1C；b—1C

表 6-2 各样品的电化学测试数据

样 品	放电比容量/mA · h · g^{-1}			容量保持率 /%
	0.1C 首次	1C 首次	1C 第 100 次	
基体	203.6	187.8	128.5	68.4
P1	201.6	186.5	151.5	81.2
P2	199.4	185.0	156.8	84.8
P3	198.0	181.3	143.3	79.0

基体 LiNi$_{0.5}$Co$_{0.2}$Mn$_{0.3}$O$_2$ 材料与 PPy 包覆样品在 3.0~4.6V 电压范围内 1C 倍率下的循环曲线如图 6-7 所示。各样品相应放电比容量数据见表 6-2。结合图 6-7 和表中数据可知，基体 LiNi$_{0.5}$Co$_{0.2}$Mn$_{0.3}$O$_2$ 材料经过 100 次充放电循环后的放电比容量为 128.5mA·h/g，其容量保持率为 68.4%。PPy 包覆样品表现出优于基体材料的循环稳定性，P1 和 P3 样品 100 次循环后放电比容量分别为 151.5mA·h/g 和 156.8mA·h/g，相应容量保持率则分别为 81.2% 和 79.0%；P2 样品展现出最优的循环性能，100 次循环后放电比容量和容量保持率分别为 156.8mA·h/g 和 84.8%。

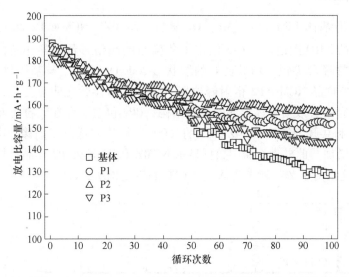

图 6-7　基体 LiNi$_{0.5}$Co$_{0.2}$Mn$_{0.3}$O$_2$ 材料与 PPy 包覆样品 1C 倍率下的循环性能

综上所述，采用化学氧化方法可以在 LiNi$_{0.5}$Co$_{0.2}$Mn$_{0.3}$O$_2$ 样品表面生成均匀的无定型 PPy 包覆层，该包覆层对 LiNi$_{0.5}$Co$_{0.2}$Mn$_{0.3}$O$_2$ 样品的晶格结构以及容量影响甚小，包覆后的 LiNi$_{0.5}$Co$_{0.2}$Mn$_{0.3}$O$_2$ 材料循环稳定性有较大提升。

6.2　Li(Ni$_{0.5}$Co$_{0.2}$Mn$_{0.3}$)$_{0.99}$Zr$_{0.01}$O$_2$ 表面聚吡咯包覆研究

充分结合表面 PPy 包覆和体相掺杂的优点，本节在第 4 章 Zr 掺杂样品基础上，在 Li(Ni$_{0.5}$Co$_{0.2}$Mn$_{0.3}$)$_{0.99}$Zr$_{0.01}$O$_2$ 表面构筑 PPy 包覆层，对比考察基体 LiNi$_{0.5}$Co$_{0.2}$Mn$_{0.3}$O$_2$(bare)、Zr 掺杂量（质量分数）为 1% 的 Li(Ni$_{0.5}$Co$_{0.2}$Mn$_{0.3}$)$_{0.99}$Zr$_{0.01}$O$_2$ 样品（NCMZ）、PPy 包覆量（质量分数）为 2% 的 LiNi$_{0.5}$Co$_{0.2}$Mn$_{0.3}$O$_2$ 样品（NCM@P2）以及共修饰样品 Li(Ni$_{0.5}$Co$_{0.2}$Mn$_{0.3}$)$_{0.99}$Zr$_{0.01}$O$_2$@P2（NCMZ@P2）晶格结构、表面形貌及高电压下电化学性能，揭示表面 PPy 包覆和 Zr 元素掺杂共修饰改善 LiNi$_{0.5}$Co$_{0.2}$Mn$_{0.3}$O$_2$ 材料高电压电化学性能的根本原因。PPy 包覆 Li(Ni$_{0.5}$Co$_{0.2}$Mn$_{0.3}$)$_{0.99}$Zr$_{0.01}$O$_2$ 样品中 PPy 包覆量（质量分数）为 2%。包覆采

用化学氧化方法进行，具体步骤如下：称取一定量的 Li(Ni$_{0.5}$Co$_{0.2}$Mn$_{0.3}$)$_{0.99}$Zr$_{0.01}$O$_2$ 材料、对甲苯磺酸钠（作为掺杂剂提高 PPy 导电性）和吡咯单体置于 50mL 烧杯中，加入适量无水乙醇后搅拌均匀。将上述溶液置于超声波清洗器中超声分散同时逐滴加入 FeCl$_3$ 醇溶液。然后将烧杯转入低温恒温反应浴中反应 24h，取出后在水浴锅中 80℃下搅拌蒸干。所得粉末用乙醇洗涤数次后转入真空干燥箱中 80℃干燥 15h 即得改性样品。

6.2.1   晶体结构

图 6-8 为基体 LiNi$_{0.5}$Co$_{0.2}$Mn$_{0.3}$O$_2$ 材料、NCMZ、NCM@P2 和共修饰样品 NCMZ@P2 的 XRD 图谱。表 6-3 给出了各样品的晶格参数。各样品特征峰位置一致，衍射峰峰形尖锐，均具良好的层状 α-NaFeO$_2$ 结构。与基体材料相比较，PPy 表面包覆样品 NCM@P2 衍射峰位置不变，晶格参数无明显变化，表明低温化学氧化聚合不会改变基体材料的晶格结构，PPy 包覆层存在颗粒表面。Zr 掺杂样品 NCMZ 和共修饰样品 NCMZ@P2 的（003）峰均向低角度偏移，这意味着晶格参数 c 值增加。此外表 6-3 中数据显示 NCMZ 和 NCMZ@P2 样品晶格参数 a 与 c 均增大，这是由于 Zr^{4+} 掺杂进入基体材料晶格结构所致。

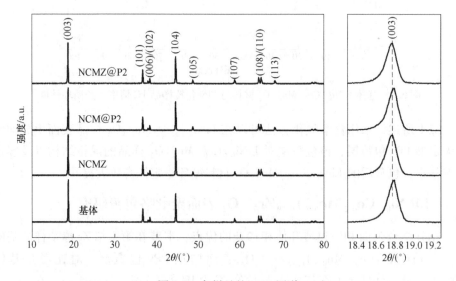

图 6-8   各样品的 XRD 图谱

表 6-3   样品的晶格参数

样品	a/nm	c/nm	c/a
基体	0.28740	1.42529	4.959
NCMZ	0.28764	1.42634	4.959

样品	a/nm	c/nm	c/a
NCM@ P2	0.28746	1.42533	4.958
NCMZ@ P2	0.28762	1.42636	4.959

　　XRD 分析表明共修饰材料 NCMZ@ P2 体相 Zr 元素掺杂引起晶格参数增加。为进一步了解 Zr 元素掺杂对 NCMZ@ P2 样品中原子占位及结构参数的影响，本研究采用 GSAS 软件对基体 LiNi$_{0.5}$Co$_{0.2}$Mn$_{0.3}$O$_2$ 材料和共修饰样品进行 Rietveld 全谱拟合结构精修。两样品 Rietveld 精修图谱及相关参数分别见图 6-9 和表 6-4。精修图谱与实测图谱吻合较好，差谱平稳，结合 R_{wp} 与 R_p 值可知两样品的 Rietveld 结构精修结果可信。共修饰样品锂镍混排小于基体材料，同时从表中 $S(MO_2)$ 和 $I(LiO_2)$ 值可知，Zr 掺杂进入材料晶格结构，主晶片间距减小，过渡金属与氧结合能力增强，材料晶体结构更加稳定；锂层间距增大，锂离子脱嵌阻力降低。共修饰样品继承了基体 Zr 元素掺杂优势，即本体结构较好的结构稳定性及较优的锂离子扩散系数。

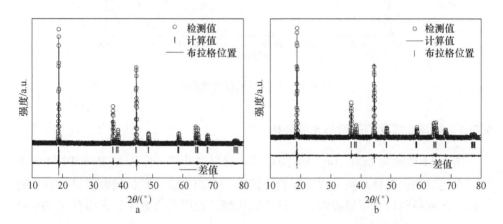

图 6-9　基体（a）与 NCMZ@ P2 材料（b）的 Rietveld 精修图谱

表 6-4　基体 LiNi$_{0.5}$Co$_{0.2}$Mn$_{0.3}$O$_2$ 材料与共掺杂样品的 Rietveld 精修结果

样品	R_{wp}/%	R_p/%	锂镍混排	$S(MO_2)$/nm	$I(LiO_2)$/nm
基体	11.24	9.54	0.0536	0.21390	0.26122
NCMZ@ P2	10.76	8.56	0.0232	0.21372	0.26173

6.2.2　共修饰样品的红外光谱

　　图 6-10 为基体 LiNi$_{0.5}$Co$_{0.2}$Mn$_{0.3}$O$_2$ 材料、NCMZ 和共修饰样品 NCMZ@ P2 的红外光谱图。三样品红外光谱曲线基本一致。相较于基体材料及 NCMZ 样品，共

修饰样品光谱在波数为 $1000 \sim 1600cm^{-1}$ 范围内出现特征官能团吸收峰，其中波数为 $992cm^{-1}$ 为 C—H 键的弯曲振动；波数为 $1187cm^{-1}$ 和 $1300cm^{-1}$ 处则分别对应 C＝N 和 C—N 键的吸收峰；C＝C 双键的伸缩振动对应 $1533cm^{-1}$ 处吸收峰。吡咯单体易溶于乙醇而聚吡咯则不溶于乙醇，化学氧化合成在乙醇溶剂中进行，同时洗涤过程使用了无水乙醇。因此，$Li(Ni_{0.5}Co_{0.2}Mn_{0.3})_{0.99}Zr_{0.01}O_2$ 表面有机物为聚吡咯。

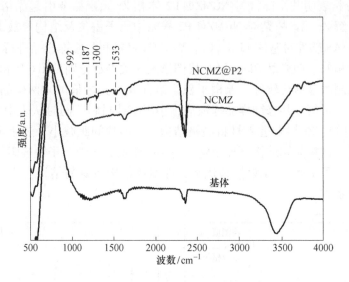

图 6-10 各样品的红外光谱图

6.2.3 共修饰样品的形貌与元素分析

图 6-11 所示为 $LiNi_{0.5}Co_{0.2}Mn_{0.3}O_2$ 基体材料和共修饰样品 NCMZ@ P2 的 SEM 图。对比发现，基体材料一次颗粒轮廓清晰，表面光滑，颗粒间隙明显；共修饰样品一次颗粒间已无明显界限，整体轮廓模糊，说明共修饰样品表面存在 PPy 有

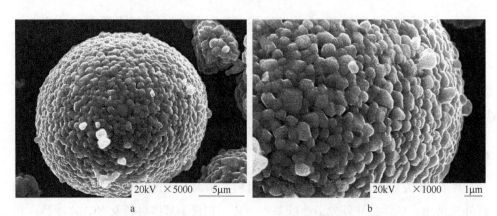

a   b

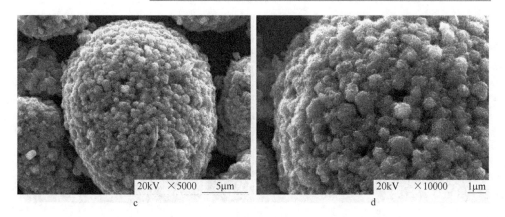

图6-11　基体（a，b）与 NCMZ@ P2 样品（c，d）的 SEM 图

机物包覆层。进一步表征材料表面 PPy 包覆层中各元素的分布情况，本书对共修饰样品进行 EDS 测试分析。图6-12 为该样品中 Ni、Co、Mn、O 和 N 元素面分布图。由图可知，各元素分布区域与材料背散射电子相中材料颗粒形状一致，N 元素分布情况显示表面 PPy 包覆较为均匀。

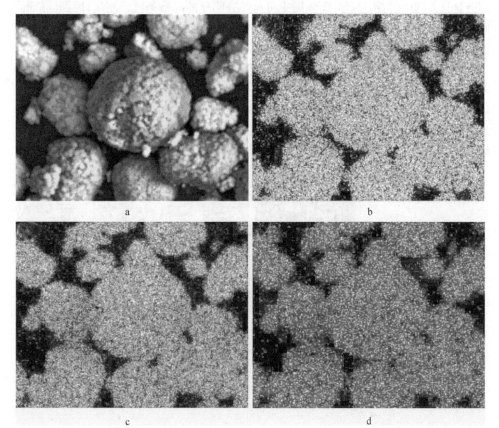

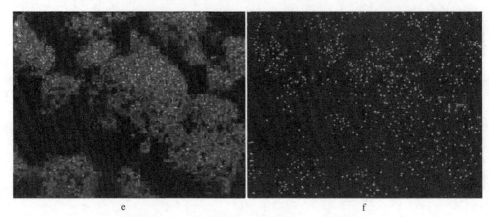

e　　　　　　　　　　　　　　　　　　f

图 6-12　共修饰样品 NCMZ@ P2 中元素分布

a—SEM 图；b—Ni；c—Co；d—Mn；e—O；f—N

为进一步确认共修饰样品 NCMZ@ P2 表面 PPy 包覆层存在状态，本书对基体 LiNi$_{0.5}$Co$_{0.2}$Mn$_{0.3}$O$_2$ 材料与 NCMZ@ P2 样品进行 TEM 表征。图 6-13 为两样品的 TEM 和高分辨透射电镜图（HRTEM）。较低放大倍数下的 TEM 图显示基体材料边缘光滑齐整且无物质附着，高倍 TEM 图中可见整齐明显的晶格条纹，测量计算其晶面间距为 0.2452nm，对应 LiNiO$_2$ 晶格结构中的（101）晶面。图 6-13c 为共修饰样品 TEM 图，颗粒边缘存在透明连续的 PPy 包覆层。进一步观察高倍 TEM 图发现基体材料与边缘包覆层间界限明显，基体材料内部可见整齐的晶格条纹，其晶面间距为 0.1868nm，对应 LiNiO$_2$ 晶格结构中的（105）晶面，说明本体少量 Zr 元素掺杂不改变 LiNi$_{0.5}$Co$_{0.2}$Mn$_{0.3}$O$_2$ 晶相结构。颗粒边缘包覆层未见晶格条纹，区域 FFT 图显示包覆层物质 PPy 以无定形态存在。共修饰材料表面导电聚吡咯 PPy 有效阻止活性物质与电解液间的直接接触，减少界面副反应的发生，同时还能加快电子传输速率。

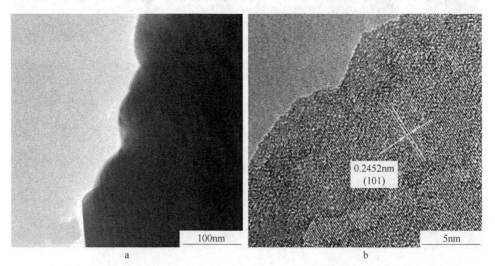

a　　　　　　　　　　　　　　　　　　b

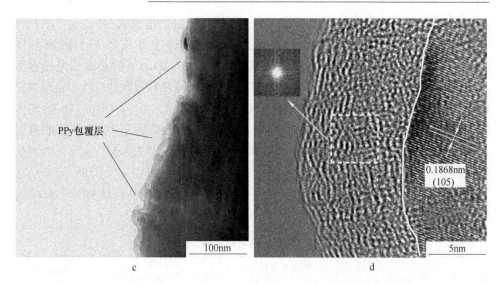

图 6-13 基体 (a, b) 与 NCMZ@P2 样品 (c, d) 的 TEM 和 HRTEM 图

6.2.4 高电压电化学性能

图 6-14a 为基体 LiNi$_{0.5}$Co$_{0.2}$Mn$_{0.3}$O$_2$ 材料、NCMZ、NCM@P2 和 NCMZ@P2

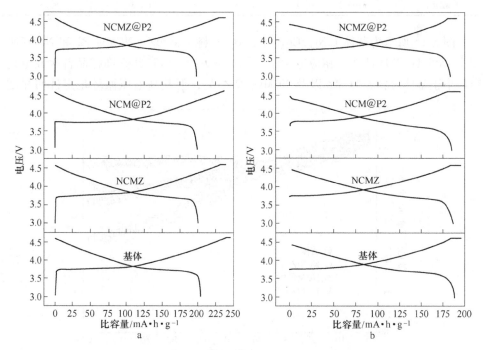

图 6-14 各样品在 3.0 ~ 4.6V 下的首次充放电曲线

a—0.1C; b—1C

样品 0.1C 倍率下的首次充放电曲线, 相应放电比容量数据见表 6-5。各样品充放电曲线形状一致, 表明 Zr 掺杂、PPy 包覆和共修饰改性策略都不影响基体 $LiNi_{0.5}Co_{0.2}Mn_{0.3}O_2$ 材料的充放电机制。基体材料 0.1C 倍率下的首次放电比容量为 203.6mA·h/g, NCMZ、NCM@P2 和 NCMZ@P2 样品的首次放电比容量略微降低, 分别为 199.7mA·h/g、200.2mA·h/g 和 199.3mA·h/g。图 6-14b 为基体 $LiNi_{0.5}Co_{0.2}Mn_{0.3}O_2$ 材料、NCMZ、NCM@P2 和 NCMZ@P2 样品 1C 倍率下的首次充放电曲线。基体材料 1C 倍率下的首次放电比容量为 187.8mA·h/g, NCMZ、NCM@P2 和 NCMZ@P2 样品的首次放电比容量分别为 185.6mA·h/g、185.0mA·h/g 和 181.8mA·h/g, 改性后样品的容量略微降低。共修饰样品首次容量下降幅度较大, 这是惰性 Zr 元素掺杂和表面 PPy 包覆共同作用结果。

表 6-5　各样品的电化学测试数据

样品	放电比容量/mA·h·g⁻¹			容量保持率 /%
	0.1C 首次	1C 首次	1C 第 100 次	
基体	203.6	187.8	128.5	68.4
NCMZ	199.7	185.6	155.5	83.8
NCM@P2	200.2	185.0	156.8	84.8
NCMZ@P2	199.3	181.8	163.3	89.8

图 6-15 所示为基体 $LiNi_{0.5}Co_{0.2}Mn_{0.3}O_2$ 材料、NCMZ、NCM@P2 和 NCMZ@P2 样品的 1C 循环性能。相应电化学数据见表 6-5。尽管共修饰样品首次放电比容量小于基体材料、NCMZ 以及 NCM@P2 样品, 但其高电压循环稳定性明显增

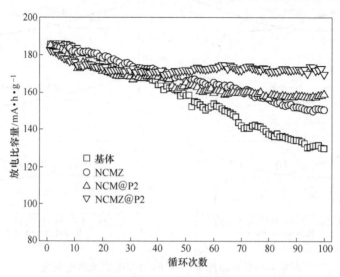

图 6-15　各样品在 3.0~4.6V 电压范围下的循环性能

强。具体来说，基体材料 100 次充放电循环后的放电比容量为 128.5mA·h/g，容量保持率为 68.4%。Zr 掺杂样品和 PPy 包覆材料循环性能有较大改善，1C 倍率下循环 100 次后的放电比容量分别为 155.5mA·h/g 和 156.8mA·h/g，容量保持率分别为 83.4% 和 84.8%。单一改性方法对基体材料循环性能的改善效果相当，说明基体材料在高电压下的电化学性能恶化原因一方面是由于自身较为严重的锂镍混排，另一方面则是活性物质与电解液之间剧烈的界面副反应。共修饰样品表现出最优的循环性能，100 次循环后的放电比容量为 163.3mA·h/g，容量保持率可达 89.8%。

图 6-16 为基体 LiNi_{0.5}Co_{0.2}Mn_{0.3}O_2 材料、NCMZ、NCM@P2 和 NCMZ@P2 样品不同倍率下的放电曲线，相应电化学数据见表 6-6。与基体材料相比，单一改性样品（NCMZ 和 NCM@P2）小倍率下（≤1C）的放电比容量较低，但在大倍率下（≥2C）放电容量及初始放电电压均有提升。以 5C 为例，基体材料放电比容量为 114.2mA·h/g，初始放电电压为 3.886V；NCMZ 和 NCM@P2 样品首次容量明显增加，分别为 140.3mA·h/g 和 148.7mA·h/g，初始放电电压分别为

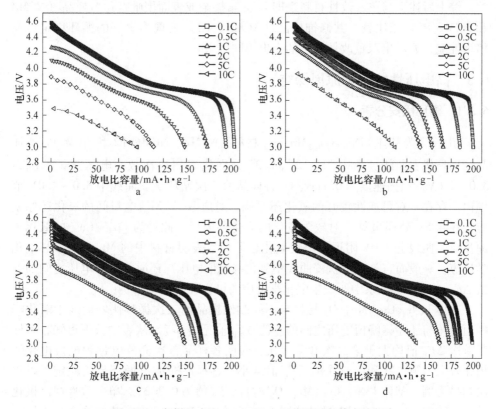

图 6-16　各样品在 3.0~4.6V 电压范围下的倍率性能

a—基体；b—NCMZ；c—NCM@P2；d—NCMZ@P2

4.258V 和 4.404V。Zr 掺杂样品倍率性能提升归因于内部晶格结构中较宽的锂离子扩散通道，PPy 包覆则抑制界面副反应发生，从而降低表面膜阻抗及电荷转移阻抗。共修饰样品充分结合上述方法的优点，因此，该样品在 1C 倍率下的放电比容量即高于基体材料，同时各倍率下的初始放电电压明显提升。共修饰样品10C 倍率下首次放电比容量高达 135.5mA·h/g，远高于基体材料（95.7mA·h/g）和单一改性样品（NCMZ，112.5mA·h/g；NCM@P2，120.5mA·h/g）。

表 6-6　各样品不同倍率下的放电比容量

样　品	不同倍率放电比容量/mA·h·g^{-1}					
	0.1C	0.5C	1C	2C	5C	10C
基体	203.5	194.4	173.4	148.3	114.2	95.7
NCMZ	200.8	185.5	166.5	153.9	140.3	112.5
NCM@P2	199.9	184.3	168.5	160.3	148.7	120.5
NCMZ@P2	199.1	185.9	181.2	172.7	162.7	135.5

综上所述，与单一改性材料，即 Zr 元素掺杂或表面聚吡咯包覆样品（NCMZ 和 NCM@P2）相比较，共修饰样品（NCMZ@P2）表现出更好的循环稳定性及倍率性能，显示出双重改性方法的突出协同效果。

6.3　高电压性能改善原因探究

6.3.1　循环伏安分析

图 6-17 为基体 $LiNi_{0.5}Co_{0.2}Mn_{0.3}O_2$ 材料、NCMZ、NCM@P2 和 NCMZ@P2 样品的循环伏安曲线。图中"1""2"和"3"分别代表扫描次数，电压测试范围为 3.0~4.6V，扫描速度为 0.1mV/s。各样品前三次循环伏安曲线中 3.0~4.0V 范围内均存在一对可逆性较好的氧化还原峰，对应 Ni^{2+}/Ni^{4+} 电对间的氧化还原反应；在 4.5V 处还可见一对较为宽化的氧化还原峰，此处为 Co^{3+}/Co^{4+} 的氧化还原反应。曲线上 3.0V 附近未出现氧化还原峰，表明材料中的 Mn 并未参与电化学反应。一般而言，循环伏安曲线中氧化峰峰值电压与还原峰峰值电压之间的差值 ΔE_P 可以反映体系中所发生电化学反应的可逆程度。

基体 $LiNi_{0.5}Co_{0.2}Mn_{0.3}O_2$ 材料与不同改性样品前三次循环伏安曲线中氧化峰峰值电压与还原峰峰值电压之间的差值 ΔE_P 值见表 6-7。从表中数据可知，各样品首次 ΔE_P 值均大于第二次和第三次，表明各样品首次充放电过程电极电化学极化较大。第二次和第三次的 ΔE_P 值减小，各样品充放电循环趋于稳定。以首次扫描为例，基体 $LiNi_{0.5}Co_{0.2}Mn_{0.3}O_2$ 材料 ΔE_P 值为 0.202V，单一改性样品极化减小，NCMZ 和 NCM@P2 样品分别下降至 0.177 和 0.180V。共修饰样品不同扫描次数下的 ΔE_P 值最小，表明其电化学反应可逆性最好。

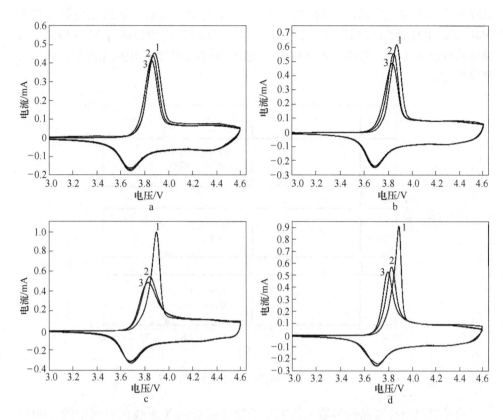

图 6-17 基体材料与各改性样品在 3.0~4.6V 下前三次循环伏安曲线

a—基体；b—NCMZ；c—NCM@P2；d—NCMZ@P2

表 6-7 基体材料与各改性样品前三次循环伏安测试的 ΔE_P 值

样　品	$\Delta E_P/V$		
	第 1 次	第 2 次	第 3 次
基体	0.202	0.189	0.179
NCMZ	0.177	0.159	0.140
NCM@P2	0.180	0.141	0.130
NCMZ@P2	0.172	0.125	0.092

6.3.2 晶体结构变化分析

图 6-18 为基体 $LiNi_{0.5}Co_{0.2}Mn_{0.3}O_2$ 材料、NCMZ 和 NCMZ@P2 循环前后 XRD 图谱。基体-0、NCMZ-0 和 NCMZ@P2-0 分别代表循环前样品，基体-100、NCMZ-100 和 NCMZ@P2-100 则为 1C 循环 100 次后样品。循环后材料 XRD 表征

具体操作步骤为：将循环后的扣式半电池于手套箱中拆解，取出相应极片置于 DMC 溶剂中浸泡 5min 后转移至真空干燥箱中干燥 12h，然后进行 XRD 检测。与循环前样品相比较，循环后各样品 X 射线衍射峰强度降低，说明循环后各样品层状结构变差。

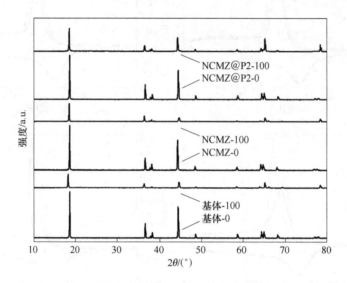

图 6-18　各样品循环前后的 XRD 图谱

层状材料中决定晶胞参数 c 值大小的原子层对应 X 射线衍射谱中的（003）峰。如图 6-19 所示，循环后基体 $LiNi_{0.5}Co_{0.2}Mn_{0.3}O_2$ 材料、NCMZ 和共修饰样品

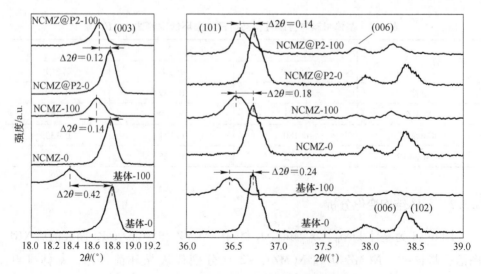

图 6-19　各样品循环前后部分衍射峰 XRD 放大图谱

NCMZ@ P2 的（003）衍射峰均向低角度偏移，偏移量 $\Delta 2\theta$ 分别为 0.42、0.14 和 0.12。（003）衍射峰向低角度偏移表明循环后样品晶格参数 c 值增加，共修饰样品偏移量最小。循环前各样品(006)/(102)衍射峰分裂明显，材料的层状结构良好。循环后基体材料（006）峰完全消失，Zr 掺杂虽然无法阻止高电压下 $LiNi_{0.5}Co_{0.2}Mn_{0.3}O_2$ 材料结构崩塌，但相较于基体材料，NCMZ 样品的（003）衍射峰向低角度的偏移得到有效抑制，同时衍射图谱中存在较弱的（006）衍射峰，这说明循环后 NCMZ 样品的层状结构保持较好。与 Zr 掺杂样品相比较，共修饰样品（003）衍射峰向低角度的偏移量更小，同时图谱中还可见较为明显的(006)/(102)分裂峰，表明共修饰样品结构稳定性在 Zr 元素掺杂样品基础上有进一步提高。

6.3.3 循环后材料形貌对比分析

进一步比较基体材料与改性样品循环后颗粒形貌异同，本书对基体 $LiNi_{0.5}Co_{0.2}Mn_{0.3}O_2$ 材料、NCMZ 和 NCMZ@ P2 循环后的极片进行 SEM 表征，相应测试结果见图 6-20。循环前基体 $LiNi_{0.5}Co_{0.2}Mn_{0.3}O_2$ 材料由大量细小致密一次颗粒组成，整体形貌为类球形。循环后材料一次颗粒逐渐溶解掉落，大部分球形结构完全塌陷。NCMZ 样品材料形貌保持较好，未见明显的结构崩塌，少部分球形颗粒表面一次粒子脱落。共修饰样品颗粒形貌完好，颗粒之间连接较为紧密且未见明显的结构坍塌。共修饰样品 NCMZ@ P2 的优势在于结合本体元素掺杂和表面包覆的双重优点，Zr 掺杂作用位置在材料本体的晶体结构，通过微调基体 $LiNi_{0.5}Co_{0.2}Mn_{0.3}O_2$ 材料化学组成进而增强其结构稳定性；表面 PPy 包覆则在其球形颗粒外部构筑物理保护层，作为活性材料与电解液之间的隔离屏障，减少界面副反应发生，减少循环过程中 HF 对材料的侵蚀。

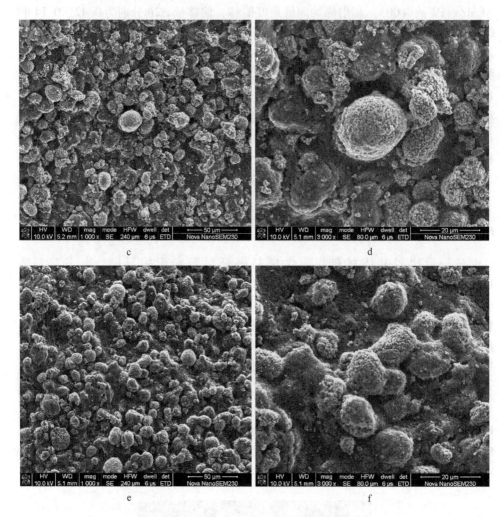

图 6-20　基体 $LiNi_{0.5}Co_{0.2}Mn_{0.3}O_2$ 材料与各改性样品循环前后 SEM 图

a，b—基体；c，d—NCMZ；e，f—NCMZ@ P2

6.3.4　元素溶解测试

本书测试了基体 $LiNi_{0.5}Co_{0.2}Mn_{0.3}O_2$ 材料与共修饰样品 NCMZ@ P2 极片在 3.0~4.6V 电压范围下 1C 倍率充放电 100 次后过渡金属溶解量，详细测试步骤为：将循环后两样品电池于手套箱中拆解，取出相应极片，置于 DMC 溶剂中浸泡 5min 后转移至装有 10mL 电解液的氟化瓶中密封，将氟化瓶置于 60℃ 烘箱中保存 7 天。然后取出正极片，将电解液转移至小烧杯中于通风橱内蒸干有机物后再加入少量稀盐酸，最后移至 50mL 容量瓶中定容。

由表 6-8 可知，基体材料中 Ni、Co 和 Mn 溶解量分别为 3.934mg/L、1.592mg/L 和 2.175mg/L，共修饰样品中过渡金属元素溶解量大大降低，分别为 1.022mg/L、0.465mg/L 和 0.718mg/L。三元 $LiNi_{0.5}Co_{0.2}Mn_{0.3}O_2$ 材料的放电容量主要由 Ni^{2+}/Ni^{4+} 氧化还原电对贡献，因此两样品中 Ni 元素溶解量最大。共修饰方法明显抑制了材料高电压下循环过程中过渡金属元素溶解，一方面本体 Zr 元素掺杂对材料晶体结构有较好的稳定作用，另一方面，PPy 包覆有效阻止 HF 对活性物质的腐蚀溶解。

表 6-8 循环后极片在电解液中储存后的过渡金属溶解量

样品	Ni/mg·L⁻¹	Co/mg·L⁻¹	Mn/mg·L⁻¹
基体	3.934	1.592	2.175
NCMZ@P2	1.022	0.465	0.718

6.3.5 交流阻抗分析

图 6-21 为基体 $LiNi_{0.5}Co_{0.2}Mn_{0.3}O_2$ 材料、NCMZ、NCM@P2 与 NCMZ@P2 样

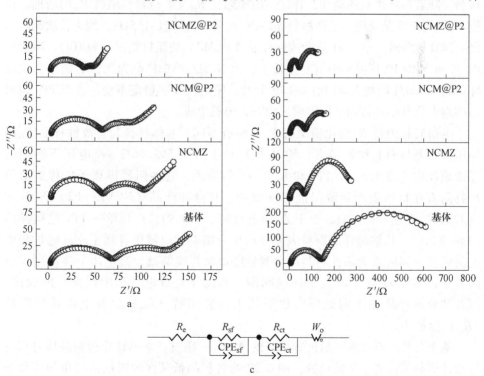

图 6-21 基体材料与改性样品的交流阻抗谱图

a—第 1 次；b—第 50 次；c—拟合等效电路图

品 1C 循环 1 次和 50 次后的交流阻抗谱图及模拟等效电路图。样品测试状态均为充电态。根据等效电路图拟合得到各部分阻抗值详见表 6-9。各样品在充电态下的交流阻抗图均由高频及中高频区域的两个半圆和低频区域的斜线组成。高频区半圆对应活性物质-电解液界面膜电阻和膜电容的并联；中高频区域半圆弧代表电荷传递阻抗；低频区斜线反映锂离子在固相电极中的扩散能力。

表 6-9　交流阻抗拟合值及锂离子扩散系数

样　品	第 1 次		第 50 次		D_{Li^+}
	R_{sf}/Ω	R_{ct}/Ω	R_{sf}/Ω	R_{ct}/Ω	$/cm^2 \cdot s^{-1}$
基体	58.74	87.01	131.54	592.46	6.99×10^{-12}
NCMZ	50.84	44.30	60.13	213.91	1.82×10^{-11}
NCM@P2	53.53	25.33	60.64	156.82	3.01×10^{-11}
NCMZ@P2	37.21	20.67	39.15	108.30	9.14×10^{-11}

结合图 6-21 和表中阻抗值可知，改性样品的阻抗值均小于基体 $LiNi_{0.5}Co_{0.2}Mn_{0.3}O_2$ 材料。随着循环次数的增加，各样品的膜阻抗 R_{sf} 及电荷转移阻抗 R_{ct} 均增加。比较 R_{sf} 值变化情况发现，基体材料循环 50 次后 R_{sf} 值为 131.54Ω，约为首次循环后（58.74Ω）两倍。单一 Zr 掺杂改性样品（NCMZ）膜阻抗增量约为 10Ω。NCM@P2 和 NCMZ@P2 样品膜阻抗变化较小，以 NCMZ@P2 样品为例，R_{sf} 值由首次循环后的 37.21Ω 增加至 50 次后的 39.15Ω，膜阻抗几乎稳定不变，表明 PPy 包覆层抑制电化学循环初期活性物质表面 SEI 膜的生成。

电荷转移阻抗 R_{ct} 变化情况与 R_{sf} 值略有不同。基体材料与各改性样品 R_{ct} 明显增加，基体材料增幅最大，50 次循环后上升至 592.46Ω。高电压下剧烈的界面副反应生成 LiF、Li_xPF_y 和 $Li_xPF_yO_z$ 等物质，这些阻碍锂离子迁移扩散的产物附着在材料表面导致阻抗急剧增加。共修饰样品（NCMZ@P2）循环 50 次后的 R_{ct} 值为 108.30Ω，小于 Zr 掺杂材料（213.91Ω）和单一 PPy 包覆样品（156.82Ω）。共修饰样品颗粒表面导电聚合物 PPy 包覆层有利于充放电过程中电荷转移，同时作为活性材料与电解液隔离屏障能够减少高电压下界面副反应的发生；本体 Zr 掺杂增大了锂层间距，有助于充放电过程中锂离子的脱嵌。因此共修饰样品在不同循环次数下的表面膜阻抗（R_{sf}）以及电荷转移阻抗（R_{ct}）值最小。

基于各样品首次循环后低频区域的 Warburg 阻抗，本书计算得到基体材料与各改性样品的锂离子扩散系数。图 6-22 为各样品低频区域阻抗值与角频率负平方根间的对应关系图。计算得到的各样品锂离子扩散系数详见表 6-9。锂离子扩散系数变化规律与各样品高电压下倍率性能变化情况一致。基体材料锂离子扩散

系数为 $6.99 \times 10^{-12} \mathrm{cm}^2/\mathrm{s}$，改性样品锂离子扩散系数均大于基体材料，其中共修饰样品锂离子扩散系数最大（$9.14 \times 10^{-11} \mathrm{cm}^2/\mathrm{s}$）。本体 Zr 元素掺杂和 PPy 包覆共同作用使得锂离子无论在共修饰样品表层还是在内部晶格结构都能够快速传输，这也是共修饰样品高电压倍率性能得以进一步提升的根本原因。

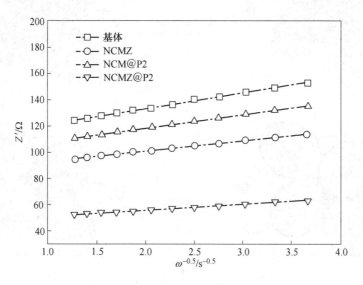

图 6-22 各样品的 Z'-$\omega^{-0.5}$ 拟合曲线

6.3.6 共修饰改善机理模型

综合上述各项表征结果和分析内容，图 6-23 给出了 Zr 掺杂和表面 PPy 包覆共修饰改善 $\mathrm{LiNi_{0.5}Co_{0.2}Mn_{0.3}O_2}$ 材料高电压电化学性能的机理模型。如图 6-23a 所示，循环前基体材料球形颗粒间结合紧密，经过长周期的高电压充放电循环材料表面一次颗粒不断被侵蚀，颗粒间的物理接触中断，电子传输受阻；另一方面由于活性材料与电解液间缺少隔离屏障，高电压下界面副反应较为剧烈，颗粒表面附着大量副反应产物导致电荷转移阻抗急剧增大，再加上基体材料自身较为严重的锂镍混排，充放电过程中锂离子可逆脱嵌受阻。因此基体材料高电压电化学性能急剧恶化。共修饰样品充分结合基体 Zr 掺杂和表面 PPy 包覆的优点。首先 Zr 掺杂降低材料晶格结构中的锂镍混排，锂层间距增加同时过渡金属层间距减小，晶体结构内部锂离子扩散加快，材料结构稳定性增强；此外表面柔性导电聚合物 PPy 包覆能够有效抑制高电压下过渡金属离子溶解，保证颗粒间良好的物理接触，加快电荷传输速率（图 6-23b）。共修饰样品表面电荷转移阻抗增加明显减缓，材料高电压电化学性能得到显著改善。

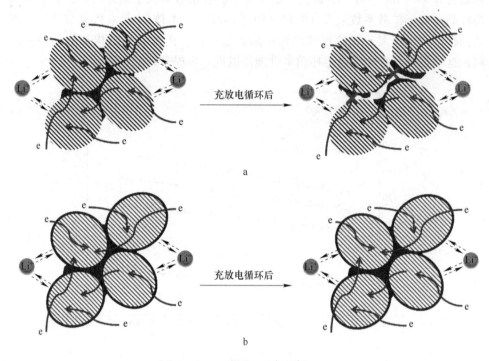

图 6-23　共修饰改善机理示意图

a—基体材料；b—共修饰样品

共修饰改性研究结果如下：

（1）采用化学氧化方法在 $LiNi_{0.5}Co_{0.2}Mn_{0.3}O_2$ 材料表面生成导电聚吡咯 PPy 薄膜。高倍透射电镜和傅里叶变换显示基体材料表面存在均匀连续的无定形 PPy 包覆层。导电聚吡咯包覆样品首次放电比容量略低于基体材料，但高电压循环稳定性有较大提升，PPy 实际包覆量（质量分数）为 1.76% 的 P2 样品 1C 循环 100 次后容量保持率为 84.8%。

（2）在 Zr 掺杂优化样品 $Li(Ni_{0.5}Co_{0.2}Mn_{0.3})_{0.99}Zr_{0.01}O_2$ 基础上，采用表面 PPy 包覆对其做进一步改性。研究显示，本体 Zr 掺杂表面 PPy 包覆共修饰样品（NCMZ@P2）的高电压循环稳定性及倍率性能在单一 Zr 掺杂（NCMZ）以及单一 PPy 包覆（NCM@P2）改性样品的基础上有显著提升。在 3.0~4.6V 电压范围下，1C 循环 100 次后容量保持率为 89.8%，0.1C、0.5C、1C、2C、5C 和 10C 首次放电比容量分别为 199.1mA·h/g、185.9mA·h/g、181.2mA·h/g、172.7mA·h/g、162.7mA·h/g 和 135.5mA·h/g。

（3）共修饰样品充分结合了本体 Zr 掺杂和表面 PPy 包覆的双重优势。Zr 掺杂有利于维持材料在充放电循环过程中的晶体结构稳定性，加快锂离子在材料内部的传输；导电 PPy 促进电子传递，减缓电荷转移阻抗的增加，抑制活性物质与电解液之间副反应的发生，因此共修饰样品表现出优异的高电压电化学性能。

参 考 文 献

［1］ CHEW S, GUO Z, WANG J, et al. Novel nano-silicon/polypyrrole composites for lithium storage ［J］. Electrochem Commun, 2007, 9 (5): 941~946.

［2］ GUO B, KONG Q, ZHU Y, et al. Electrochemically Fabricated Polypyrrole-Cobalt-Oxygen Coordination Complex as High-Performance Lithium-Storage Materials ［J］. Chemistry-A European Journal, 2011, 17 (52): 14878~14884.

［3］ WANG G, YANG L, CHEN Y, et al. An investigation of polypyrrole-LiFePO$_4$ composite cathode materials for lithium-ion batteries ［J］. Electrochim Acta, 2005, 50 (24): 4649~4654.

［4］ WU C, FANG X, GUO X, et al. Surface modification of Li$_{1.2}$Mn$_{0.54}$Co$_{0.13}$Ni$_{0.13}$O$_2$ with conducting polypyrrole ［J］. J Power Sources, 2013, 231: 44~49.

［5］ YIN Z, DING Y, ZHENG Q, et al. CuO/polypyrrole core-shell nanocomposites as anode materials for lithium-ion batteries ［J］. Electrochem Commun, 2012, 20: 40~43.

［6］ CAO J, HU G, PENG Z, et al. Polypyrrole-coated LiCoO$_2$ nanocomposite with enhanced electrochemical properties at high voltage for lithium-ion batteries ［J］. J Power Sources, 2015, 281: 49~55.

［7］ LIU L, WANG X, ZHU Y, et al. Polypyrrole-coated LiV$_3$O$_8$-nanocomposites with good electrochemical performance as anode material for aqueous rechargeable lithium batteries ［J］. J Power Sources, 2013, 224: 290~294.

［8］ BLINOVA N V, STEJSKAL J, TRCHOV M, et al. Polyaniline and polypyrrole: A comparative study of the preparation ［J］. Eur Polym J, 2007, 43 (6): 2331~2341.

［9］ XIONG X, DING D, WANG Z, et al. Surface modification of LiNi$_{0.8}$Co$_{0.1}$Mn$_{0.1}$O$_2$ with conducting polypyrrole ［J］. J Solid State Electrochem, 2014, 18 (9): 2619~2624.

7 高电压电解液添加剂

锂离子电池所使用的电解液是由锂盐、质子惰性有机溶剂和功能添加剂组成的液态电解质，被誉为锂离子电池的血液[1~3]。锂离子电池容量发挥、循环稳定性、安全性能与电解液的性质息息相关。通常，锂离子所使用的电池电解液需要具备如下几点要求：

（1）宽的电化学窗口，避免在电池工作电压范围下，所使用的电解液在正负极表面发生氧化还原反应；

（2）具有较高的离子电导率（σ），通常要求达到 1～10ms/cm；

（3）化学稳定性好，不与隔膜、集流体等电池组件发生反应；

（4）宽的温度范围、良好的安全性能、生物降解性、低毒。

当前，商品化锂离子电池使用的电解液主要由有机溶剂以及溶解在其中的电解质锂盐组成。锂离子电池工作电压远远超过水分解电压，因此水系电解液不能满足其使用要求。理想的有机溶剂需具备如下要求：

（1）较低的黏度（η），有利于离子的传输；

（2）相当宽的温度范围下为液态，高沸点（T_m）低熔点（T_b）；

（3）高的介电常数（ε），足够的极性使得其能够充分溶解并电离锂盐；

（4）在较宽的电压范围内保持电化学惰性；

（5）高闪点（T_f），无毒。

7.1 有机溶剂

满足上述要求并且商业化应用的有机溶剂主要包括线性碳酸酯、环状碳酸酯、线性羧酸酯和醚类。常见线性碳酸酯有碳酸二甲酯（Dimethyl carbonate，DMC）、碳酸二乙酯（Diethyl carbonate，DEC）和碳酸甲乙酯（Ethyl methyl carbonate，EMC）；碳酸乙烯酯（Ethylene carbonate，EC）、碳酸丙烯酯（Propylene carbonate，PC）和 γ-丁内酯（Butyrolactone，γ-BL）为常见的环状碳酸酯。从表7-1 中理化数据可知，尽管 EC 介电常数高达 89.78（25℃），甚至超过水的介电常数（78.36（25℃）），但是 EC 熔点较高，黏度大，在常温下为固态，因此其无法单独用作电解液溶剂。链状碳酸酯的介电常数较低、熔点低、黏度小，但当其单独作为电解液溶剂时，无法有效溶剂化锂盐，导致电解液电导率低。1996年，D. Guyomard 将 DMC 和 EC 混合物作为溶剂时发现两者可以任意比例共混[4]。

自此，以 EC 为基础的二元或者三元混合溶剂相继用于商业化锂离子电池电解液溶剂。代表性二元体系有 EC/DEC、EC/EMC，代表性三元体系有 EC/DMC/EMC、EC/EMC/DEC 和 EC/PC/DEC 等。这些混合溶剂体系具有锂盐溶解性好、电解液电导率高、可在正负极稳定成膜等特点。

表 7-1 常见碳酸酯类有机溶剂的理化性质

溶 剂	DMC	DEC	EMC	EC	PC
熔点/℃	4.6	−74.3	−53	36.4	−48.8
闪点/℃	18	33	23	160	132
介电常数（25℃）	3.107	2.805	2.958	89.78	64.92
黏度（25℃）	0.59（20℃）	0.75	0.65	1.90（40℃）	2.50

7.2 电解质锂盐

锂盐是电解液中另一种重要组分。尽管锂盐数量繁多，但是真正能够用于锂离子电池的种类较少。优异的电解质锂盐需要具备如下性质：

（1）高的热稳定性及化学稳定性；

（2）能够在溶剂中形成具有迁移率高的完全溶剂化的锂离子；

（3）可钝化正极集流体铝箔，防止集流体溶解；

（4）阴离子具有高的化学稳定性且不与电池组件反应；

（5）成本低廉，无毒无公害。

能够满足上述条件的锂盐很少，简单锂盐（如 LiF、LiCl、Li_2O、Li_2S 等）溶解度较低不能满足使用要求。六氟磷酸阴离子 PF_6^- 可视为是路易斯酸核心 PF_5 和 F^- 组成的复杂阴离子。此类阴离子被称为超酸阴离子，其中的负电荷被具有强吸电子能力的路易斯酸基团 F^- 所吸引，因而在溶剂中具有较高的溶解度。锂盐在溶剂中溶解后形成的电解液中离子的迁移分以下两个过程：锂盐的溶剂化/解离和电解液中锂离子的流动[5]。锂盐的流动性和解离常数为两个相悖的指标。因此，锂盐的选择通常是折中的结果。

长期以来，人们研究较多的锂盐主要为无机锂盐四氟硼酸锂（$LiBF_4$）、高氯酸锂（$LiClO_4$）、六氟砷酸锂（$LiAsF_6$）、六氟磷酸锂（$LiPF_6$）；有机锂盐双三氟甲基磺酰亚胺锂（LiTFSI）、双氟磺酰亚胺锂（LiFSI）、双草酸硼酸锂（LiBOB）等。迄今为止，锂离子电池电解液锂盐中实现商业化应用的仅有 $LiPF_6$，该盐在以碳酸酯基为溶剂的锂电池电解液中具有相对最优的综合性能。

7.3 三元正极材料高电压电解液添加剂

三元正极材料在充放电循环过程中特别在高电压下活性物质与电解液之间存

在较为严重的界面副反应。商业化锂离子电池使用的电解质锂盐均为 $LiPF_6$，它对电解液制备过程中存在的痕量水十分敏感。图 7-1 显示锂盐与水发生一系列反应生成 HF 和 POF_3 等强路易斯酸[6]。此类强酸促使电解液碳酸酯类溶剂在活性物质表面发生分解，生成一系列无机和有机锂盐（LiF、ROCOOLi 和 Li_2CO_3 等）。生成的无机及有机锂盐导致电池电极与电解液间的界面阻抗急剧增大，此现象在高电压下尤为突出。因此，锂离子电池正极与电解液界面层性质一定程度上决定着整个电池容量、寿命以及安全性能。

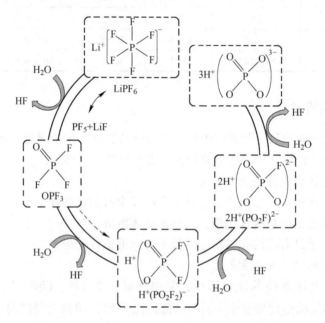

图 7-1 锂盐 $LiPF_6$ 与电解液中痕量水的反应历程

几十年来，人们开展了大量针对正极与电解液界面层的研究。图 7-2 展示正极与电解液界面层的部分研究成果[7]。早在 1985 年，J. B. Goodenough 研究指出正极材料表面与电解液之间存在界面层。之后，大量工作试图追溯界面层来源以及具体组成。界面层物质的具体组成与电池体系所使用的电解液相关。例如在以 $LiClO_4$ 为锂盐，PC 为溶剂组成的电解液中，主要分解产物为碳酸锂。而在以 $LiPF_6$ 为锂盐，EC 和 DMC 为溶剂组成的电解液中，分解产物则主要为含 P、O 和 F 的化合物。有研究指出在不同测试温度、测试时间以及放电态下，正极材料表面的电解液分解产物均由聚碳酸酯、LiF、Li_xPF_y 和 $Li_xPF_yO_z$ 组成。材料表面附着的电解液分解产物阻碍锂离子在活性物质表面的迁移，界面阻抗激增，电池电化学性能恶化。原位检测技术（XPS、XAS 等）的飞速发展也极大地推动了电极与电解液界面层结构及组成的研究，此类技术有效避免了导电炭黑和黏结剂对

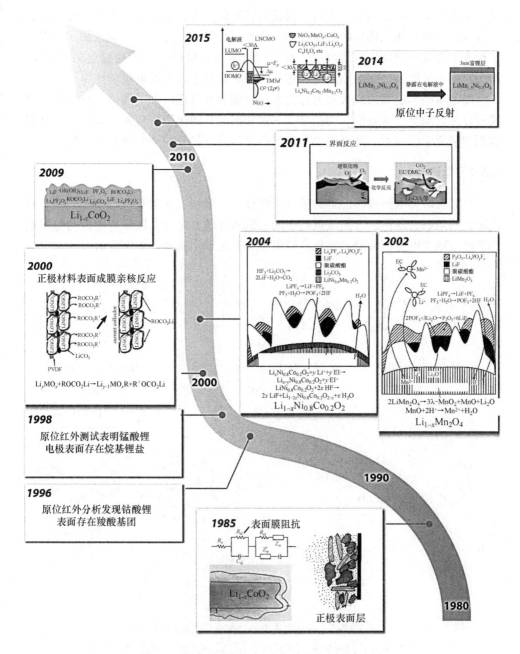

图 7-2 锂离子电池正极-电解液界面层研究历程

正极材料电解液界面层组成测定的干扰。界面层研究给锂离子电池电解液的合成及筛选提供了理论依据以及实验指导。电解液在高电压下保持良好的稳定性是保障电池性能稳定发挥的重要条件。一方面可使用比有机碳酸酯更加稳定的溶剂，从根本上拓宽电解液的氧化窗口，保证电解液即使在高电压状态不发生分解；另一方面，可通过加入适量的功能电解液添加剂改善其稳定性，该类添加剂特点在于优先于有机溶剂发生分解反应，反应产物覆盖在材料表面形成稳定的 SEI 膜，抑制材料与电解液之间的副反应，进而改善材料高电压下的电化学性能。

高电压电解液添加剂大致可分为无机添加剂和有机添加剂两类。按照化学组成可分为含磷类、含硼类、锂盐类等。添加剂的共同作用机理在于减少正极材料表面的氧化活性位点，降低电解液分解速度与分解量，提高电解液稳定性。

7.3.1 含磷类

针对含磷类电解液添加剂的研究工作较多。最初，含磷有机物主要用作电解液阻燃共溶剂。随后，人们发现特定的不饱和含磷有机物可以稳定电极与电解液间界面，减少电解液分解。常见含磷类添加剂化学结构如图 7-3 所示。

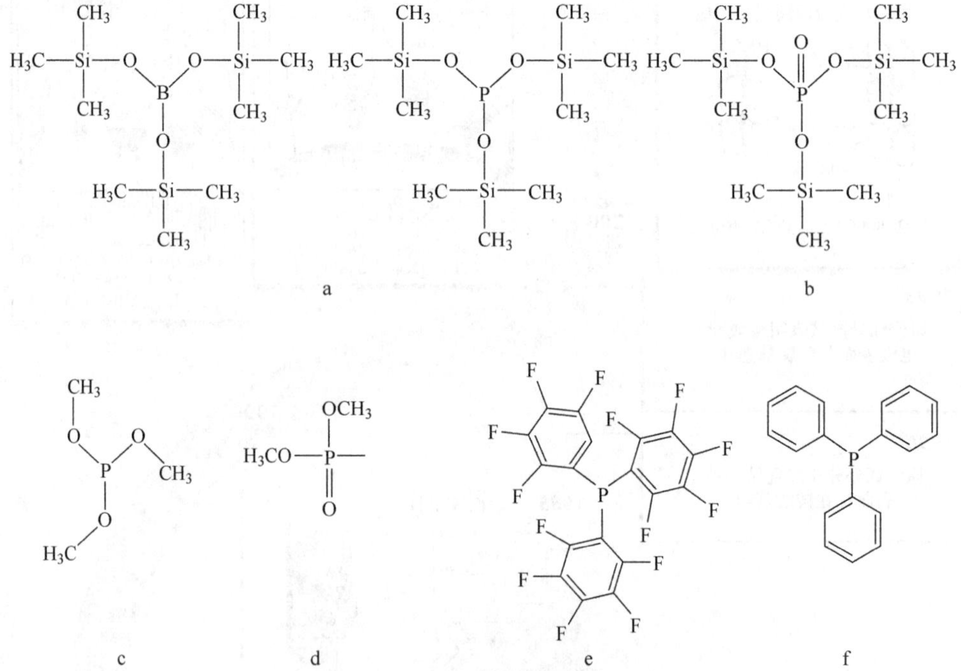

图 7-3 常见含磷类添加剂化学结构图

a—三（三甲基硅烷）亚磷酸酯（TMSPi）；b—三（三甲基硅脂）磷酸酯（TMSPa）；
c—甲基膦酸二甲酯（TMPi）；d—甲基膦酸二甲酯（DMMP）；
e—三（五氟化苯基）磷（TPFPP）；f—三苯基磷（TPP）

G. Yan 等受三（三甲基硅脂）磷酸酯（TMSPa）可通过形成 P—O—Mg 键在 AZ31 镁合金表面形成稳定表面膜的启发，将 TMSPa 用作新型高电压电解液添加剂。通过计算发现 TMSPa 的最高已占轨道（HOMO）能和最低未占据轨道（LUMO）能分别为 $-7.6497eV$ 和 $0.2378eV$，其 HOMO 能均大于 EC 和 EMC 的 HOMO 能，因此 TMSPa 在高电压下会优先分解。

如图 7-4 所示，TMSPa 其在氧化分解时，P—O 键断裂形成自由基 A 和 B，电解液溶剂 EC 与 B 发生自由基中止反应生成烷基锂盐，自由基 A 则继续发生聚合参与正极表面成膜，减少高电压下正极材料表面电解液分解产物的累积，降低活性物质与电解液间的界面阻抗。除此之外，TMSPa 可清除电解液中产生的微量 HF，进而改善三元材料的高电压性能。

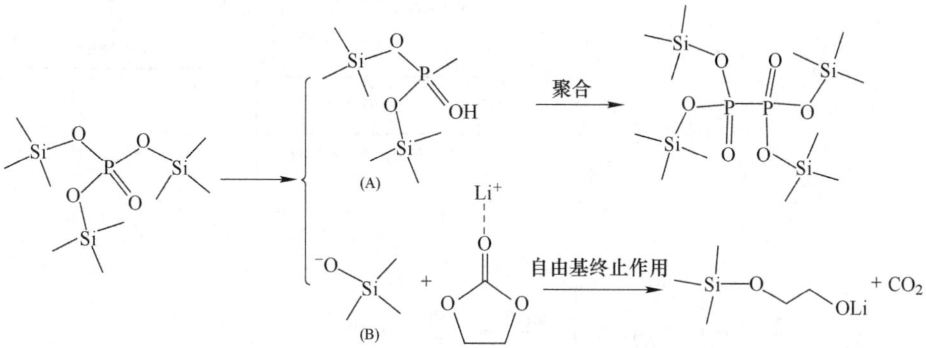

图 7-4 TMSPa 分解示意图

相较于 TMSPa，具有不饱和磷结构的三（三甲基硅烷）亚磷酸酯（TMSPi）更易氧化，因此其拥有更好的成膜性能。T. Yim 总结该添加剂在富锂正极材料中的作用机理包括四个方面：

（1）三价磷容易被氧化，消耗富锂材料充电过程中释放的氧气；

（2）基团中中心原子 Si 与 P 有较高的亲电性，与 O^- 强烈键合后可降低锂氧化物的化学活性；

（3）TMSPi 在较低电压下分解，材料表面产生保护膜；

（4）硅基醚（O—Si—C）可清除产生的 HF，抑制其对材料腐蚀以及过渡金属元素溶出。

如图 7-5a 所示，在 Li_2O 亲核取代反应第一阶段中，存在着由亲电子核心 P 和 Si 决定的两种不同的反应路径。但这两种反应均产生中间体 2 和三甲基硅醇锂。在亲核反应的第二阶段，终产物类型则由反应路径决定：若 Li_2O 直接攻击亲电子核心 P，经取代及消除反应后的主要产物为亚磷酸锂和三甲基硅醇锂；若 Li_2O 直接攻击亲电子核心 Si，硅基醚与亚磷酸锂为主要产物。图 7-5b 所示为 F 离子清除反应机理。该机理存在两种氟离子取代反应过程，以 Si 为中心的过程 1 和以 P 为中心的过程 2。通过密度泛函计算发现从热力学方面考虑，直接硅烷化过程更易发生。过程 1 的吉布斯自由能更负表明亲核取代反应主要围绕 Si 原子进行，同时也有部分清除反应通过过程 2 进行。TMSPi 中烷基亚磷酸基团阻止了电解液中溶剂的电化学分解，甲硅烷基醚官能团则负责清除氟离子，基于两功能基团的协同作用显著提高了活性物质与电解液间的界面稳定性[8]。

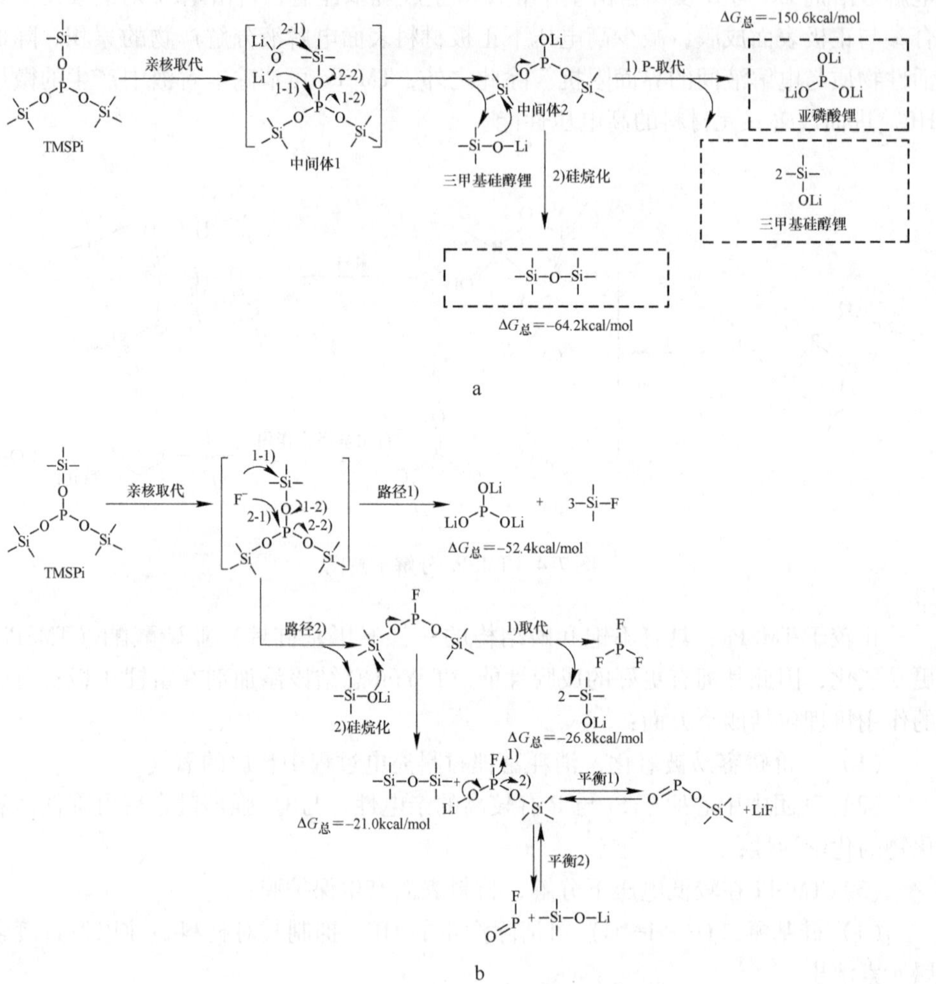

图 7-5 TMSPi 添加剂的清除反应机制

a—Li$_2$O; b—F$^-$

（注：1cal = 4.1868J）

D. Y. Kim 进一步研究发现 TMSPi 中 O—Si 键与 HF 的反应占据主导地位，PO$_3$ 类物质的 HF 清除能力可保持至添加剂分子中所有 O—Si 键断裂，Si 原子存在的吸电子基团可稳定 O—P 键[9]。基于此，若使用给电子基团取代 TMSPi 中的甲基集团，则可完全发挥 O—Si 键断裂作用即最大化清除电解液中的 HF。结合理论计算与实验研究工作可知 TMSPi 用作锂离子电池电解液添加剂时，其对 HF 的清除作用主要来自 Si—O 键，该化学键断裂后生成氧化稳定性较低的 PO_3 类物质优先在正极表面成膜。

除上述两种添加剂外，含磷类添加剂的研究多以磷原子为中心，在 P-O 键基础之上不断变换取代基种类。M. He 等比较了—CH_3 取代（TMP）和-CH_2CF_3 取代（TTFP）的含磷添加剂对三元正极材料高电压性能的影响[10]。锂离子在磷酸三乙酯（TMP）所形成的保护膜中扩散速率较慢。—CH_2CF_3 取代优势在于可大幅度提高正极电解质界面（CEI）膜的电导率，阻止低价磷继续氧化成高价磷，有利于锂离子解离。J. R. Dahn 发现乙烯基取代含磷添加剂如磷酸三丙烯（TAP）在低电位处即可优先于 EC 发生电化学交联反应，改善膜结构，减少气体产生[11]。苯基取代添加剂三苯基膦（TPP）可稳定成膜，但其离子导电性欠佳，结合 TMP 可增强电导率的优点，S. Mai 等报道了一种新型的添加剂二甲基苯基磷酸盐（DMPP）[12]。总体而言，TMSPa 与 TMSPi 是研究较为系统的两种含磷添加剂，但这两种添加剂对石墨负极兼容性有待提高。碳酸亚乙烯酯（VC）与 TMSPi 复合添加剂具有良好的协同效应，因此二元及多元复合是含磷类添加剂将来十分重要的发展方向。

K. Beltrop 将三苯基氧化膦（TPPO）用作 NCM811/石墨全电池添加剂[13]。全电池首次效率、可逆比容量和循环稳定性显著升高。TPPO 同时参与正负极表面成膜反应，减少循环过程中活性锂流失。线性循环伏安测试结果表明 TPPO 加入后电解液的氧化电位降低。在 TPPO 分子中，磷原子表现出最高的氧化态，因此苯基基团和 P—C 键的电化学氧化引起电流值上升。由于电解液稳定性降低，TPPO 将在 CEI 膜形成过程中优先发生氧化分解。循环伏安测试发现在基础电解液中加入 TPPO 会导致电解液还原的起始电位升高，表明 TPPO 还原分解先于电解液溶剂分子，后续过程中抑制溶剂的还原分解。在此基础之上，K. Beltrop 比较了常用添加剂在 NCM811/石墨全电池中的使用效果。根据添加剂摩尔质量可知，TPPO 在电解液中的质量摩尔浓度最低（见表 7-2）。如图 7-6 所示，全电池在含 TPPO 添加剂电解液中展示出最优的循环稳定性以及最高的库仑效率。

表 7-2 添加剂分子量及质量摩尔浓度（每千克基础电解液中添加剂物质的量）

添加剂	摩尔质量/g·mol^{-1}	质量摩尔浓度/mol·kg^{-1}
VC	86.05	0.058
DPC	214.22	0.023
TPP	262.29	0.019
TPPO	278.28	0.018

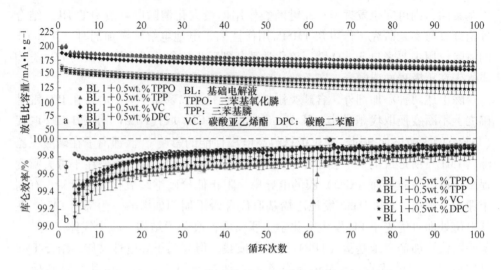

图 7-6   NCM811/石墨全电池在含不同添加剂电解液中的
循环性能及库仑效率

7.3.2   含硼类

含硼添加剂与含磷类添加剂区别在于具有缺电子硼中心，其可作为阴离子受体与 PF$_6^-$ 或 F$^-$ 络合，进而提高锂离子迁移数和锂盐解离度。X. Zuo 研究三元正极材料 LiNi$_{0.5}$Co$_{0.2}$Mn$_{0.3}$O$_2$/石墨全电池的高电压性能发现，添加三（三甲基硅脂）硼酸酯（TMSB）后，正极材料表面 LiF 含量的大幅降低同时锂盐解离度增加，全电池在高电压下的循环稳定性大幅提高[14]。针对添加剂 TMSB 的作用机理，W. Li 等研究认为 TMSB 是一种良好的成膜添加剂，其在较低电压下即可在正极材料表面氧化分解形成 CEI 膜，阻止溶剂分解，进而改善正极材料高电压电化学性能[15,16]。但第一性原理计算结果表明 TMSB 即使在阳离子态下也极难分解。如图 7-7 所示，TMSB 添加剂可通过 B—O 键或 O—Si 键断裂发生分解反应。计算发现两种途径分解反应能量为正值，表明 TMSB 分解为吸热反应，因此该添加剂的作用机理是与电解液中其他物质反应在正极材料表面成膜。图 7-8 中 TMSB 与 HF 在溶剂相中反应的吉布斯自由能变化为负值。B—O 键和 O—Si 键断裂能分别为 -44.8kJ/mol(-10.7kcal/mol) 和 -69.5kJ/mol(-16.6kcal/mol)，因此 O—Si 键断裂与 HF 反应可能性更大，生成((CH$_3$)$_3$SiO)$_2$BOH 和 (CH$_3$)$_3$SiF。阳离子 TMSB$^+$ 与 HF 反应也从 Si—O 键断裂开始，最终生成[((CH$_3$)$_3$SiO)$_2$BOH]$^+$ 和(CH$_3$)$_3$SiF[17]。针对 TMSB、四（三甲基硅氧基）钛（TMST）、四（三甲基硅氧基）铝（TMSA）三种添加剂的研究发现无论是半电池还是全电池，这些添加剂均能够改善其高电压电化学性能。以金属 Al 和 Ti 为核心的添加剂在化成过程中分解参与生成正极电解质界面膜，TMSB 则主要与电解液副产物发生反应[18]。因此，TMSB 在有机电解液中是一种阴离子受体添加剂，而非成膜添加剂。但在水系锂离子电池中，TMSB 在以 LiTFSI 为锂盐的水系电解液中可参与正极界面成膜反应，抑制高电位下析氧现象。

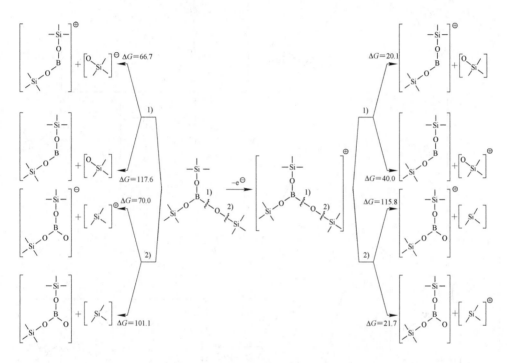

图 7-7 TMSB 添加剂的分解反应能

三甲氧基环硼氧烷（TMOBX）作为添加剂可显著降低电池阻抗，与 VC 联用时可大幅改善电池性能。J. R. Dahn 课题组对该添加剂进行系列研究表明，TMOBX 不利于碳负极性能发挥，但其能够有效减少正极阻抗。在以 LiCoO₂、NCM111、NCA 三种不同材料为正极的全电池测试中，添加 TMOBX 加剧了高温下电解液氧化以及穿梭反应速度，但其本身在首次充放电过程中并未发生氧化，说明 TMOBX 在正极材料表面可以稳定存在，其在低添加浓度下可有效地降低阻抗增加值[19]。

吡啶三氟化硼（PBF）含有—BF₃ 和—Py 两种活性基团。前一种为路易斯酸，可作为阴离子受体溶解 LiF；后一种可与电解液中 Mn 配位，同时还可中和电解液中酸性物质，如 HF、CO₂ 和 PF₅ 等。针对 PBF 添加剂，更多研究集中在其为基础的多组分添加剂，如甲烷二磺酸亚甲酯（MMDS）/PBF。

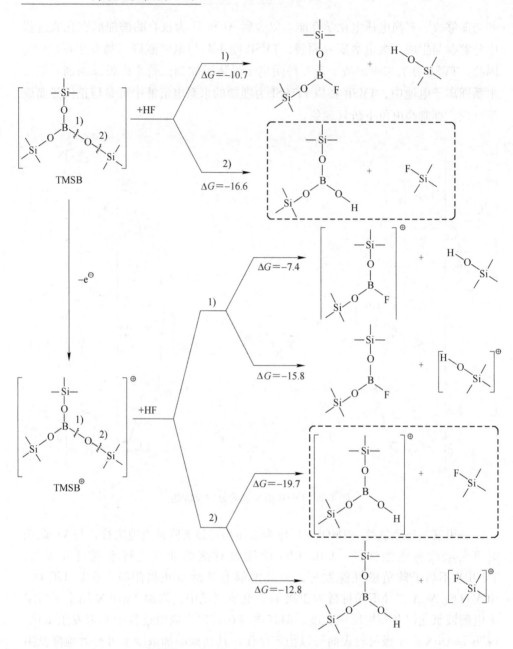

图 7-8 TMSB 和 TMSB$^+$ 与 HF 反应过程

7.3.3 锂盐类

　　当前，商业化电解液所使用的锂盐依然为 LiPF$_6$，其他多数锂盐只被作为添加剂使用。硼基锂盐是研究最为广泛的一类锂盐添加剂。2001 年，W. Xu 等首次报道 LiBOB[20]。此后，含硼类锂盐添加剂的研究逐渐兴起。C. Täubert 将 LiBOB 添加剂应用于 NCA/石墨全电池发现，加入 2% 的 LiBOB（质量分数）就足以在石墨表面形成稳定的 SEI 膜，阻止石墨剥离；全电池在含添加剂电解液中的库伦效率与基础电解液相当，石墨负极的热稳定性增强，NCA 正极的氧气释放温度更高[21]。该添加剂在富锂锰基材料中也表现出较好的效果，高温下的循环稳定性有长足的进步，大倍率下的放电比容量增大，开路电压保持较高的水平。如图 7-9 所示，LiBOB 可抑制充电过程中生成 Li_2O，减少过渡金属元素溶出，抑制碳酸酯类溶剂的氧化分解[22]。

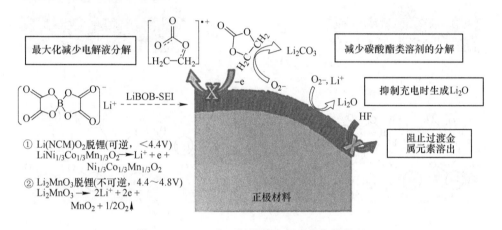

图 7-9　LiBOB 在正极材料表面成膜作用机理

作为 $LiBF_4$ 和 LiBOB 的杂化锂盐，双氟草酸硼酸锂（LiDFOB）成为一种应用前景可期的正极材料电解液添加剂。该锂盐兼具良好的成膜性能以及低温性能，因此 LiDFOB 是一种优良的集流体阻蚀添加剂，阻蚀效果强于 $LiBF_4$、$LiPF_6$ 以及 LiBOB，在电池化成时其优先在正极表面形成钝化膜（含有 Al—F、B—O/B—F 和 Al_2O_3），如图 7-10a 所示[23]。通常，LiDFOB 可有效改善充电态正极与电解液之间的界面化学性质。在一定电压下 LiDFOB 发生氧化分解成自由基，自由基通过自聚合生成多聚合物质覆盖在正极材料表面形成稳定的 SEI 膜，同时可消除电解液中存在的 HF 和 H_2O，从而达到抑制充放电过程中正极材料中过渡金属元素溶解、高电压下溶剂分解的目的。图 7-10b 为 LiDFOB 在金属氧化物表面形成稳定界面层的过程示意图。M—O 表面氧空穴中心与 DFOB⁻ 经过单电子氧化反应，释放 CO_2 同时形成稳定的酰基自由基。随后该自由基与 M—O 表面的氧配位形成 B—O 键，最后在 M—O 表面生成二聚体[24]。

电解质锂盐 $LiPF_6$ 水解产生有害磷酸衍生物 $H(PO_2F_2)$，同时也生成 Li_xPOF_y 类化合物、二甲基氟磷酸盐、二乙基氟磷酸盐等多种有益中间体。双氟代磷酸锂（$LiPO_2F_2$）具有 Li_xPOF_y 类似结构，将其应用于 $LiPF_6$ 为锂盐的电解液中可抑制

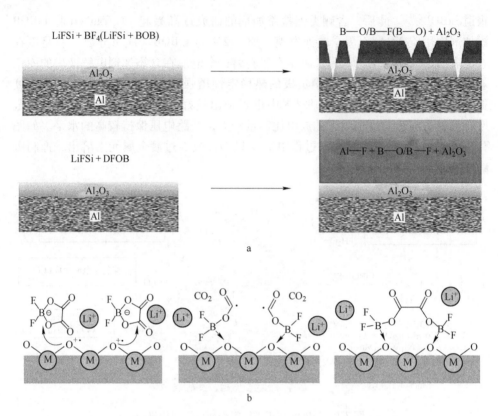

图 7-10　LiODFB

a—在铝集流体上形成钝化层示意图；b—在过渡金属氧化物表面的反应机理

锂盐水解以及 $H(PO_2F_2)$ 的生成，进而增大电解液的电化学稳定窗口。C. Wang 将 $LiPO_2F_2$ 用作三元正极材料高电压添加剂，其 1C 倍率循环 100 圈后的容量保持率从 36% 跃升至 92.6%。该添加剂同时参与正负极表面固态电解质成膜反应，抑制过渡金属元素溶解，减缓电极表面阻抗增加速度[25]。对兼具高比容量和良好结构稳定性的 NCM523 材料，$LiPO_2F_2$ 添加剂在高电压下也展现出优异的效果。W. Zhao 研究发现半电池首次效率明显提升，NCM523 材料高温下依然维持较高的放电比容量。理论计算和综合表征发现正极材料表面形成稳定的添加剂分解薄膜[26]。

氟代酰亚胺锂盐中关于 LiTFSI 和 LiFSI 研究较多，后者溶解度更高，但热稳定性能欠佳。尽管这两种添加剂对石墨负极的兼容性较好，但是在电压大于 3.5V 时，铝集流体腐蚀严重，因此不适用于三元正极材料。

7.3.4　含硫类

可用作电解液溶剂和添加剂的含硫类有机物主要包括硫化物、亚砜、砜、硫酸盐和磺酸盐等。其中，砜与特定溶剂搭配后可作为高电压溶剂使用，硫酸盐和磺酸内酯大多数时候作为添加剂使用。三元材料中研究较多的添加剂包括1,3-丙烷磺酸内酯（PS）、1,3-丙烯磺酸内酯（PES）、二乙烯砜（DVC）和 MMDS 等。

PS 可以优化负极 SEI 膜组分，改善负极与电解液兼容性。这归因于 PS 还原产物组成的钝化层极性较强，其在负极表面附着力好，不易脱落。另一方面，优异的空间结构有利于锂离子传输。K. S. Kang 研究高镍三元正极材料 NCM622 发现，在电解液中添加 2% PS 可以显著提升其高温循环稳定性，循环后软包电池厚度增量最少（17.9%），循环过程产气最少，电池内压为 56.4kPa。红外光谱结果分析表明，在 2% PS 的情况下，正极材料表面覆盖含有烷基砜成分的 CEI 膜（$RSOSR$ 和 RSO_2SR），表明 PS 发生了氧化分解[27]。

相较于 PS，PES 在五元环内增加一个双键，因此其更易被还原。理论计算显示 PES 氧化电位约为 6.7V，但是在实际使用过程中其在 4.7V 就发生分解反应，这归因于正极材料表面所生成的岩盐相的催化作用。完整的化学反应历程如图 7-11a 所示，单独的阳离子[PES]⁺（S1a）失去环外两个氧原子生成羰基硫化物。该步骤以失去基体中氧分子为模型，因此为受正极材料表面影响的多级过程。通

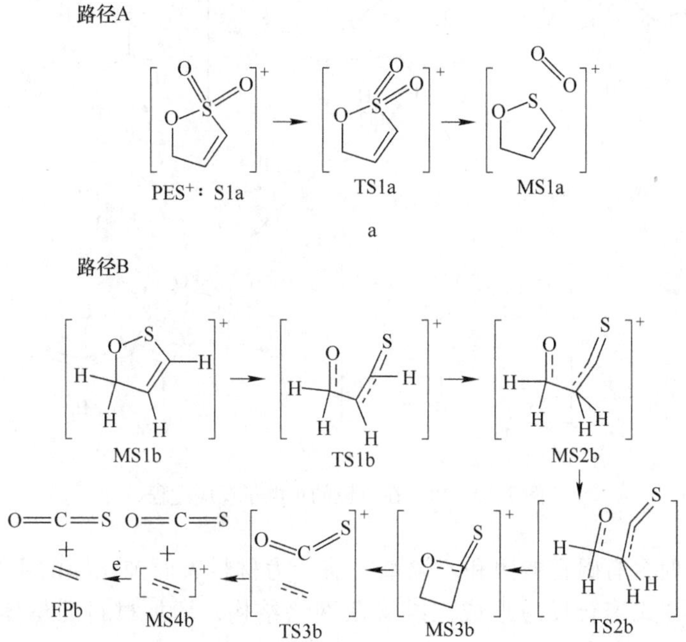

图 7-11　PES 分解反应路径 A 和 B

a—路径 A；b—路径 B

常，气相 H_2 和 O_2 分子间键断裂活化能较大，因此两物质在常温下十分稳定。但是当两气体分子间键断裂，在过渡金属或金属氧化物表面很快完成吸附反应，几乎不存在能垒。这是由于表面催化位点存在混合的双原子 σ 成键轨道和空的 d 轨道。类似地，S1a 自发失去两个氧原子生成 TS1a 需克服较大的能垒，该过程为发生在正极材料表面反应的典型代表。分子内的系列反应步骤生成四元环（MS3b），之后继续裂解成羰基硫化物和乙烯阳离子（图7-11b）。乙烯阳离子与溶液中其他物质反应捕获电子生成乙烯气体，这是 PES 分解产气的原因。尽管计算表明反应路径 B 活化能较高，但在相同活化能条件下，受正极材料表面催化作用的分子内开环和闭环反应发生速度更快。过渡态能量降低，但不会影响由 S1 到 MS4b 的整体自由能变化趋势。路径 A 与 B 也较好地解释了含有 PES 添加剂的电解液中在循环过程中产生羰基硫化物和乙烯气体的具体原因。

在 NCM111/石墨软包电池测试过程中，PES 在 4.27V 处即被氧化，其产物迁移扩散至负极后被还原，负极 SEI 膜阻抗迅速增加[28]。通常，PES 在负极经过两单电子还原步骤，如图7-12 所示。

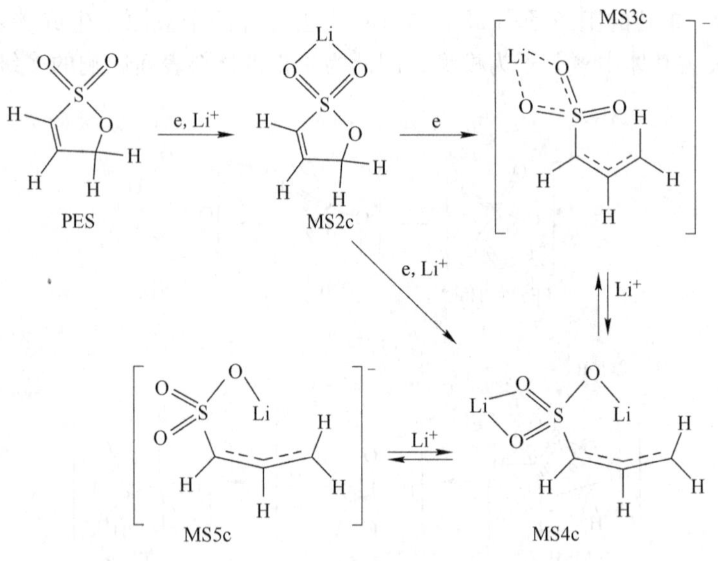

图7-12　PES 在负极的单电子反应过程

DVC 同时含有砜官能团和乙烯基，前者为材料表面钝化膜的主要成分，乙烯基通过层叠式聚合反应形成三维交联网络结构，增加材料的整体机械强度。DVS 电化学氧化反应机理包含两个过程：乙烯基电化学氧化后生成正离子自由基中间体和自由基间的偶联反应（见图7-13）[29]。根据不同自由基位置（C-1 位置和 C-2 位置）可形成两种不同的共振结构，原子自旋密度计算显示 DVS⁺ 中自由基位置为 C-1。路径 1 为 C-1 位置上自由基聚合放热反应，与路径 2 和路径 3 相比较，其总反应焓变绝对值最大。此外，路径 1 形成碳碳单键结构的中间产物具有较小的空间位阻更有利于反应的持续进行，最终在富镍三元材料表面生成包含聚烯烃和砜基的 CEI 膜。

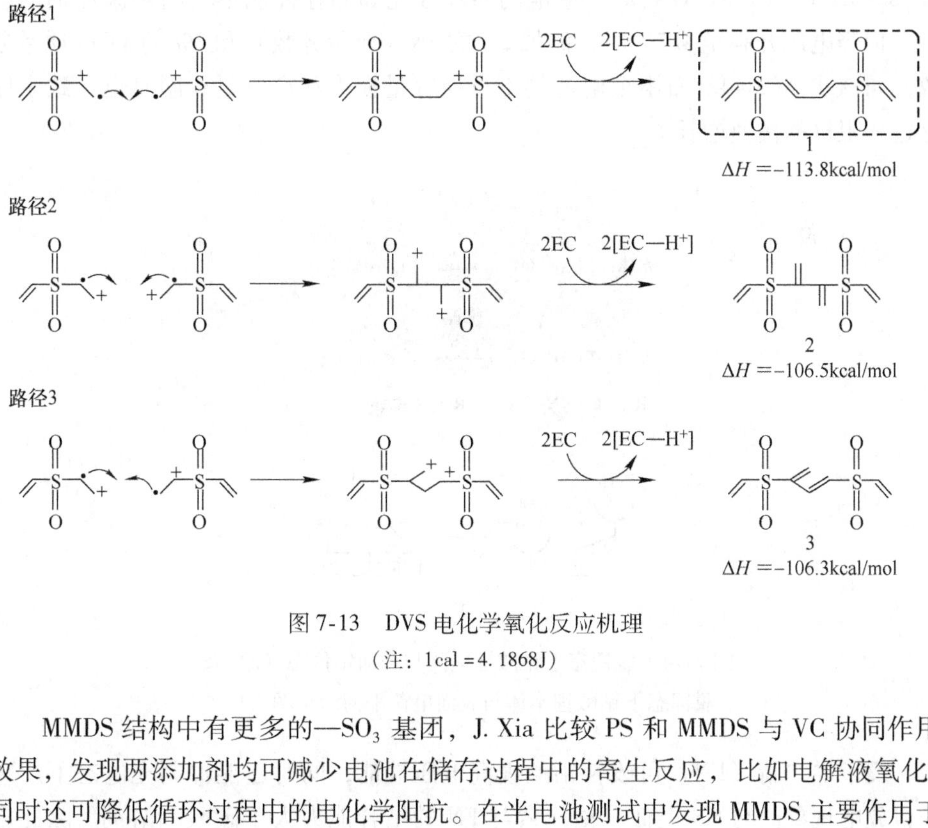

图 7-13 DVS 电化学氧化反应机理

（注：1cal = 4.1868J）

MMDS 结构中有更多的—SO₃基团，J. Xia 比较 PS 和 MMDS 与 VC 协同作用效果，发现两添加剂均可减少电池在储存过程中的寄生反应，比如电解液氧化，同时还可降低循环过程中的电化学阻抗。在半电池测试中发现 MMDS 主要作用于正极材料表面，电池效率高于 PS 添加剂[30]。

7.3.5 腈类

腈类有机物具有介电常数高、黏度低和电导率高等优点，同时其也存在电化学窗口较窄和还原稳定性欠佳等缺点。在固体聚合物电解质中，丁二腈（SN）常用作增塑剂来增强离子电导率和极性。此外，SN 作为配体还可与金属形成稳定复杂的配合物（见图 7-14）。基于此，Y-S. Kim 等人将 SN 热稳定添加剂来改善 LiCoO₂/石墨全电池的性能[31]。SN 中的腈官能团（—CN）与正极材料表面钴元素间通过键合作用抑制了副反应的发生同时也保证了电荷的稳定传输。虽然 SN 无法改变钴酸锂材料本体的电荷分布，但是其可以降低表面正电荷的密度。此时过渡金属元素的催化氧化活性显著减弱。添加 SN 后，全电池高温下产气量明显降低，放热反应起始温度升高的同时放热量减少。SN 在富锂锰基材料中也有较好的改良效果。R. Chen 发现加入 SN 后基础电解液的电化学窗口变宽，其在 5.4V 时才开始出现氧化峰[32]。量化计算显示 SN 的 HOMO 能和 LUMO 能均低于溶剂 EC 和 DEC，由此说明 SN 可接受电子使氧化电位变得更高。常规电压下（2.8~4.2V）NCM111/石墨全电池的循环性能和储存性能不受腈类添加剂的影响，但当电压升高至 4.5V 时，添加 2% 的 SN（质量分数）和 2% 的 VC（质量分数）可减少 NCM442/石墨全电池的不可逆容量损失和产气量，同时也导致了储存过程阻抗的快速增长[33]。

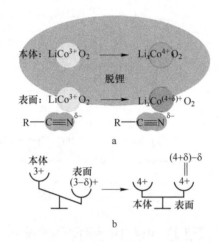

图 7-14　脱锂态下钴酸锂本体与表面钴价态（a）及
脱锂态下钴酸锂本体与表面电荷平衡示意图（b）

反丁烯二腈（FN）可改善钴酸锂高电压性能，同时还能抑制充电态下严重的自放电现象。与 SN 类似，钴元素与 FN 的结合能力大于碳酸酯溶剂。除此之外，FN 在低电位下优先氧化分解成膜抑制副反应的发生。图 7-15 为 FN 添加剂作用机理示意图[34]。理论计算显示 Co^{3+} 与 FN 间结合能为 $-17.272eV$，大于 Co^{3+} 与溶剂组分 EC、EMC 以及 DEC 间的结合能。由此可知 FN 可在材料表面富集。充电态下正极材料中 Co^{3+} 被氧化成 Co^{4+}，由于其与 FN 结合能最大，因此更有利于 FN 的分解。FN 的分解通过打开其中一个碳碳双键进行，此过程不产生任何气体以及酸性物质，生成的自由基则进一步在正极材料表面均匀聚合成膜。

在腈类添加剂中引入其他官能团可以进一步改善其适用范围。己二异氰酸酯（HDI）通过引入异氰酸后，其在 4.6V 时可在 NCM111 表面原位形成 CEI 膜，电池循环稳定性以及倍率性能均有提升。

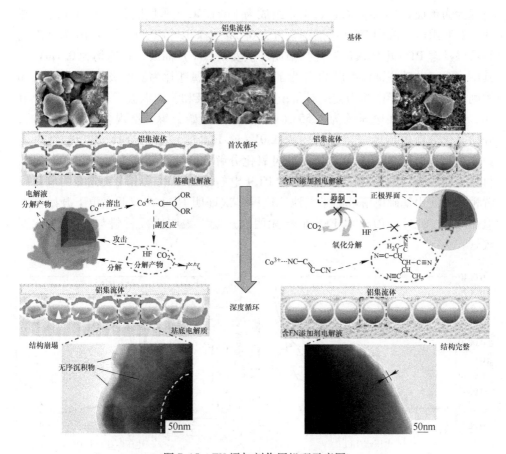

图 7-15　FN 添加剂作用机理示意图

7.4　PTSI 添加剂作用机理

对甲苯磺酰异氰酸酯（PTSI）是化工行业中常用脱水剂。作为一种成膜添加剂，其在常规电压锰酸锂正极材料以及钛酸锂负极材料中都得到应用。但是，三元正极材料表面电荷分布以及不同价态金属离子都使得添加剂在成膜时候表现出不同的反应历程。将 PTSI 用作三元正极材料特别是高电压电解液添加剂尚未见报道。明晰 PTSI 在三元正极材料充放电过程中的详细作用机理将有助于进一步了解多种官能团在添加剂性能发挥中的协同作用。

7.4.1　PTSI 氧化窗口

成膜添加剂的作用机理主要在其优先于溶剂在较低电位下发生氧化分解，进而在材料表面均匀成膜。半电池组装以三元 $LiNi_{0.5}Co_{0.2}Mn_{0.3}O_2$ 材料为正极，金属锂片为负极。基础电解液（RE）组成为 EC/EMC（质量比 3∶7），LiPF₆ 为锂盐。对照组电解液中 PTSI 添加剂含量为 0.5%（0.5% PTSI）。图 7-16 为基础电解液以及含 PTSI 电解液的线性扫描循环伏安（LSV）曲线，扫速均为 0.1mV/s，其中 a 图三电极测试体系以 Pt 片为工作电极，金属锂片为对电极和参比电极；b 图则以组装好的半电池为测试对象，锂片为对电极和参比电极。从图 7-16a 中可知，基础电解液在电压约为 4.55V（vs. Li/Li⁺）开始分解，反观含 PTSI 电解液，开始氧化分解电压明显降低，约为 4.0V（vs. Li/Li⁺）。这与期待出现的结果一致，表明添加剂 PTSI 在低电位时即可氧化分解，产物可望在 $LiNi_{0.5}Co_{0.2}Mn_{0.3}O_2$ 材料表面成膜。图 7-16b 显示使用含 PTSI 电解液的半电池出现氧化峰的电压位置稍低于使用基础电解液的半电池。这再一次证明 PTSI 在较低电位下开始发生氧化分解。此外，PTSI 对 LSV 形状无明显影响，表明正极材料与 PTSI 匹配度较好。

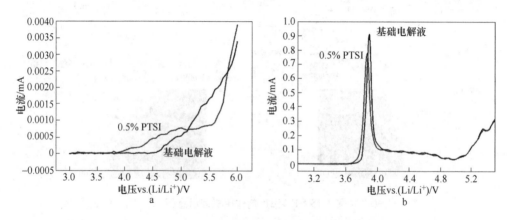

图 7-16　基础电解液与含 PTSI 电解液的 LSV 曲线

7.4.2　电化学性能

图 7-17 给出了三元 $LiNi_{0.5}Co_{0.2}Mn_{0.3}O_2$ 材料在基础电解液和含 PTSI 电解液中的首次充放电曲线、常温循环性能、高温循环性能以及倍率性能。对应数值详见表 7-3。

表 7-3　NCM523 在不同电解液中的放电比容量以及容量保持率

样　品	基础电解液/mA·h·g⁻¹	0.5% PTSI/mA·h·g⁻¹
第 1 次充电（0.1C）	233.9	231.7
第 1 次放电（0.1C）	197.2	200.4
第 1 次放电（1C，25℃）	179.5	182.4

样　　品	基础电解液/mA·h·g^{-1}	0.5% PTSI/mA·h·g^{-1}
第 100 次放电（1C, 25℃）	128.2	157.3
容量保持率/%	71.4	86.2
第 1 次放电（1C, 55℃）	192.9	195.5
第 100 次放电（1C, 55℃）	62.3	106.6
容量保持率/%	32.3	54.5

从图 7-17a 可知，LiNi$_{0.5}$Co$_{0.2}$Mn$_{0.3}$O$_2$ 材料在两种电解液中的充放电曲线形状一致，电池在基础电解液和含 PTSI 电解液中充电比容量分别为 233.9mA·h/g 和 231.7mA·h/g，放电比容量分别为 197.2mA·h/g 和 200.4mA·h/g，对应的首次库伦效率分别为 71.4% 和 86.2%。PTSI 添加剂有效地增加了 LiNi$_{0.5}$Co$_{0.2}$Mn$_{0.3}$O$_2$ 材料在高电压下的首次放电容量，提升了电池的首效。这与 PTSI 优先氧化成膜密切相关。图 7-17b 为材料高电压常温下的循环曲线。三元 LiNi$_{0.5}$Co$_{0.2}$Mn$_{0.3}$O$_2$

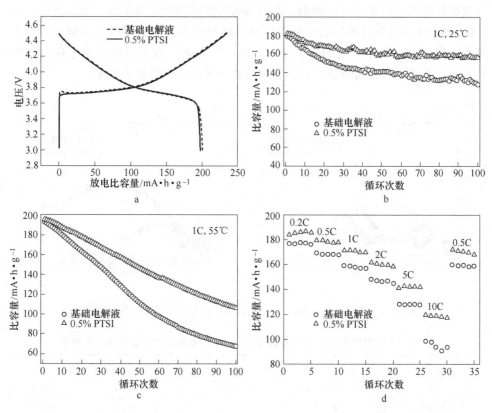

图 7-17　LiNi$_{0.5}$Co$_{0.2}$Mn$_{0.3}$O$_2$ 材料在不同电解液中的性能

a—0.1C 首次充放电曲线；b—1C 常温循环性能；c—1C 高温循环性能；d—倍率性能

材料在两种电解液中都经历放电比容量持续降低并逐渐稳定的过程。具体而言，其在基础电解液中 1C 首次放电比容量为 $179.5\text{mA} \cdot \text{h/g}$，100 次充放电循环比容量为 $128.2\text{mA} \cdot \text{h/g}$，容量保持率仅为 71.4%；而含 PTSI 电解液的电池常温循环性能明显改善，100 次循环后容量保持率可达 86.2%。进一步考察 PTSI 添加剂的有益效果，图 7-17c 给出了高电压高温循环稳定性对比图。三元 $LiNi_{0.5}Co_{0.2}Mn_{0.3}O_2$ 材料在两种电解液中都经历比容量迅速降低的过程，其在基础电解液中的下降趋势更为明显。100 次循环后，其 1C 容量保持率仅为 32.3%。反观含 PTSI 电解液的半电池，其在 100 次循环后保持率还可达 54.5%。因此，$LiNi_{0.5}Co_{0.2}Mn_{0.3}O_2$ 材料在含 PTSI 电解液中常温及高温循环性能的改善得益于 PTSI 在正极材料表面氧化形成稳定的钝化膜。这层钝化膜可使基体 $LiNi_{0.5}Co_{0.2}Mn_{0.3}O_2$ 材料保持良好的晶体结构并且阻止电解液的进一步氧化分解。图 7-17d 为材料在不同电解液中的倍率性能比较。随着电流密度的增加，其放电比容量持续降低。PTSI 优先氧化形成的钝化膜含有大量含锂化合物，有利于锂离子的传输。

　　图 7-18 为 $LiNi_{0.5}Co_{0.2}Mn_{0.3}O_2$ 材料在不同电解液中 1C 循环 1 次和 100 次后的交流阻抗谱图及模拟等效电路图。根据等效电路图拟合得到各部分阻抗值详见表 7-4。各样品交流阻抗图均由高频及中高频区域的两个半圆组成。高频区半圆为锂离子穿过材料表面多层 SEI 膜的阻抗值；中高频区域半圆弧代表电荷传递阻抗；囿于检测条件，部分低频区域代表锂离子扩散的斜线并未检出。

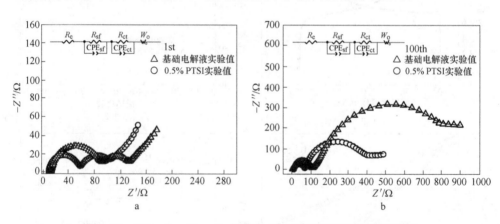

图 7-18　$LiNi_{0.5}Co_{0.2}Mn_{0.3}O_2$ 材料在不同电解液中的交流阻抗图谱

表 7-4　NCM523 材料在基础电解液和含 PTSI 电解液中交流阻抗拟合结果

样品	第 1 次		第 100 次	
	R_{sf}/Ω	R_{ct}/Ω	R_{sf}/Ω	R_{ct}/Ω
基础电解液	78.4	47.3	104.5	653.1
0.5% PTSI	56.3	46.5	62.7	367.5

　　首次循环后，0.5% PTSI 的膜阻抗值 R_{sf} 为 56.3Ω，略低于基础电解液 (78.4Ω)，同时两样品的电荷转移阻抗值 R_{ct} 基本一致。但是，0.5% PTSI 样品在高电压下循环 100 次后的电化学阻抗值均要小于基础电解液。具体来说，基础电解液的 R_{sf} 值从 78.4Ω 上升至 104.5Ω，这是由于电解液不断氧化分解在材料表面生成阻碍电子及离子传输的界面层。含 PTSI 添加剂的电池 R_{sf} 值仅从 56.3Ω 上升至 62.7Ω，表明前几次循环过程中即生成了稳定的电极电解液界面（CEI）膜，避免了碳酸酯类溶剂的进一步氧化分解。此外，0.5% PTSI 的 R_{ct} 值为 367.5Ω，远小于基础电解液的 653.1Ω。因此，含 PTSI 添加剂电池的较优的电化学性能得益于其稳定的电极电解液界面。

7.4.3　形貌及晶体结构分析

　　图 7-19 为 $LiNi_{0.5}Co_{0.2}Mn_{0.3}O_2$ 材料未循环前、基础电解液中循环 100 次后和

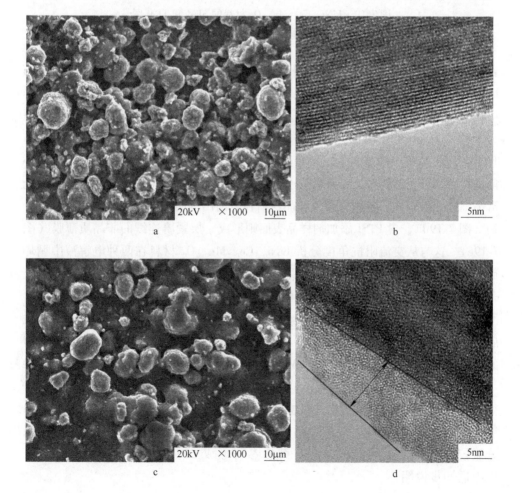

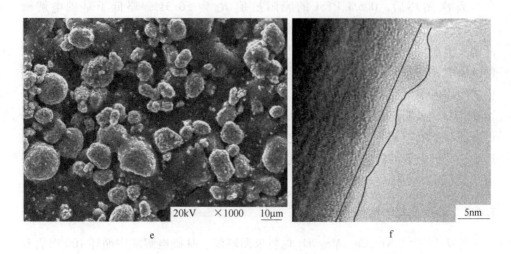

图 7-19 LiNi$_{0.5}$Co$_{0.2}$Mn$_{0.3}$O$_2$ 材料的 SEM 和 TEM 图

a，b—循环前；c，d—基础电解液循环后；e，f—含 PTSI 添加剂循环后

含 PTSI 添加剂电解液中循环 100 次后的 SEM 及 TEM 图。相较于未循环的 LiNi$_{0.5}$Co$_{0.2}$Mn$_{0.3}$O$_2$ 材料，在基础电解液中循环后的正极材料表面被电解液分解产物覆盖，一次颗粒界面难以分辨。而在 0.5% PTSI 添加剂中循环后的材料表面与未循环 LiNi$_{0.5}$Co$_{0.2}$Mn$_{0.3}$O$_2$ 材料相比较相差无几，较好地保持了原有形貌。TEM 测试更加清晰地显示了材料在循环前和循环后的微区状态。图 7-19b 为循环前材料的高分辨结构图，从图中可知 LiNi$_{0.5}$Co$_{0.2}$Mn$_{0.3}$O$_2$ 晶格结构清晰，边缘光滑平整且无附着物。基础电解液样品材料在表面出现明显且较厚的电解液分解产物（图 7-19d），含 PTSI 添加剂样品表面则形成一层紧凑连续的非晶质薄膜（图 7-19e）。这与从交流阻抗角度分析 LiNi$_{0.5}$Co$_{0.2}$Mn$_{0.3}$O$_2$ 材料在两种电解液中循环后所形成电极电解液界面膜状态结果一致。

　　进一步考察 PTSI 添加剂对高电压下和高温下三元正极材料的保护效果，图 7-20 给出了 LiNi$_{0.5}$Co$_{0.2}$Mn$_{0.3}$O$_2$ 材料未循环前、基础电解液中循环 100 次后和含 PTSI 添加剂电解液中循环 100 次后的 XRD 图谱。方块图标处为铝箔的特征峰。循环后的 LiNi$_{0.5}$Co$_{0.2}$Mn$_{0.3}$O$_2$ 材料特征峰与未循环材料基本保持一致，但是各特征峰强度大幅度降低并且（006）/（102）与（108）/（110）两对衍射峰分裂并不明显，表明材料层状结构受到一定程度的破坏。与基础电解液相比较，含 PTSI 添加剂的样品（006）/（102）与（108）/（110）两对衍射峰分裂较为明显，表明 PTIS 氧化分解后参与形成 CEI 膜。这将在下文 XPS 分析中进一步说明。

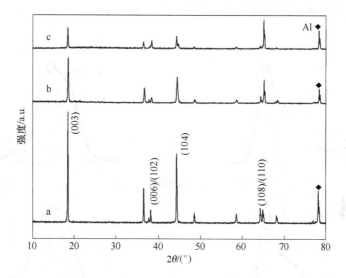

图 7-20　LiNi$_{0.5}$Co$_{0.2}$Mn$_{0.3}$O$_2$ 材料的 XRD 图谱

a—循环前；b—含 PTSI 添加剂循环后；c—基础电解液循环后

7.4.4　表面元素分析

图 7-21 为 LiNi$_{0.5}$Co$_{0.2}$Mn$_{0.3}$O$_2$ 材料在基础电解液以及含 PTSI 添加剂电解液中循环后元素高分辨率 XPS 图谱。C 1s 图谱在 284.8eV 和 290.7eV 处存在两个峰，这对应着黏结剂 PVDF。此外，在 288.8eV 处两样品均出现 C＝O 双键特征峰，表明在充放电过程中电解液均发生了较为严重的分解反应。值得注意的是含 PTSI 添加剂电解液中 C＝O 双键强度稍弱，这得益于 PTSI 添加剂抑制了高电压下电解液的分解。图 7-21b 中 O1s 高分辨 XPS 图谱显示存在三种不同的氧键。第一种为 529.7eV 处的金属氧键，其他两种为碳酸根中碳氧键以及烷基锂盐中的碳氧键，分别位于 532.3eV 和 533eV 附近。含 PTSI 添加剂中金属氧键峰值强于基础电解液，说明 PTSI 的加入在电极表面形成钝化薄膜，抑制了电解液的分解。F1s 的图谱较为简单，在 684.8eV 和 685.9eV 附近出现主要特征峰，分别对应 LiF 和 Li$_x$PO$_y$F$_z$。但两样品峰型存在明显差别，基础电解中 LiF 峰峰值较高。一般认为，电极表面存在的 LiF 会引起阻抗的急剧增加，进而加速电极材料电化学性能的恶化。含 PTSI 添加剂电解液中 LiF 峰强度弱，同时 Li$_x$PO$_y$F$_z$ 含量较低（14.25%），说明 PTSI 添加剂参与成膜后抑制了电解液的进一步分解。P2p 的图谱在 133.7eV 和 136.5eV 两处出现明显特征峰，分别对应 Li$_x$PO$_y$F$_z$ 和 Li$_x$PF$_y$。Li$_x$PF$_y$ 峰强度在含 PTSI 添加剂中显著降低，再一次说明 PTSI 添加剂对高电压下电解液的分解可起到抑制作用。XPS 分析结果与 TEM 以及 EIS 测试结果一致，含 PTSI 添加剂的

半电池表现出更加优异的放电比容量以及循环稳定性。

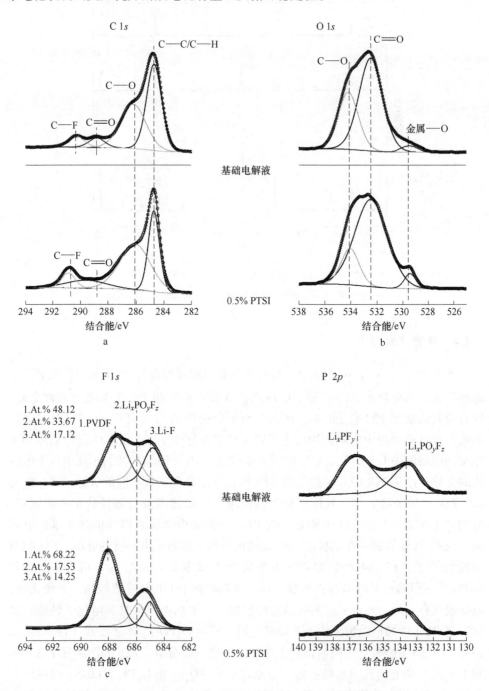

图 7-21　基础电解液与含 PTSI 添加剂中循环后元素 XPS 图谱

a—C1s；b—O1s；c—F1s；d—P2p

上述四种元素 XPS 分析表明在含有添加剂的电极材料表面形成较高离子电导率的薄膜。PTSI 添加剂中含有 S 和 N，对循环后电极表面 S 和 N 进行 XPS 检测分析可以更加准确判断 PTSI 添加剂的作用机理。图 7-22 为 $LiNi_{0.5}Co_{0.2}Mn_{0.3}O_2$ 材料在含 PTSI 添加剂电解液中循环后硫元素和氮元素高分辨率 XPS 图谱。S 元素 XPS 图谱较为复杂，在 163.8eV、164.7eV、168.3eV 和 169.8eV 处存在四个主要的特征峰，分别对应 Li_2S、Li_2SO_3、$ROSO_2Li$ 和 Li_2SO_4。由此可知 PTSI 中的磺酸酯基团分解产生了上述四种含硫化合物。此外，N1s 的图谱中出现三个特征峰，分别为 N—C 键（399.4eV）、N=C 键（401.1eV）和 N—N（402eV）键。因此，PTSI 添加剂分解后参与正极材料表面成膜。

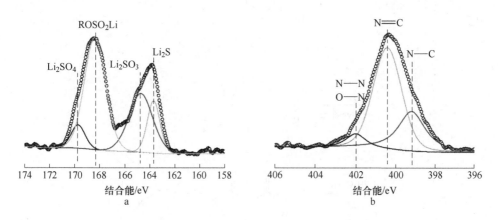

图 7-22　含 PTSI 添加剂循环后元素 XPS 图谱

a—S2p；b—N1s

7.4.5　PTSI 成膜机理

基于以上 XPS 图谱分析以及之前文献报道，PTSI 添加剂在 $LiNi_{0.5}Co_{0.2}Mn_{0.3}O_2$ 材料表面的还原机制可表示如下（见图 7-23）：

PTSI 添加剂首先与一个电子以及锂离子结合形成锂离子配位自由基，在此基础之上继续经历一个电子转移过程，生成 RSO_2Li 中间体、Li_2SO_3 与 ·NCO 自由基。这与在含添加剂电解液中循环后 $LiNi_{0.5}Co_{0.2}Mn_{0.3}O_2$ 材料表面所检测到硫元素的 XPS 图谱一致。·NCO 自由基性质较为特殊，一方面其可以通过聚合反应参与正极材料表面成膜反应，另一方面异氰酸酯添加剂分解产物，其对电解液中痕量水以及产生的微量 HF 具有较强的吸收能力。众所周知，常用电解质锂盐 $LiPF_6$ 水解产生痕量水同时释放 HF，HF 进一步攻击材料表面形成的 SEI 膜以及材料活性物质。正因为如此，含 PTSI 添加剂电解液中的 $Li/LiNi_{0.5}Co_{0.2}Mn_{0.3}O_2$ 电池表现出良好的电化学性能。

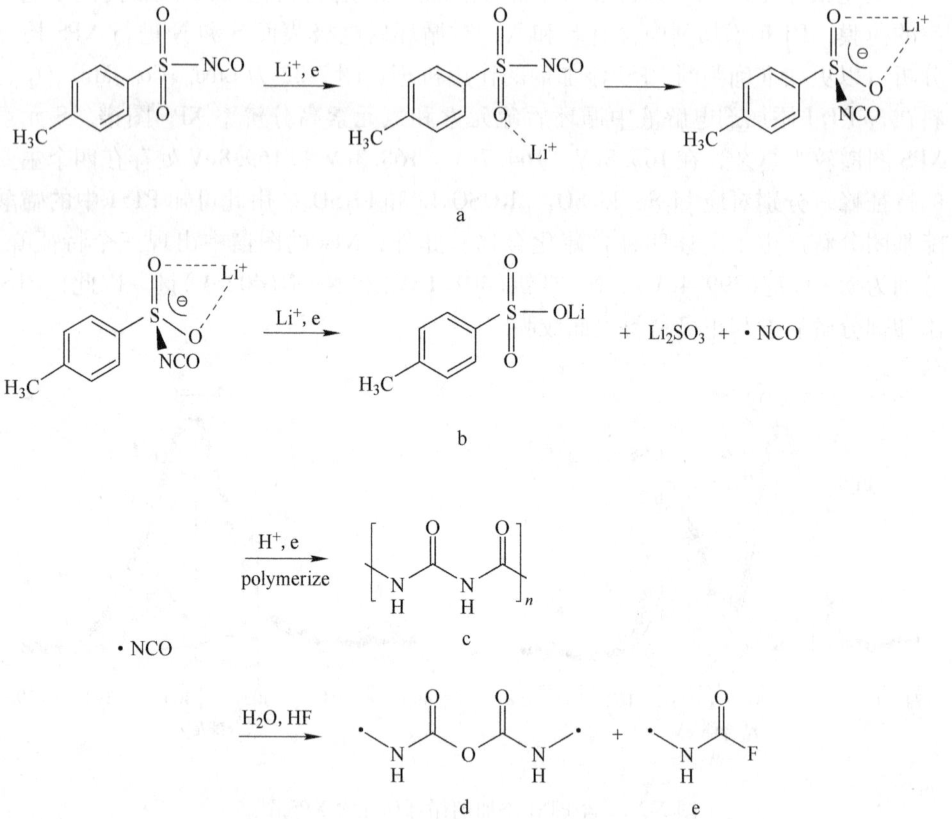

图 7-23 PTSI 添加剂在正极材料表面还原成膜历程

根据系列表征分析，PTSI 添加剂分解后参与正极材料表面成膜反应，其对高电压下 LiNi$_{0.5}$Co$_{0.2}$Mn$_{0.3}$O$_2$ 材料电化学性能的改善作用机理如图 7-24 所示。式（7-1）～式（7-5）给出了常用电解液中 LiF 以及 HF 生成化学过程。HF 可攻击正极活性物质，导致材料表面腐蚀以及过渡金属元素溶解进入电解液中，同时分解产生的 LiF 和烷基碳酸盐增加 Li/LiNi$_{0.5}$Co$_{0.2}$Mn$_{0.3}$O$_2$ 半电池的界面阻抗值。此外，路易斯酸 PF$_5$ 诱导 EC 溶剂发生开环反应，在活性材料表面聚合成聚碳酸亚乙酯和聚氧乙烷类物质。因此，LiNi$_{0.5}$Co$_{0.2}$Mn$_{0.3}$O$_2$ 材料在基础电解液中的高电压电化学性能急剧恶化。加入 PTSI 后，其含有的—S＝O 作为弱碱基团可有效抑制路易斯酸 PF$_5$ 活性，相应 LiF 和 HF 生成以及 EC 分解将会得到抑制。另外，·NCO 自由基聚合参与正极表面成膜，该膜层促进锂离子传输的同时还可阻止 HF 对活性物质的腐蚀。值得肯定的是该基团还可以吸收电解液中的痕量酸及水。基于此，含有 PTSI 添加剂可有效改善三元正极材料的高电压电化学性能。

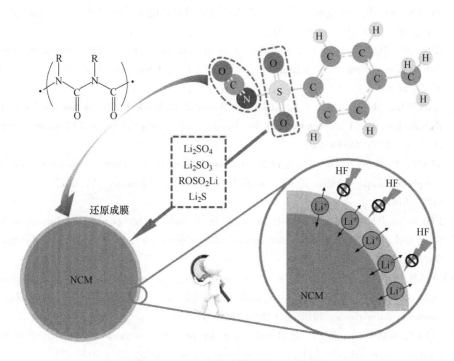

图 7-24 PTSI 添加剂作用机理示意图

$$LiPF_6 \Longrightarrow LiF + PF_5 \tag{7-1}$$

$$PF_5 + H_2O \Longrightarrow POF_3 + 2HF \tag{7-2}$$

$$POF_3 + H_2O \Longrightarrow PO_2F_2^- + HF \tag{7-3}$$

$$PO_2F_2^- + H_2O \Longrightarrow PO_3F^{2-} + HF \tag{7-4}$$

$$PO_3F^{2-} + H_2O \Longrightarrow PO_4^{3-} + HF \tag{7-5}$$

参 考 文 献

[1] 郑洪河. 锂离子电池电解质 [M]. 北京：化学工业出版社，2007.

[2] XU K. Nonaqueous liquid electrolytes for lithium-based rechargeable batteries [J]. Chem Rev, 2004, 104 (10): 4303~4418.

[3] XU K. Electrolytes and interphases in Li-ion batteries and beyond [J]. Chem Rev, 2014, 114 (23): 11503~11618.

[4] GUYOMARD D, TARASCON J M. Rechargeable Li_{1+x} Mn_2O_4/Carbon Cells with a New Electrolyte Composition: Potentiostatic Studies and Application to Practical Cells [J]. J Electrochem Soc, 1993, 140 (11): 3071~3081.

［5］ 马国强，蒋志敏，陈慧闯，等. 基于锂盐的新型锂电池电解质研究进展［J］. 无机材料学报，2018，33（07）：699～710.

［6］ CHOI N S, HAN J G, HA S Y, et al. Recent advances in the electrolytes for interfacial stability of high-voltage cathodes in lithium-ion batteries［J］. RSC Advances, 2015, 5（4）: 2732～2748.

［7］ GAUTHIER M, CARNEY T J, GRIMAUD A, et al. Electrode-Electrolyte Interface in Li-Ion Batteries: Current Understanding and New Insights［J］. Journal of Physical Chemistry Letters, 2015, 6（22）: 4653～4672.

［8］ YIM T, WOO S G, LIM S H, et al. 5V-class high-voltage batteries with over-lithiated oxide and a multi-functional additive［J］. Journal of Materials Chemistry A, 2015, 3（11）: 6157～6167.

［9］ KIM D Y, PARK H, CHOI W I, et al. Ab initio study of the operating mechanisms of tris (trimethylsilyl) phosphite as a multifunctional additive for Li-ion batteries［J］. Journal of Power Sources, 2017, 355: 154～163.

［10］ HE M, SU C C, PEEBLES C, et al. Mechanistic Insight in the Function of Phosphite Additives for Protection of $LiNi_{0.5}Co_{0.2}Mn_{0.3}O_2$ Cathode in High Voltage Li-Ion Cells［J］. ACS applied materials & interfaces, 2016, 8（18）: 11450～11458.

［11］ XIA J, MADEC L, MA L, et al. Study of triallyl phosphate as an electrolyte additive for high voltage lithium-ion cells［J］. Journal of Power Sources, 2015, 295: 203～211.

［12］ MAI S, XU M, LIAO X, et al. Improving cyclic stability of lithium nickel manganese oxide cathode at elevated temperature by using dimethyl phenylphosphonite as electrolyte additive ［J］. Journal of Power Sources, 2015, 273: 816～822.

［13］ BELTROP K, KLEIN S, N LLE R, et al. Triphenylphosphine Oxide as Highly Effective Electrolyte Additive for Graphite/NMC811 Lithium Ion Cells［J］. Chemistry of Materials, 2018, 30（8）: 2726～2741.

［14］ ZUO X, FAN C, LIU J, et al. Effect of tris (trimethylsilyl) borate on the high voltage capacity retention of $LiNi_{0.5}Co_{0.2}Mn_{0.3}O_2$/graphite cells［J］. Journal of Power Sources, 2013, 229: 308～312.

［15］ WANG K, XING L, ZHU Y, et al. A comparative study of Si-containing electrolyte additives for lithium ion battery: Which one is better and why is it better［J］. Journal of Power Sources, 2017, 342: 677～684.

［16］ LIAO X, SUN P, XU M, et al. Application of tris (trimethylsilyl) borate to suppress self-discharge of layered nickel cobalt manganese oxide for high energy battery［J］. Applied Energy, 2016, 175: 505～511.

［17］ HAN Y K, YOO J, YIM T. Distinct Reaction Characteristics of Electrolyte Additives for High-Voltage Lithium-Ion Batteries: Tris (trimethylsilyl) Phosphite, Borate, and Phosphate［J］. Electrochimica Acta, 2016, 215: 455～465.

［18］ IMHOLT L, R SER S, B RNER M, et al. Trimethylsiloxy based metal complexes as electrolyte additives for high voltage application in lithium ion cells［J］. Electrochimica Acta, 2017,

235: 332~339.

[19] PING P, XIA X, WANG Q S, et al. The Effect of Trimethoxyboroxine on Some Positive Electrodes for Li-Ion Batteries [J]. Journal of The Electrochemical Society, 2013, 160 (3): A426~A429.

[20] XU W, ANGELL C A. Weakly Coordinating Anions, and the Exceptional Conductivity of Their Nonaqueous Solutions [J]. Electrochemical and Solid-State Letters, 2001, 4 (1): E1~E4.

[21] T UBERT C, FLEISCHHAMMER M, WOHLFAHRT-MEHRENS M, et al. LiBOB as Electrolyte Salt or Additive for Lithium-Ion Batteries Based on $LiNi_{0.8}Co_{0.15}Al_{0.05}O_2$/Graphite [J]. Journal of The Electrochemical Society, 2010, 157 (6): A721~A728.

[22] LEE S J, HAN JG, PARK I, et al. Effect of Lithium Bis (oxalato) borate Additive on Electrochemical Performance of $Li_{1.17}Ni_{0.17}Mn_{0.5}Co_{0.17}O_2$ Cathodes for Lithium-Ion Batteries [J]. Journal of The Electrochemical Society, 2014, 161 (14): A2012~A2019.

[23] PARK K, YU S, LEE C, et al. Comparative study on lithium borates as corrosion inhibitors of aluminum current collector in lithium bis (fluorosulfonyl) imide electrolytes [J]. Journal of Power Sources, 2015, 296: 197~203.

[24] SHKROB I A, ZHU Y, MARIN T W, et al. Mechanistic Insight into the Protective Action of Bis (oxalato) borate and Difluoro (oxalate) borate Anions in Li-Ion Batteries [J]. The Journal of Physical Chemistry C, 2013, 117 (45): 23750~23756.

[25] WANG C, YU L, FAN W, et al. Lithium Difluorophosphate As a Promising Electrolyte Lithium Additive for High-Voltage Lithium-Ion Batteries [J]. ACS Applied Energy Materials, 2018, 1 (6): 2647~2656.

[26] ZHAO W, ZHENG G, LIN M, et al. Toward a stable solid-electrolyte-interfaces on nickel-rich cathodes: $LiPO_2F_2$ salt-type additive and its working mechanism for $LiNi_{0.5}Mn_{0.25}Co_{0.25}O_2$ cathodes [J]. Journal of Power Sources, 2018, 380: 149~157.

[27] KANG K S, CHOI S, SONG J, et al. Effect of additives on electrochemical performance of lithium nickel cobalt manganese oxide at high temperature [J]. J Power Sources, 2014, 253: 48~54.

[28] PETIBON R, MADEC L, ROTERMUND L M, et al. Study of the consumption of the additive prop-1-ene-1, 3-sultone in Li [$Ni_{0.33}Mn_{0.33}Co_{0.33}$] O_2/graphite pouch cells and evidence of positive-negative electrode interaction [J]. J Power Sources, 2016, 313: 152~163.

[29] YIM T, KANG K S, MUN J, et al. Understanding the effects of a multi-functionalized additive on the cathode-electrolyte interfacial stability of Ni-rich materials [J]. J Power Sources, 2016, 302: 431~438.

[30] XIA J, HARLOW J E, PETIBON R, et al. Comparative Study on Methylene Methyl Disulfonate (MMDS) and 1, 3-Propane Sultone (PS) as Electrolyte Additives for Li-Ion Batteries [J]. J Electrochem Soc, 2014, 161 (4): A547~A553.

[31] KIM YS, KIM TH, LEE H, et al. Electronegativity-induced enhancement of thermal stability by succinonitrile as an additive for Li ion batteries [J]. Energy & Environmental Science, 2011, 4 (10): 4038.

[32] CHEN R, LIU F, CHEN Y, et al. An investigation of functionalized electrolyte using succinonitrile additive for high voltage lithium-ion batteries [J]. Journal of Power Sources, 2016, 306: 70~77.

[33] KIM G Y, DAHN J R. The Effect of Some Nitriles as Electrolyte Additives in Li-Ion Batteries [J]. Journal of The Electrochemical Society, 2015, 162 (3): A437~A447.

[34] WANG X, ZHENG X, LIAO Y, et al. Maintaining structural integrity of 4.5 V lithium cobalt oxide cathode with fumaronitrile as a novel electrolyte additive [J]. Journal of Power Sources, 2017, 338: 108~116.